新型职业农民示范培训教材

粮油作物生产
新技术

冀彩萍　主编

中国农业出版社

内容简介

　　本示范培训教材针对各地主要粮油作物生产的发展，以劳动就业、培养新型职业农民和新农村建设为目标，体现粮油作物生产新技术的核心知识与技能。教材以掌握一门实用新技术为出发点，与生产实际紧密联系，突出实用性，强调实践性，注重培养学员的操作技能，针对各地主要粮油作物的生产和管理，解决粮油作物生产中经常出现和被忽视的问题。

　　本培训教材内容包括主要粮油作物玉米、小麦、高粱、谷子、小杂粮、马铃薯、大豆、向日葵等的生产技术。基本以一种作物作为一个单元，每个单元由多个项目构成，每个项目包括若干个具体任务，详细阐述了每种作物的生长发育特点、生长发育所需的环境条件、田间管理关键技术及病虫害防治技术，为农业生产者提供了基本的知识和技能。

出 版 说 明

发展现代农业，已成为农业增效、农村发展和农民增收的关键。提高广大农民的整体素质，培养造就新一代有文化、懂技术、会经营的新型职业农民刻不容缓。没有新农民，就没有新农村；没有农民素质的现代化，就没有农业和农村的现代化。因此，编写一套融合现代农业技术和社会主义新农村建设理念的新型职业农民示范教材迫在眉睫，意义重大。

为配合《农业部办公厅　财政部办公厅关于做好新型职业农民培育工作的通知》，按照"科教兴农、人才强农、新型职业农民固农"的战略要求，以造就高素质新型农业经营主体为目标，以服务现代农业产业发展和促进农业从业者职业化为导向，着力培养一大批有文化、懂技术、会经营的新型职业农民，为农业现代化提供强有力的人才保障和智力支撑，中国农业出版社组织了一批一线专家、教授和科技工作者编写了"新型职业农民示范培训教材"丛书，作为广大新型职业农民的示范培训教材，为农民朋友提供科学、先进、实用、简易的致富新技术。

本系列教材共有 29 个分册，分两个体系，即现代农业技术体系和社会主义新农村建设体系。在编写中充分体现现代教育培训"五个对接"的理念，主要采用"单元归类、项目引领、任务驱动"的结构模式，设定"学习目标、知识准备、任务实施、能力转化"等环节，由浅入深，循序渐进，直观易懂，科学实用，可操作性强。

我们相信，本系列培训教材的出版发行，能为新型职业农民培养及现代农业技术的推广与应用积累一些可供借鉴的经验。

因编写时间仓促，不足或错漏在所难免，恳请读者批评指正，以资修订，我们将不胜感激。

2017－06－20

目　　录

单元一

概　述

一、农作物的概念

农作物的概念有两种解释：一是广义的农作物，是指具有经济价值，被人工栽培的植物。包括粮、棉、油、糖、茶、烟、麻、桑、果、菜、药、绿肥、花卉等这些人工栽培的植物，统称为作物。另一种是狭义的农作物，主要是指种植在大田而且面积较大的作物，也叫大田作物，俗称"庄稼"，包括粮、棉、油、麻、糖、烟等。本课程所学习的农作物生产新技术，主要指狭义的农作物生产新技术。

二、农作物生产新技术

根据农作物生长发育规律及农产品食用安全规范，采取各种人工措施，如土壤耕作、合理密植、施肥、灌水、防治病虫草害等田间管理新技术，以及科学的收获与贮藏新技术，以获得高产、优质的农产品，满足市场需求。

农作物生产新技术包括：

（1）各种农作物的生长发育特点和规律。

（2）耕作技术、栽培模式、播种技术、施肥技术、灌溉技术、防治病虫害技术。

（3）适时采收农产品的方法及贮藏技术。

（4）产品安全生产规范。

总之，农作物生产的目的就是高产、高效、优质、安全，满足市场需求。

所以农作物生产新技术是一门直接服务于农作物生产的综合性应用技术，涉及植物生产与环境、农业生物技术、植物保护技术、土壤与肥料技术等多种学科的研究新成果和新技术。

项目一　作物种类的认识

■■ 学习目标

【知识目标】

1. 了解作物生产的特点和意义。

2. 熟悉农作物的分类及生产特点。

【技能目标】

能够认识各种农作物及其类别。

【情感目标】

培养学生对学习农业生产知识的兴趣。

任务一　农作物分类

■■ 知识准备

地球上记载的植物约 39 万种,被人类利用的植物都是由野生植物经过驯化、演变、选择而来,约 2 500 种,目前世界广泛栽培种植的植物约 1 500 种,其中栽培的大田作物约 90 余种,我国种植的有 60 余种。为了便于比较、研究和利用,人们常常根据作物的某些特征、特性进行分类。

作物的分类方法很多,最常用的是按产品用途和植物学系统相结合的分类方法,其他还有按作物对温光条件的要求、对光周期的反应和对二氧化碳（CO_2）的同化途径等进行分类的方法。

一、按产品用途和植物学系统相结合的方法分类

按此类方法可分为粮食作物、经济作物、饲料和绿肥作物、药用作物。

（一）粮食作物（或称食用作物）

1. 谷类作物（或称禾谷类作物）　一般指禾本科植物,主要作物有麦类（小麦、大麦、燕麦、黑麦）、水稻、玉米、谷子、高粱、黍、稷、薏苡等。荞麦属蓼科,但因其谷粒可食用,习惯也将其列入此类。

2. 豆类作物（或称豆菽类作物）　属豆科植物,主要的农作物有大豆、绿豆、蚕豆、红小豆、芸豆、豌豆、豇豆、鹰嘴豆等。

3. 薯类作物（又称根茎类作物）　属于植物学上不同的科、属。主要农

作物有甘薯、马铃薯、木薯、豆薯、山药（薯蓣）、芋、蕉藕等。

（二）经济作物（或称工业原料作物）

1. 纤维作物 其中有种子纤维，如棉花；韧皮纤维，如大麻、亚麻、洋麻、黄麻、苘麻、苎麻等；叶纤维，如龙舌兰麻、蕉麻、菠萝麻等。

2. 油料作物 主要有花生、油菜、芝麻、向日葵、苏子、蓖麻等。大豆有时也归此类。

3. 糖料作物 主要有甘蔗、甜菜，此外还有甜叶菊等。

4. 嗜好作物 主要有烟草、茶叶、咖啡、薄荷、啤酒花等。

5. 其他作物 主要有桑、橡胶、香料作物（薄荷、留兰香）、席草等。

（三）饲料和绿肥作物

豆科中常见的有苜蓿、苕子、紫云英、草木樨、田菁、柽麻、三叶草等；禾本科中常见的有苏丹草、黑麦草等；其他如红萍、水葫芦、水浮莲、水花生等也属此类。这类作物既可做饲料，又可做绿肥。

（四）药用作物

种类颇多，主要有三七、人参、枸杞、黄芪、黄连、连翘、大黄等。

上述分类不是绝对的，有些作物有几种用途，如大豆，既可食用，又可榨油；亚麻既是纤维作物，种子又可榨油；玉米既可食用，又可做饲料、工业原料；马铃薯既是粮食，又是蔬菜。因此分类只是根据需要而划分。

二、按作物对温度条件的要求分类

按此方法可分为喜温作物、耐寒作物。

（一）喜温作物

如水稻、棉花、玉米、烟草、花生等。在其全生育期中，所需的日均温和总积温较高，其生长发育的最低温度为 $10 \sim 12{}^{\circ}\!C$，温度低，生长发育缓慢，甚至停止。

（二）耐寒作物

如小麦、大麦、黑麦、燕麦、豌豆、油菜等。这些作物全生育期要求的日均温和总积温较低，其生长发育的最低温度为 $1 \sim 3{}^{\circ}\!C$，温度过高，生长发育缓慢，甚至停止。

三、按作物对光周期的反应分类

按此分类方法可分为长日照作物、短日照作物、中性作物。

（一）长日照作物

如小麦、大麦、油菜、甜菜等。这类作物的根、茎、叶生长（营养生长）

时需较短的日照，在开花结实（生殖生长）时需较长的日照。

（二）短日照作物

如水稻（中、晚稻）、玉米、棉花、大豆、烟草等。这类作物根、茎、叶生长时需较长的日照，在开花结实时需较短的日照。

（三）中性作物

如早稻、豌豆、荞麦等。这类作物开花结实与日照长短无关。

四、按作物对二氧化碳的同化途径分类

按此分类方法可分为 C_4 作物、C_3 作物。

（一）C_4 作物

如玉米、谷子、高粱、甘蔗等。这类作物光合作用的二氧化碳补偿点低，呼吸作用消耗也低，光合作用能力强，光合效率高，属于高产作物。

（二）C_3 作物

如水稻、小麦、大麦、棉花、大豆等。这类作物光合作用的二氧化碳补偿点高，有较强的光呼吸，光合作用能力较弱。

五、按作物播种期和收获期分类

按作物播种期不同分为春播作物、夏播作物、秋播作物和南方的冬播作物。

（一）春播作物

春播作物是指春夏季播种夏秋收获的作物，如玉米、谷子、大豆、春小麦等。

（二）夏播作物

夏播作物是麦收后播种的作物，如小麦收获后复播玉米、大豆等。

（三）秋播作物

秋播作物是秋季播种第二年夏季收获，如冬小麦、秋菊等。

除此以外，还有其他的分类方法，如按成熟期、收获期的不同，分为夏熟作物和秋熟作物；按种植密度和田间管理方式可分为密植作物和中耕作物等。

任务二　农作物生产的特点及意义

▦ 知识准备

人类生命活动所必需的能量来源只能从农产品如粮食和其他食物中获得，

而食物中的能量归根到底是绿色植物转化太阳能的结果。

$$CO_2 + H_2O \xrightarrow[\text{光}]{\text{叶绿素}} C_6H_{12}O_6 + O_2$$

所以作物生产的实质是：人类栽培、利用绿色植物将太阳能转化为化学能，将无机物转化为有机物，同时获得自身所需能量的过程。这一过程既要受到自然条件（光、温、水、土、肥）和其他生产条件的制约，又要受到科学技术和社会经济发展水平的制约。

■ 任务实施

一、农作物生产特点

（一）农作物生长的规律性

农作物是活的生物有机体，在与生态环境相适应的长期进化中，农作物生长发育过程形成了显著的季节性、有序性和周期性。

首先，不同农作物种类具有不同的个体生命周期，如水稻、玉米和棉花等为一年生作物，冬小麦、油菜为二年生作物。

其次，农作物个体的生命周期又有一定的阶段性变化，是一个有序的生长发育过程，需要特定的环境条件，如小麦的低温春化、水稻的短日高温特性就是其生长发育过程中的一个特性。

第三，由于农作物生长发育的各个阶段是有序的、紧密衔接的过程，既不能停顿中断，又不能颠倒重来，因而具有不可逆性。

（二）严格的地域性

由于不同地区的纬度、地形、地貌、气候、土壤、水利等自然条件不同，相应的社会经济、生产条件、技术水平等也有差异，从而构成了农作物生产的地域性。如干旱地区应选择抗旱耐旱品种，低洼潮湿地区要选择耐湿品种等。因此，农作物生产必须根据各地的自然条件和社会条件，"因地制宜"选择适合该地的农作物种类、品种及相应的技术措施，使作物、环境、措施达到最佳配合，生产出高产优质的农产品。

（三）明显的季节性

农作物生产在很大程度上受自然条件的影响，而一年四季的光、热、水等自然资源的状况是不同的，所以农作物生产不可避免地受到季节的强烈影响。

由于农作物的季节性很强，生产上误了农时，轻则减产，重则颗粒无收。因此，必须合理掌握农时季节，做到"不违农时""因时制宜"，使农作物的高效生长期与最佳环境条件同步。

（四）生产的连续性

农作物生产是一个连续的生产过程，在农作物生产的每一个周期内，各个环节之间相互联系，互不分离；前者是后者的基础，后者是前者的延续。上一茬作物与下一茬作物，上一年生产与下一年生产，上一个生产周期与下一个生产周期，都是紧密相连和互相制约的。生产的连续性要求生产者要有全面和长远的观点，做到前季为后季，季季为全年，今年为明年，实现持续的高产稳产。

二、农作物生产的意义

农业是国民经济的基础，农业生产提供了人类生存最基本、最必需的生活资料。农作物生产又是农业生产的基础，农作物生产的产品既解决了人们的吃饭穿衣问题，又供给畜牧业、渔业等所需的饲料，提高了人民的生活质量，还为工业生产提供了重要的原材料。目前，我国40％的工业原料、70％的轻工业原料来源于农业生产，如棉、麻是纺织工业的主要原料；油料是油脂工业的主要原料；甘蔗、甜菜是制糖工业的主要原料；烟草是卷烟工业的原料；玉米是制作酒精、淀粉、饲料等的原料。因此优质、高效地发展农作物生产，提高农作物的产量和品质，持续地利用自然资源，是我国农业生产长期的目标。

■■ 能力转化

1. 解释下列概念：农作物、农作物生产技术。
2. 农作物分类方法有几种？分为哪几类？
3. 试述农作物生产的特点。

项目二　种植制度

■ 学习目标

【知识目标】

1. 了解耕作制度、种植制度、养地制度的概念。
2. 熟悉农作物布局、单作、间作与套作、轮作与连作的概念。

【技能目标】

1. 掌握农作物布局、间套作、轮作、连作原理及技术。
2. 熟悉基本耕作技术及表土耕作技术。

【情感目标】

通过学习，提高对农业生产的基本操作技术的认识。

1. **耕作制度**　是指一个地区或生产单位的农作物种植制度以及与之相适应的养地制度的综合技术体系。包括种植制度和养地制度。其中种植制度是耕作制度的中心，养地制度是耕作制度的重要内容，是持续稳定高产的基础。耕作制度具有较强的综合性、地区性、多目标性，因而在生产上起着很大的作用。

2. **种植制度**　是指一个地区或生产单位的农作物组成、配置、熟制与种植方式的总称。主要体现在作物的种植安排上，包括种什么、种多少、种哪里，即作物布局的问题。一年种几茬、什么季节种，即复种或休闲问题。采用什么方式种植，即单作、间作、套作、移栽等问题。不同年份或不同生长季节的种植顺序，即轮作、连作问题。目的是提高农作物单位面积产量和增加总产量。

3. **养地制度**　是指与种植制度相适应的以提高土地生产力为中心的一系列技术措施。包括农田基本建设、土壤培肥与施肥、水分供求平衡、土壤耕作及农田保护等。目的是提高土地的综合生产能力。

任务一　农作物布局

▣ 知识准备

农作物布局的概念

农作物布局是指在一个地区或生产单位对种植农作物的种类、品种及面积所做的安排。

农作物布局的范围可大可小，时间可长可短，根据生产者的目的安排，农作物布局的内容包括粮食作物与经济作物、绿肥作物、饲料作物之间的面积比例；同类农作物内部不同类型之间的面积比例；同一农作物不同品种间的面积比例。在多熟区还包括农作物不同熟制组合的布局。

合理的农作物布局是将各种农作物安排在相对适宜的生态条件和生产条件下，充分发挥农作物的生产力，取得较大的经济效益。布局合理，有利于解决农作物争地、争肥、争水、争劳动力的矛盾，用地与养地相结合，实现农作物持续增产；反之，布局不合理，往往使生产处于被动状态，劳力、农作物生长季节紧张，水肥条件跟不上，前后茬口衔接不上，用养地矛盾，最后农作物减产，影响一年甚至多年的农作物生产。

任务实施

一、决定农作物布局的因素

1. 农作物的生态适应性 即农作物适应一定的生态环境的特性，在一定地区农作物的生物学特性与自然生态条件相适应的程度，是农作物布局的主要依据。每一种农作物（或品种）的生长发育对温、光、水、土等环境条件都有一定的适应性。如苹果一般分布在温带，柑橘分布在亚热带，棉花多分布在温暖、光照充足的地方，热带不生长马铃薯等，这是作物在系统发育的过程中形成的，是一种遗传特性。

农作物的生态适应性有宽有窄，适应性广的农作物分布广，如小麦的适应性很广，热带、温带、亚热带都可种植，而椰子、甘蔗的适应性很窄，只能在热带种植。虽然一个地方能种植许多作物，但它们的生态适应性有差异，如小麦在我国各地都有种植，但最适区是青藏高原和黄淮海平原，华南虽种植小麦，但产量低，品质差。所以在考虑农作物的组合时要根据区域的自然条件，尽量选择适应性强的农作物来进行合理的组合，达到高产稳产的目的。

2. 社会需求 农产品的社会需求是农业生产的主要目的和动力，是农作物布局的前提。一般农产品的社会需求分为三个方面：自给性的需求、市场需求和国家或地方政府的需求。在进行农作物布局时，首先对农产品的需要进行全面的预测和分析，在国家和政策允许的条件下，根据市场经济的效益原则，多种一些经济效益高的农作物，以增加农民的收入，提高种植业的效益。

3. 社会发展水平 包括经济、交通、信息、科技等多种因素。一种农作物布局是否可行，除了农作物与自然环境的适应程度外，农作物的生产还与当地的经济发展、科技水平、生产条件以及人们的意识态度都有很大关系。近年来我国各地的种植业结构的变化就是很好的例子。

二、农作物布局的原则

农作物布局应当以客观的自然条件和社会发展水平为依据，按照自然规律和经济规律来制定。因此，合理的农作物布局应遵循以下原则：

1. 稳定粮食生产 粮食安全，就是国家安全。我国是一个粮食生产大国，又是一个粮食消费大国。农作物布局必须贯彻"决不放松粮食生产，积极发展多种经营"的方针，根据国家计划，结合当地的具体条件，处理好粮食生产和多种经营的关系，保证粮食作物的播种面积。

2. 根据农作物的特性，因时因地种植，趋利避害，发挥优势 不同的农作物或品种有不同的生态适应性，只有将其种植在最适宜的生态环境中，才能发挥最大的经济效益。因此，农作物布局必须考虑当地气候、土壤条件以及农作物和品种的适应性，充分发挥自然优势和农作物品种的优势，达到节本增效的目的。

3. 用地、养地相结合，保持农田生态平衡 农作物布局必须考虑用养地相结合，根据各种农作物对土壤肥力的影响，把一些养地作物如豆类作物、绿肥作物与耗地作物如谷子、高粱实行轮作换茬，并建立相应的耕作、施肥、管理制度，保持农田生态平衡，各种农作物持续增产。

任务二 间作与套作

▇ 知识准备

一、基本概念

1. 单作 在同一块田地上种植一种作物的种植方式，也称为纯种、清种、净种或平作［图 1-1（a）］。

特点：（1）群体结构单一，全田作物对环境条件要求一致。

（2）生育期一致，便于田间统一种植、管理与机械化作业。

（3）个体之间只存在种内关系。

2. 间作 在同一田地上，于同一生长期内，分行或分带相间种植两种或两种以上作物的种植方式［图 1-1（b）］。

特点：（1）不同作物在田间构成人工复合群体，个体之间既有种内关系，又有种间关系。

（2）间作作物的播种期、收获期相同或不相同，但作物的共生期长，其中，至少有一种作物的共生期超过其全生育期的一半。

（3）间作是集约利用空间的种植方式。

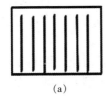
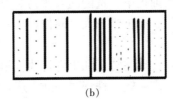

图 1-1 作物种植方式示意图

（a）单作 （b）间作 （c）套作

3. 套作 生育季节不同的两种或多种作物，在前季作物生长后期的行间或株间播种或移栽后季作物的种植方式，也称为套种、串种 [图 1-1 (c)]。

特点：套作的农作物共生期短，每种作物的共生期都不超过其全生育期的一半。

二、间、套作的作用

1. 增产和调节茬口 合理的间套作能够充分利用光、热、水、土等自然资源和劳力资源，实行集约种植，提高土地生产能力和光能利用率，具有较好的增产效果。套作还可提高后作的产量。在我国耕地面积减少的情况下，粮、棉、油、菜产量增长，与合理的间套作的示范推广有关。

2. 增效 合理的间套作能以较少的投资获得较多的经济收入。

3. 稳产保收 合理的间套作能够利用农作物不同特性，增强对自然灾害的抗逆能力，稳产保收。如玉米间作谷子，干旱年份多收谷子，湿润年份玉米增产。

4. 协调农作物争地的矛盾 我国的农业是资源约束型的，人、地、粮以及资金短缺在现有的技术水平下不可能彻底解决，只有合理地运用间套作，可以在一定程度上调节粮与棉、果、菜等对温、光、水、肥需求的矛盾。促进土壤用养结合，减轻人、地、钱、粮的压力，促进农业产业结构的调整和农业生产持续稳定的发展。

■ 任 务 实 施

运用间、套作种植方式，目的主要是在有限的耕地上，提高土壤和光能的利用率，获得更多的产品。在生产中需要制定技术措施。

一、选择适宜的农作物和品种

首先在农作物的共生期内，选择的各种农作物对环境条件的生态适应性大致相同。如旱生作物和水生作物生长期间对水分要求不同，二者不能间套作。在生态适应性大体相同的前提下，选配的农作物对农田小气候的要求要略有差异，达到趋利避害的目的。如玉米与大豆间作，小麦与豌豆间作，小麦与玉米套作等互惠互利。

其次间套作的农作物在形态特征和生育特性上相互适应，以利于互补地利用环境资源。如株高要一高一矮，株型要一胖一瘦，叶型要一圆一尖，叶角要一直一平，根系要一深一浅，生育期要一长一短，成熟期要一早一晚，生理上要一阴一阳（图 1-2）。

总之要选择具有相互促进而较少抑制的农作物和品种搭配，这是间套作的关键之一。

图1-2 玉米间套大豆

二、建立合理的田间配置

间套作的田间配置包括种植密度、行数、行株距、间距、幅宽、带宽。

1. 种植密度 种植密度是实现间套作增产增效的关键技术，是指农作物植株之间的距离。农作物左右间的距离称行距，前后间的距离称株距。安排间套作的农作物种植密度一般遵照"高要密，矮略稀；挤中间，空两边；保主作，收次作；促互补，抑竞争"的原则。植株高的农作物，即高位农作物的种植密度要高于单作，能充分利用改善的通风透光条件，发挥密度的增产潜力，最大限度地提高产量。植株矮的农作物，即低位农作物的密度较单作略低或与单作相同。在生产上种植密度还应根据肥力、行数、株型而定。当间作的作物有主次之分时，主作物（高或矮）种植密度与单作相近，保证主作物的产量，副作物密度因水肥而定。

2. 行数 间套作时，各种农作物的行数用行比表示，即各农作物实际行数的比。如两行玉米间作两行大豆，行比2∶2。

间作农作物的行数，要根据计划农作物产量和边际效应来确定。一般高秆作物表现边行优势，矮秆作物表现边行劣势。高位作物不可多于边际效应影响行数的两倍，矮位作物不可少于边际效应影响行数的两倍。另外高矮作物间作时，要注意两作物的高度差和行比，调整原则"高要窄，矮要宽"。即高秆作物行数少些，矮秆作物的行数多些，矮位作物的行数，还与作物的耐阴程度有关，耐阴性强时，行数可少；耐阴性差时，行数宜多些。

套作农作物的行数应根据农作物的主次确定，矮位农作物为主要农作物时，行数宜较多；为次要农作物时，行数可较少。

3. 幅宽　是指间套作中每种农作物的两个边行相距的宽度（图 1 - 3）。幅宽一般与作物行数成正相关。高位作物带内的行距一般都比单作时窄，利用边行优势，所以在与单作相同行数情况下，幅宽要小于单作时相同行数行距的总和。一般隔行种植没有幅宽，带状种植才有幅宽。

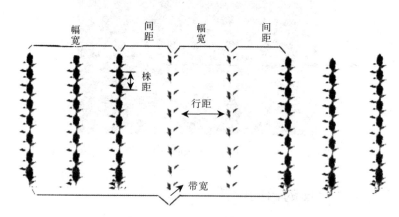

图 1 - 3　间套作的水平较高示意图

4. 间距　是相邻两种农作物间的距离（图 1 - 3），是间套作物边行争夺养分、水分最激烈的地方。间距过大，浪费空间，失去间套作的意义；间距过小，作物间竞争过于激烈，易造成两败俱伤的局面。

一般间距处理，应以不过分影响矮位作物正常生长发育为宜。具体确定时，可根据两种农作物单作时行距一半之和进行调整。如：玉米行距 60cm，大豆行距 40cm，两者间作时的间距＝（60＋40）/2＝50（cm）

5. 带宽　带宽是间套作各种农作物顺序种植一遍所占地面的宽度，包括间距和幅宽。三者之间关系如下：

带宽＝幅宽＋间距

带宽是间套作的基本单元，不宜过宽也不宜过窄。带宽过窄，作物互相影响，特别是造成矮秆作物减产；带宽过宽，减少高秆作物的边行，增产不明显，或矮秆作物过多往往又影响总产。

带宽的调整取决于农作物品种特性、土壤肥力和农机具。高位作物种植比例较大，矮秆作物又不耐阴，两种作物都需宽幅种植，采用宽带种植；反之，则窄带种植。株型高大的农作物品种或土壤水肥条件好，行距和间距都较大，带宽大些，反之则小。机械化水平高，采用宽带种植，较大或中型机具作业，带宽大些，小型农具则带宽小些。

三、采用相应的栽培技术

农作物在进行间、套作种植时，虽然合理安排了田间结构，但它们之间仍然存在争光、争水、争肥的矛盾。为了达到间套作高产高效的目的，在种植技术上应做到：深耕细作；适当增施肥料，合理施肥；适期播种，播种全苗，促苗早发；在共生期间要做到"五早"即早间苗，早补苗，早中耕除草，早追肥浇水，早治虫，协调各作物的生长发育，保证间、套作物平衡生长；及时综合防治病虫害；适时收获。

任务三　轮作与连作

■ 知识准备

一、基本概念

1. 轮作　在同一块地上有顺序地轮换种植不同作物的种植方式，又称换茬。

2. 连作　在同一块地上连年种植相同种类农作物的种植方式，又称重茬。

二、轮作的作用

俗话说得好"倒茬如上粪""庄稼要想好，三年两头倒"。根据作物的生理生态特性，在轮作中前后作物搭配，茬口衔接紧密，既有利于充分利用土地、自然降水和光、热等自然资源，又有利于合理使用机具、肥料、农药、灌溉用水以及资金等社会资源，还能错开农忙季节，均衡投放劳动力，做到不误农时和精细耕作。所以合理轮作仍是经济有效提高产量的一项重要农业技术措施。其作用有以下几个方面。

1. 均衡利用土壤养分，调养地力（以田养田，生物养田）　不同农作物对土壤中营养元素和水分吸收能力不同。如禾谷类作物吸收氮、磷和硅的量较多；豆科作物吸收氮、磷和钙较多，在吸收的氮素中，有 $40\%\sim60\%$ 是根瘤菌固氮，而土壤中的氮实际消耗少，磷的消耗较大；如小麦、玉米、棉花等农作物需水多，而谷子、甘薯等农作物需水较少。另外不同农作物根系入土深度和发育程度不同。如水稻、谷子和薯类等浅根性作物，根系主要在土壤表层延展，主要吸收利用表土层的养分和水分；而大豆、棉花等深根性作物，则吸收深层土壤的养分和水分。合理轮作，可以使前、后茬作物利用不同层次土壤的养分和水分，协调作物间养分、水分的供需关系，充分发挥土壤肥力的生产潜力。

2. 减轻病虫害　农作物的某一些病虫害是通过土壤传播的，如棉花枯黄萎病、玉米丝黑穗病、大豆胞囊线虫病、马铃薯青枯病、谷子白发病、甘薯黑斑病、玉米瘤黑粉病以及为害农作物的地下害虫等，害虫也有一定的专食性或寡食性，对寄主有一定选择性。合理轮作，更换了病虫的寄主，病虫因食物条件恶化和寄主的减少而大量死亡；通过前后茬作物管理措施和田间环境条件（养分、水分、通气状况）的剧烈变化而达到抑制和消灭病虫害的目的。

3. 减轻田间杂草危害　农作物种类不同，伴随其田间的杂草种类也不同，有些杂草是寄生性的，如大豆菟丝子、向日葵列当、瓜列当；有些杂草是伴生的，如稻田里的稗草、麦田里的燕麦草、谷田里的狗尾草等。通过轮作改变了杂草的生存环境，有效地抑制杂草。

4. 改善土壤的理化性状　谷类作物有较大根群，可疏松土壤、改善土壤结构；绿肥作物和油料作物可直接增加土壤有机质来源。浅根性作物有疏松土壤耕作层的作用；深根作物对深层土壤有明显的疏松作用，且可以利用深层土壤的养分。将用地作物和养地作物轮作，能明显改善土壤理化性状，提高土壤肥力。

三、连作的危害

与轮作相反，有些作物连作常常引起减产。

1. 土壤养分偏好　不同作物吸收土壤中的营养元素的种类、数量及比例各不相同，根系深浅与吸收水肥的能力也各不相同。长期种植同一种作物，由于该作物吸收矿质营养元素的种类、数量和比例是相对稳定的，而且对其中少数元素有特殊的偏好，吸收量大。年年种植，势必造成土壤中这些元素的严重匮乏，造成土壤中原有矿物营养元素的种类、数量和比例严重失调，作物生长发育受阻，产量下降。如连年种植吸水量多的作物，如甜菜、向日葵等易造成土壤水分严重不足，影响后作的正常生长。

2. 有毒物质积累　作物生长过程中的根系、叶片的分泌物以及残体腐解所产生的物质，有的对自身的生长有抑制作用。如大豆根系分泌的氨基酸较多，使土壤噬菌体增多，它们分泌的噬菌素也随之增多，从而影响根瘤的形成和固氮能力，这是大豆连作减产的重要原因之一。

3. 土壤物理结构破坏　由于耕作、施肥、灌溉等方式固定不变，会导致土壤理化性质恶化，有机质分解缓慢，有益微生物种类和数量减少，农作物从土壤中获得的营养元素减少，农作物减产。

4. 病虫草害增加　连作使伴生性和寄生性杂草增加，与作物争夺空间、养分、水分，造成生态环境恶化，尤其与作物共生期间更为突出。如大豆根瘤菌、大豆菟丝子、列当、马铃薯晚疫病、番茄病毒病、小麦根腐病、玉米黑粉病、西瓜枯萎病等，连作可使这些病虫草循环感染。连作还可使土壤微生物的种群数量减少，降低土壤酶活性，影响土壤的供肥能力，从而使土壤中可提供的速效氮、磷养分减少，农作物减产。

■■ 任务实施

一、轮作类型

我国北方地区常见轮作类型：

1. 一年一熟制　在生长期短的地区，采用一年一熟制的轮作方式。实行粮食作物 → 豆类作物轮作。如：大豆→玉米→玉米或高粱；谷子→大豆→玉米→玉米。

2. 粮经轮作　在生长期相对长、水肥条件好、劳力充裕的地区，采用两年三熟或一年两熟的轮作方式。如：玉米→冬小麦→夏播玉米；冬小麦→夏大豆→冬小麦→玉米。

3. 旱田轮作　在水土流失严重、地广人少、土壤瘠薄、耕作粗放的地区实行多年生牧草（豆类）→粮食作物轮作方式。

二、连作技术

连作导致农作物减产并不是绝对的，不同农作物甚至同一种农作物的不同品种对连作反应不同。根据农作物耐连作程度的不同，大致分为三种类型：

较耐长期连作的作物，如水稻、玉米、麦类、棉花等，可连作3～5年或更长。

耐短期连作的农作物，如高粱、甘薯、花生、芝麻等可连作1～2年，间隔2～3年。

不宜连作的农作物，如谷子、马铃薯、大豆、豌豆、绿豆、向日葵等，在生产上需间隔3～4年。

因此在生产上，合理选择耐连作的农作物和品种，针对连作的弊端，采取相应的针对性措施，能有效减轻连作的危害。另外，选择抗病虫害的高产品种，也能在一定程度上缓解连作的危害。

任务四　土壤耕作技术

■ 知识准备

"纵有良田千万顷，收成多少在于耕。""一年犁出病，十年没收成。"我国农民历来十分重视土壤耕作。土壤是农作物生长发育的物质基础，土壤的温度、水分、空气及土壤紧实度与农作物对养分、水分的吸收密切相连，土壤结构、土壤肥力状况决定着土壤养分对农作物的供给程度，也影响着农作物的生长发育。进行土壤耕作可创造农作物适宜生长的土壤环境。

一、土壤耕作

土壤耕作是利用农机具的机械力量来改善土壤的耕层结构和地表状况的技术措施。也就是通过机械的物理作用，调节土壤松紧度、土壤表面状态和耕层内部土壤的位置，创造适宜作物生长的土壤水、肥、气、热状况的技术措施。

土壤耕作不能增加土壤肥力，主要起调养地力作用。

二、土壤耕作的目的

（1）为农作物播种和发育创造适宜的环境，通过土壤耕作创造上虚下实的种床、苗床和根床，有利于提高播种质量，促进种子发芽、生根和生长发育。

（2）调节土壤水分，保证旱时能蓄水、保墒，湿时可散墒。

（3）消灭作物残茬，翻埋肥料，加速土壤养分的转化与循环。通过翻耕，将作物收获后留在田间的一定数量的残茬落叶、秸秆等，翻入土中，并通过耙地、旋耕等搅拌作业，将肥料与土壤混合，使土肥相融。

（4）消灭病虫害及防除杂草。通过翻耕，将杂草种子、病菌、害虫卵等翻入土中，使其处于缺氧条件下，从而窒息死亡，也可将躲藏在土中的地下害虫、病菌等翻到地表，经曝晒或冰冻死亡。当杂草种子翻入土中后遇到疏松湿润的土壤环境，可促使其发芽并随后予以消灭。

（5）避免养分在土壤的还原过程中损失，促进养分的合理流动。

总之，土壤耕作就是根据农作物的要求，因地制宜地采取不同措施，改变土壤耕层构造和地面状况，调节土壤水、肥、气、热因素，翻埋根茬和肥料，清除田间杂草，土传病害，调节土壤微生物活动，为作物播种、出苗和生长发育提供适宜的土壤环境。

三、土壤耕作的机械作用

1. 松碎土壤 土壤由于人畜和机械机具的踏压、降水和灌溉以及土壤本身重量的作用，逐渐下沉，变得紧实，土壤总孔隙度减少，毛管孔隙比例增大，加快了土壤水分蒸发。由于土壤紧实，通透性降低，土壤中有益微生物活动减少，养分分解受到抑制。运用耕作措施，疏松耕层土壤，使活土层达25～30cm，调节土壤结构状况，增加总孔隙度，改善土壤透气状况，增强蓄水保水保肥能力。

2. 翻转耕层，混拌土壤 耕作层上下翻转，改变土层位置，改善耕层理化及生物学状况。翻埋肥料、残茬、秸秆和绿肥，调整耕层养分的垂直分布，培肥地力。

3. 平整地面 平整地面的作用是使播种深浅一致。通过耙、耢、压等，整平地面，减少蒸发，防旱保墒，有利于农作物生长后期的田间管理。

4. 压紧土壤 通过镇压，压碎压实表土层，减少土壤大孔隙，增加毛细管孔隙，减少水分蒸发，为播种发芽创造适宜的土壤水分条件。镇压通常在播种前或播种后，镇压必须在土壤较干燥时进行。

5. 开沟、培垄、打埂、做畦 这也是土壤耕作的主要措施。具有增温、促苗、促早熟的作用。高温多雨排涝，开沟培垄增加块根块茎作物的耕作层，利于膨大，还有利于浇水、防风、抗倒。

土壤耕作的效果和效率取决于机具的性能。

四、土壤耕作的类型

土壤耕作类型分为基本耕作和表土耕作两种。

■ 任务实施

一、基本耕作技术

又称初级耕作，指入土深、作用强烈、能显著改变耕层物理性状、后效较长的土壤耕作措施。一般在农作物播种之前进行。包括翻耕、深松耕、旋耕三种方式。

1. 翻耕 主要工具是圆盘犁和铧犁（图1-4）。翻耕的作用是翻土、松土、碎土。翻耕后土壤松碎，利于翻埋有机肥和秸秆残茬、杂草、病菌。但是容易造成土壤跑墒，且耗能高，成本高，容易造成水土流失，不适宜在缺水地区使用。翻耕时期有伏耕、秋耕、春耕。伏耕好于秋耕，秋耕好于春耕。耕翻深度因农作物和土壤性质不同而不同，禾谷类作物和薯类作物根系分布浅，棉花、大豆等作物根系分布深，一般旱地耕深 20～25cm，水田 15～20cm。

2. 深松耕 所用工具是深松铲、凿形铲。其作用是松土，耕深可达 25～30cm。耕后不乱土层，减少跑墒和因耕作造成的土壤侵蚀，作用深度大，可打破犁底层。特别适合干旱、半干旱地区、丘陵地区、土层薄和白浆土地区。但是不能翻埋有机肥和秸秆残茬、杂草、病菌。耕翻时掌握宜耕期；可以分层深松。

图 1-4 铧 犁

3. 旋耕 主要工具是旋耕机（图 1-5）。这是利用犁片的转动松碎土壤，同时切碎残茬、秸秆和杂草。优点是省动力，作业效率高，成本较低，完成后地面松碎平整。一次旋耕既能松土，又能碎土，可同时对土壤进行翻、碎、松、平、耙、播种等作业。适应性广，水旱地都可用。但是耕翻深度浅，一般在 10～15cm。

图 1-5 旋耕机作业

长期应用对土体破坏大，易致土壤理化性状变劣。

技术要点：掌握宜耕期。

二、表土耕作技术

表土耕作技术又称次级耕作，是在基本耕作基础上采用的入土较浅、作用强度较小的耕作措施，主要改善 0～10cm 表土层状况的土壤耕作技术，包括耙地、耱地、镇压、做畦、起垄、中耕等。

1. 耙地 主要工具是圆盘耙、钉齿耙等。这是在土壤翻耕后、播种前或出苗前破碎土块或大一些的坷垃、平地，形成地表暄土覆盖。旱地上常用于早春顶凌耙地。耙深 5～6cm。

2. 耱地 也叫耢地。是在耙地之后平土碎土的作业。一般作用于表土，深度 3cm 左右。耱地后能形成干土覆盖层，减少地表水分蒸发防止透风跑墒。多用于半干旱地区的旱地上，也可用在干旱地区灌溉地上。

3. 镇压 在翻耕、耙地之后用镇压器进一步压紧、压实土壤表层的作业。作用深度 3～4cm。镇压是农作物播种后、出苗前大雨后、农作物越冬前的一种重要的耕作措施。其主要作用是压碎土块、压实土壤，平整地面，破除土壤板结，防止土壤风蚀和水土流失。多用于半干旱地区旱地和半湿润地区播种季节较早时。

4. 做畦 在播种前用土埂或走道将田间分隔成不同的种植区。目的是用于灌溉和防渍排涝。

5. 起垄 这是翻耕整地后先确定种植行，然后用犁开沟培土而成，是垄作的一种形式。在种植行上起垄，垄高依作物而定，垄宽一般 50～70cm。起垄可增加土壤受光面积，提高地温，改善土壤透气性。便于翻埋杂草、肥料，增加活土层，防风排涝（图 1-6）。

6. 中耕 是农作物生长期间在株行间进行的一项很重要的表土作业。中耕的基本作用是松土、除草，

图 1-6 起垄种植示意图

调节土壤水、气、热状况。农谚"锄头底下有水、有火、有肥"很好地说明了中耕的作用。中耕的时间和次数因农作物种类、苗情、杂草、土壤状况而定。

■■ 能力转化

1. 解释概念

　　种植制度 养地制度 作物布局 间作 套作 轮作 连作

2. 农作物布局的影响因素和农作物布局的原则各是什么？

3. 间、套作的特点是什么？有什么作用？

4. 轮作有什么作用？

5. 连作的危害有哪些？

6. 为什么要进行土壤耕作？

7. 土壤耕作有哪些具体措施？

单元二

玉米生产技术

一、玉米生产的意义

玉米是世界三大粮食作物之一，其播种面积和总产量仅次于水稻和小麦，是我国的第一大粮食作物。

玉米是优质的粮食、优良的饲料和重要的工业原料。玉米籽粒营养丰富，被称为"软黄金"，含有蛋白质、脂肪、碳水化合物以及核黄素、维生素 E、矿物质 Ca、Fe、P、Mg、特殊抗癌因子——谷胱甘肽等。全世界的玉米籽粒 70%～80%作为饲料，10%～15%作为工业原料，10%～15%供人们食用。许多的工业产品如工业用淀粉、酒精等都是以玉米为原料的。玉米已经发展成为全世界粮（食）、饲（料）、经（济）兼用的作物。现今学者把人均占有玉米数量视为衡量一个国家畜牧业发展和人民生活水平的重要标志之一。

玉米是高光效、较耐旱、节水、单产高、增产潜力大的作物。

二、玉米区划与类型

（一）玉米区划

根据山西省各地的自然条件和栽培制度，玉米种植生态区划分为 4 个：

1. 北部春播特早熟区　该区海拔 1 300m，年均温 6℃，年活动积温 2 100～2 400℃，无霜期 100～120d。一般选用的玉米品种生育期春播为 75～90d，需有效积温范围 1 800～2 150℃，代表品种：冀承单 3 号、并单 6 号、忻黄单 78 等。

2. 北部春播早熟区　该区海拔 1 000m，年均温 6～7℃，年活动积温 2 600～2 900℃，无霜期 120～130d。一般选用的玉米品种生育期春播在 90～115d，需有效积温范围 2 000～2 200℃。代表品种：晋单 32、屯玉 8 号、忻单 84、长城 799 等。

3. 中部中晚熟区　该区海拔 300～600m，年均温 8～10℃，年活动积温

3 100～3 400℃，无霜期 135～160d。一般选用的玉米品种生育期春播在110～135d，需有效积温范围 2 200～2 800℃。代表品种：中单 2 号、农大 3138、先玉 335，农大 84、大丰 26、潞玉 6 号、潞玉 13 等。

4. 南部夏播中早熟区 该区海拔 700～1 000m，年均温 12～14℃，年活动积温 3 700～4 400℃，无霜期 180～220d，两年三熟。一般选用的玉米品种生育期夏播在 90～105d。代表品种：郑单 958、洵单 20、晋单 56、晋单 52。

（二）玉米类型

依照玉米不同的分类依据，玉米分为如下类型：

1. 按株型分类 根据茎叶角度和叶片的下披程度将玉米分为紧凑型、平展型和半紧凑型。

（1）紧凑型：穗位以上叶夹角平均小于 20°，叶片直立上冲，受光透光好，耐密性强，种植密度宜大。

（2）平展型：穗位以上叶夹角平均大于 40°，叶片平展，相互遮阴，不宜高密度种植，每 667m² 适宜密度 3 000 株左右。

（3）半紧凑型：穗位以上叶夹角平均小于 30°，667m² 种植密度 4 000 株左右。

2. 按用途分类 依据玉米籽粒经济价值、营养价值或加工利用价值可将玉米分为：

（1）普通玉米。

（2）鲜食玉米：甜玉米、糯玉米、笋玉米。

（3）工业用玉米：高油玉米、高淀粉玉米、高蛋白玉米。

（4）饲用玉米：青贮玉米、高赖氨酸玉米。

三、玉米的生长发育

（一）玉米的一生

玉米自播种至新种子成熟，经历种子萌动发芽、出苗、拔节、大喇叭口、抽雄、开花、吐丝、授粉（受精）、灌浆直到新种子成熟，才能完成其生活周期（图 2-1）。

（二）生育时期

在玉米的一生中，随着生育进程的发展，植株外部形态和内部生理发生显著变化的时期称为生育时期，为了便于观察和记载，将玉米各生育时期和标准简述如下：

1. 出苗期 指幼苗的第一片叶出土，苗高 2cm 的时期。

2. 拔节期 当玉米植株地上长到 6～7 片展开叶，靠近地面的茎节长度

图 2-1　玉米的一生

2~3cm 且用手能触摸到为拔节，此时玉米顶部雄穗开始分化，这是拔节期的重要标志，是玉米管理的主要时期。

3. 大喇叭口期　果穗叶及上下两片叶大部伸出，上平中空，状如喇叭，有 12~13 个展开叶，内部雌穗正处于小花分化期。此期距抽雄 10d 左右，是玉米管理的关键时期。

4. 抽雄期　玉米雄穗尖端抽出顶叶 3~5cm 的日期，此期营养生长基本结束，雄穗分化完成。抽雄后 2~3d 开花。

5. 开花期　雄穗主轴小穗开始开花散粉的日期，此时雌穗分化接近完成。

6. 吐丝期　雌穗花丝露出苞叶 2cm 左右的日期。一般吐丝期和开花期同期或迟 1~2d，授粉良好，称花期相遇。

7. 成熟期　玉米苞叶变黄松散，90% 植株籽粒变硬，果穗中下部籽粒乳线消失，胚位下方尖冠处出现黑色层的日期。

一般试验田或大田，群体达 50% 以上作为全田进入生育时期的标志。另外，生产上常用拔节期、大喇叭口期作为生育进程和田间肥水管理的标志。

（三）生育期

玉米从播种到种子成熟的天数称为生育期。玉米生育期长短与品种、播种期和温度有关。一般早熟品种或温度较高情况下生育期短，反之则长。

（四）生育阶段

在玉米的一生中，按形态特征，生育特点和生理特性，可分为苗期、穗期、花粒期3个不同生育阶段。每个阶段又包括一个或几个生育时期。生产上根据每个生育阶段的生育特点进行阶段性管理。

1. 苗期阶段（播种至拔节）　这是以生根、长叶、分化茎节为主的营养生长阶段。苗期的生育特点是茎叶生长缓慢，根系发展迅速。从三叶期到拔节期根系重量占到植株总重量的50%～60%，苗期的主要特性是耐旱怕涝、怕草害。田间管理的中心任务是促进根系发育，培育壮苗，达到苗全、苗齐、苗匀、苗壮的要求，为玉米生产打好基础。一般春玉米经历30～35d。

2. 穗期阶段（拔节至开花）　这是由营养生长转向营养生长与生殖生长并进的时期，穗期生育特点是茎叶旺盛生长，根系继续扩展，干物质积累进入直线增长期，雄穗、雌穗先后开始分化，是玉米一生中生长发育最旺盛的阶段，是决定穗数、穗的大小、可孕花数的关键时期，也是田间管理最关键的时期。田间管理的中心任务是促进中、上部叶片增大，茎秆粗壮敦实，以达到穗多、穗大的丰产长相。一般春玉米历时27～30d。

3. 花粒期阶段（开花至成熟）　营养生长基本停止，进入以开花、授粉受精、籽粒发育成熟的生殖生长阶段。花粒期生育特点是以形成产量为中心，是决定粒数和粒重的重要时期。田间管理的中心任务是保护中、上层叶片的功能期，提高光合强度，促进粒重，达到丰产。一般早、中、晚熟品种经历30、40、50d。

四、玉米产量构成因素

玉米单位面积的产量是由单位面积的有效穗数、穗粒数、粒重三者共同构成的。有效穗数由种植密度以及苗全、苗齐、苗壮决定；穗粒数的多少由雌穗分化时间和授粉、受精的情况决定；粒重由玉米籽粒大小、灌浆速度和灌浆时间决定。

玉米单位面积产量＝单位面积的有效穗数×穗粒数×粒重

项目一　播前准备

■ 学习目标

【知识目标】

1. 熟悉当地的生产实际，做好播前生产资料的准备工作。

2. 了解玉米良种的作用。

【技能目标】

1. 根据生产地实际正确选用优良品种。

2. 掌握玉米播前种子处理技术、整地与施基肥技术。

【情感目标】

1. 培养学生准备生产资料的能力。

2. 熟悉玉米播种前的准备工作。

在进行玉米生产之前，按计划准备好所需的生产资料是必要的。生产中所需的生产资料有品种、肥料、农药、农膜等。

一、肥料、农药、农膜等生产资料的准备

(一) 肥料的准备

1. 有机肥的准备　有机肥指各种农家肥，如人粪尿、饼肥、厩肥、堆肥、绿肥、土杂肥、生物肥料等。其特点：养分全面，肥效持久；含有机质较多，可改良土壤，增加土壤保水、保肥、供肥的能力；有益微生物较多，能够促进和调控作物生长，增强作物的抗逆、抗病能力，属于完全肥料。但养分浓度太低，有机质分解缓慢，所以施用前必须充分腐熟杀菌。一般做基肥（底肥）。

2. 无机肥的准备　无机肥又称化肥。即通常说的氮（N）肥、磷（P）肥、钾（K）肥。养分含量较高，易溶于水，分解较快，易被作物吸收，但成分单一，肥效不持久，易流失，长期单一施用易造成土壤板结，且过量施用产生严重的环境问题。在生产上多施用 NPK 复合肥或注意 NPK 配施。复合肥料的有效成分一般用 $N—P_2O_5—K_2O$ 来表示，如在肥料袋上写 20—10—10 表示含氮 20%，含磷 10%，含钾 10% 的三元复合肥。故在施用复合肥做底肥或追肥时应选择有效成分高的种类。

在玉米生产上，常用的复合肥有：磷酸铵、磷酸二氢钾、硝酸钾等。

(二) 农药的准备

农药的种类和品种很多，根据防治对象不同，大致分为杀虫剂、杀螨剂、杀菌剂、杀线虫剂、除草剂、杀鼠剂、植物生长调节剂等。

（1）为害玉米的害虫有蝼蛄、蛴螬、金针虫、小地老虎、玉米螟、黏虫、红蜘蛛等，准备能杀死这些害虫的农药，如敌敌畏、吡虫啉、高效氯氰菊酯、阿维菌素、敌杀死等。

（2）玉米的病害有：大、小斑病、丝黑穗病、黑粉病、黄花叶病等。准备一些高效杀菌剂如粉锈宁、多菌灵、甲基托布津、福美双、菌核利等。

（3）除草剂：乙草胺、莠去津（阿特拉津）、2,4-D 丁酯、苞卫等。

（三）农膜的准备

随着保护地栽培技术的发展，地膜的种类不断增加，在生产上常用的地膜主要是聚乙烯地膜。地膜幅宽有 85cm、90cm、140cm 等。此外还有透明地膜、有色地膜、锄草膜、降解膜等。

二、常用农具的使用

耕、整地农具有旋耕机、犁、耙、耱等。播种农具如耧、播种机等，玉米播种机有精量播种机、半精量播种机。中耕除草农具如锄头、中耕机等。收获农具如镰刀、收割机等。

【注意事项】
1. 不能使用过期的农药和生产上禁用的农药。
2. 不使用失效的化肥。
3. 农机手须熟练掌握农机具的操作规程和操作技术。

任务一　种子准备

■ 知识准备

一、良种的概念

优良品种简称良种，包括优良品种和优质种子两种含义，即优良品种的优良种子。

优良品种：是指能够比较充分利用当地的自然、栽培环境中的有利条件，避免或减少不利因素的影响，并能有效解决生产中的一些特殊问题，表现为高产、稳产、优质、低消耗、抗逆性强、适应性好，在生产上有其推广利用价值，能获得较好的经济效益的品种。玉米优良品种在粮食产量中的科技贡献率在 40% 以上，所以选用优良品种是玉米生产的一个重要环节。

二、良种的作用

（1）提高单产。优良品种一般都具有较大的增产潜力，在环境条件优越时能获得高产，在环境条件欠缺时能保持稳产。

（2）改善和提高农产品品质。优良品种的产品品质较优，更符合经济发展的要求，有利于农民增产增收。

（3）抗病力和抗逆性增强。优良品种对常发的病虫害和环境胁迫具有较强的抗耐性，在生产中可减轻或避免产量的损失。

（4）扩大种植面积。优良的品种有较强的适应性，还具有对某些特殊有害因素的抗耐性。

（5）有利于机械化生产，能提高劳动效率。

三、选择优良品种的原则

选择优良品种的基本原则：选用的优良品种最能适应当地的自然条件和生产条件。具体做法：

（1）作为主栽品种必须是通过国家、省级审定的推广品种。

（2）熟期适宜，一般而言，选择的品种要求正常生理成熟或达到目标性状要求（速冻玉米能加工、青贮玉米则达到乳熟末或蜡熟初期）。

（3）具有较高的丰产性。产量的高低是衡量一个品种好坏的重要标志之一，无论是籽粒产量，还是生物产量（主要指青贮玉米含玉米穗、茎、叶全株），都要有很好的丰产性。

（4）具有很好的稳产性。一个稳产性的品种，在不同的地点、不同的年际间产量波动不大。它既反映品种丰产性能，又是该品种对当地自然条件的适应性的体现。

（5）较好的品质。它主要根据种植者的目的决定。如以籽粒为目的，则注重商品品质要求，容重、色泽等，工业加工淀粉用则是以加工品质（淀粉含量高）为主，食青玉米穗（或速冻、上市）则考虑食用品质。

（6）抗病、抗逆性强。选择的品种要抗当地的主要病害，对当地经常发生的自然灾害，如干旱、低温等具有较强的抗逆性。

四、优良品种

由于品种具有区域性，不同品种对环境条件的适应性不同，不同地区需要不同类型的品种，购种前，一定要充分了解当地的自然情况和生产条件和种植制度，确定所选品种类型。如无霜期短，选早熟品种；土壤肥沃，水利设施好，选高产耐肥耐密品种。同时根据种植密度确定优良种子的数量。每 $667m^2$ 种植密度为高密 4 000～4 200 株，中密 3 500～3 800 株，低密 2 800～3 000株。

1. 先玉 335　由铁岭先锋种子研究有限公司选育。

该品种比农大 108 早熟 5～7d，生育期 123～125d，幼苗叶鞘紫色，叶片绿色，叶缘绿色。株型紧凑，穗长 18.5cm，株高 286cm，穗位高 103cm，全株叶片数 19 片左右。百粒重 34.3g，抗茎腐病、中抗黑粉病、弯孢菌叶斑病，感大斑病、小斑病、矮花叶病和玉米螟。一般每 667m² 产量 750kg 左右。

栽培要点：每 667m² 适宜密度为 4 000～4 500 株。适当增施磷钾肥。

2. 大丰 26　由山西大丰种业有限公司选育。

该品种生育期 130d 左右，叶色深绿，株型紧凑，茎秆坚硬，气生根发达，活秆成熟，果穗筒型，出籽率高，籽粒半硬粒型，不秃尖，高抗茎腐病、中抗大斑病、抗穗腐病、矮花叶病、粗缩病、感丝黑穗病。

栽培要点：每 667m² 适宜密度 4 000 株左右。该品种生长期较长，一定要在水浇地种植。要注意防治丝黑穗病。

3. 强盛 51　山西强盛种业有限公司育成。

该品种株高 275cm，穗位 105cm，穗长 19.6cm，穗行 14～16 行，行粒数 43 粒，籽粒黄色，半马齿型。抗小斑病，中抗穗腐病、矮花叶病、粗缩病，感丝黑穗病、茎腐病。一般每 667m² 产量 650～700kg，2009 年创单产纪录每 667m² 1 224.9kg。

栽培要点：适宜播期 4 月下旬至 5 月上旬，每 667m² 留苗密度 3 500～4 000 株，每 667m² 施底肥 35kg 复合肥，种肥 7kg 磷酸二铵，追施 20kg 尿素，注意防治丝黑穗病和茎腐病。

4. 大丰 30　山西大丰种业有限公司选育。

该品种生育期 127d 左右。株型半紧凑，总叶片数 21 片，株高 325cm，穗位 110cm，果穗筒型，穗轴深紫色，穗长 18.8cm，穗行数 16～18 行，籽粒黄色，粒型马齿型，百粒重 40.5g，出籽率 89.7%。中抗茎腐病、感丝黑穗病、大斑病、穗腐病、矮花叶病、粗缩病。

栽培要点：适宜播期 4 月下旬；每 667m² 留苗密度 4 000 株；每 667m² 施优质农家肥 3 000～4 000kg，拔节期追施尿素 40kg。

5. 潞玉 36　山西潞玉种业玉米科学研究院选育。

该品种生育期 128d 左右。株型半紧凑，总叶片数 21 片，株高 245cm，穗位 90cm，果穗筒型，穗轴白色，穗长 23.5cm，穗行数 16～18 行，行粒数 45 粒，籽粒橘黄色，粒型半马齿型，百粒重 38g，出籽率 87.8%。抗茎腐病、矮花叶病、感丝黑穗病、大斑病、穗腐病、粗缩病。

栽培要点：选择中等偏上地力种植；每 667m² 留苗密度为 3 500～4 000 株；每 667m² 施农家肥 1 500kg，N、P、K 化肥配合施用；拔节期追尿素每 667m² 15～20kg。

6. 潞玉 19　山西潞玉种业股份有限公司等选育。

该品种株型紧凑，叶片稀疏，株高 296cm，穗位 107cm，雄穗分枝 4～5个，果穗筒型，穗长 18.8cm，穗行 16～18 行，行粒数 36.5 粒，百粒重 35.3g，出籽率 87.5％，穗轴红色，籽粒黄色、半马齿型。抗穗腐病，中抗大斑病、青枯病、粗缩病，感丝黑穗病、矮花叶病。一般每 667m² 产量 800kg 左右。

栽培要点：选择中等偏上地力种植，适宜播种期 5 月 1 日左右，每 667m² 留苗密度 4 000 株；施足底肥；拔节期追尿素每 667m² 15～20kg。

7. 并单 6 号 山西省农业科学院作物遗传研究所选育。

该品种生育期在太原 90d 左右，较对照晋单 43 号早熟 3d 左右。幼苗叶鞘紫色，长势强。植株较低，生长整齐，株型半紧凑，株高 170cm，穗位高 60cm 左右，叶色浅绿。花药粉色，花丝紫色，雄穗较发达。果穗长 17.5cm，行粒数 35 粒左右，穗行 16 行，穗轴白色，籽粒黄色，半马齿型，百粒重 33.2g。抗茎腐病、穗腐病、矮花叶病和粗缩病，感丝黑穗病、大斑病和小斑病。抗旱抗倒伏，保绿性好。平均每 667m² 产量 450kg。

栽培要点：留苗密度每 667m² 3 500 株。

五、优质种子

种子质量包括净度、纯度、发芽率、水分。根据国家种子质量标准规定，优良玉米种子发芽率≥95％，净度≥98％，纯度≥96％，水分≤13％。生产用种必须达到这一要求。

■ 任 务 实 施

一、精选种子

为了提高种子质量，在播种前要对籽粒进行粒选，选择籽粒饱满、大小均匀、颜色鲜亮、发芽率高的种子，去除秕、烂、霉、小的籽粒。

二、种子处理

1. 晒种 播前 4～5d 选晴天把玉米种子摊在席上或干燥向阳的地上，晒 2～3d，可提高种子的生活力和发芽率，晒后可提早出苗 1～2d，增产 5％～6％。

2. 药剂拌种 目前生产上推广包衣种子（图 2-2）。种子包衣剂由杀虫剂、杀菌剂、复合肥料、微量元素、植物生长调节剂、保水剂和成膜物质加工制成，药剂和种子的比例为 1∶50。使用包衣种子能够防治苗期病害如玉米丝黑穗病、黑粉病等，起到抗虫、抗旱，促进生根发芽的作用，达到苗全、苗齐、苗壮的目的。

图 2-2　玉米包衣种子

【注意事项】

1. 晒种尽量不选在水泥地和柏油路面上进行，如在水泥地上晒种，需要防止曝晒、灼伤种子。同时不能让家禽啄吃。

2. 优良的玉米种子必须符合国家规定的质量标准。

3. 包衣种子必须是经过加工精选的高质量的种子。

4. 包衣种子必须形状、大小一致，利于机械化播种。

任务二　土壤准备

▦ 知识准备

一、玉米高产需要的土壤环境

（1）熟化土层深厚（20～40cm），土壤结构良好。一般玉米根系条数达50～120条，主体根系95％集中分布在0～40cm的土层。要求土层深厚，利于根系生长。

（2）疏松通气，上虚下实，沙壤土较好。

（3）耕层有机质和速效养分含量高，玉米所需养分的60％～80％来自土壤，从肥料中吸收的只占20％～40％，因此土壤肥沃是高产的基础。

（4）土壤pH适宜范围为5～8，最适pH为6.5～7.0。

（5）土壤渗水，保水性能好，微生物活动旺盛，适耕期长，整地质量好。

二、整地

整地（图 2-3）包括秋深翻和春整地。主要作业包括浅耕灭茬、翻耕、深松耕、耙地、耱地、镇压、平地、起垄、做畦等。目的是创造良好的土壤耕层构造和表面状态，协调水分、养分、空气，热量等因素，提高土壤肥力，为播种和作物生长、田间管理提供良好条件。

图2-3　整　地

任务实施

一、秋深耕

在山西省的中北部，多为一年一熟，所以耕翻应在秋季作物收获后立即灭茬，进行秋深耕，秋深耕可接纳秋冬季雨雪、秋雨春用；又可熟化土壤，经冬春冻融交替，使耕层松紧适宜，保墒好，有效肥力高。有条件的地区秋耕后应冬灌。耕深20～30cm。无法及时秋耕的地块，可进行春耕。但秋耕优于春耕，早秋耕优于晚秋耕。耕翻的目的是翻转耕作层，松碎土块，改善土壤结构，增强吸水能力，并将肥料和残茬、落叶、杂草等翻入下层。

二、春浅耕

没有秋耕必须春耕的地块，结合施基肥早春耕，做到翻、耙、压一次完成。如进行春灌时，一般先浇水，待土壤耕层达到宜耕期时，再进行耕翻、耙、耱（耱）等作业。播前遇雨，可浅耕并及时耙耱，趁墒播种。

通过整地，耕作层疏松绵软，上虚下实。

三、耕后平整土地

由于耕后土块较大，地面起伏不平，难以满足玉米播种对土壤要求，必须进行耙、耱地、镇压等作业。破碎土块、疏松表土、掩埋肥料、平整地面。

任务三　肥料准备

◼ 知识准备

一、玉米对养分的需求

玉米茎叶繁茂，是需肥较多的作物。对 N、P、K 三大元素的需求中，N 最多、K 次之，P 最少。据研究表明，玉米每生产 100kg 籽粒须吸收 N、P、K 的比例为 N：P_2O_5：K_2O 为 2.5：1.0：2.5。由于玉米对营养元素的吸收受土壤、气候、品种、施肥技术等方面的影响，加之肥料施入土壤后，养分会因挥发、随水渗漏、土壤固定等损耗，不能全部被玉米吸收利用，所以在施肥时一定要加大施肥量。

1. 氮素　研究证明，玉米各生育期吸收氮素的比例：苗期占 5%；拔节至抽雄期为 38%；扬花授粉期占 20%；乳熟期占 11%；灌浆后期占 26%（表 2-1）。

表 2-1　氮肥施用量与玉米产量的关系表

每 667m² 氮素用量（kg）	空秆率（%）	秃尖率（%）	千粒重（g）	穗粒重（g/穗）	每 667m² 产量（kg）	比 CK ±（%）
1.5CK	5.8	60	204.3	62.9	141.0	
4.5	3.7	21.2	218.3	86.0	191.5	+35.8
7.5	2.5	13.0	224.2	77.3	201.3	+42.7
10.5	2.5	13.7	234.5	87.5	205.3	+35.8

2. 磷素（P_2O_5）　玉米对磷素吸收量较少，但它对玉米生长发育十分重要。玉米不同生育期吸收磷（P_2O_5）的比例为：苗期占 5%；拔节至喇叭口期占 18%；扬花授粉期占 27%；灌浆至乳熟期占 35%；灌浆后期占 21%。其规律为前期少、后期多，在灌浆至乳熟期达高峰。

3. 钾素　钾素是玉米生长发育所需要的重要元素，它可以促进碳水化合物的合成和运转，提高抗倒伏能力，使雌穗发育良好。玉米在不同生育期吸收钾的比例为：苗期占 5%；拔节至喇叭口期占 22%；扬花授粉期占 37%；灌浆前期占 15%；灌浆后期占 21%。由此看出，玉米需钾高峰在拔节后至扬花授粉期，约占全生育期吸收量的 59%。这时期是玉米雄穗分化到授粉结实初期，说明钾素对玉米的穗分化和授粉结实起重要作用。

总之，玉米不同生育时期吸收的 N、P、K 的数量是不同的，一般来说，幼苗期生长缓慢，植株小，吸收养分少，拔节至开花期生长快，此时正值雌、雄穗形成发育时期，吸收养分速度快，数量多，是玉米需要养分的关键时期。在此时供给充足的营养物质，能够促进穗多，穗大。到生育后期吸收速度缓慢，吸收量也少。

4. 微量元素　对玉米影响较大的微量元素有锌、锰、铜、钼等。其中，以需求锌最为突出，吸收的量最多，其次是锰和硼。

二、施肥

（一）施肥方法

1. 氮　氮素在土壤中易随水流失或渗透，为提高肥效，应根据玉米的需肥规律分期施用。在水地上，60％的氮肥与有机肥混合做基肥，其余40％的氮肥应在拔节期和大喇叭口期结合浇水施入。在旱地上，因追肥困难一般将85％的氮肥与有机肥混合做基肥，10％～15％的氮肥在拔节期和大喇叭口期降雨后趁墒足时施入。

2. 磷　磷素易被土壤固定，在微酸性环境下才易被根系吸收。特别是过磷酸钙肥料应与农家肥混合均匀一起堆沤做基肥，氮磷复合肥也通常做基肥，若生长后期缺磷，应用0.3％～0.4％的磷酸二氢钾溶液或1％～2％的过磷酸钙浸出液做叶面喷肥。

3. 钾　钾素在土壤中移动性较弱，一般钾肥与农家肥混合做基肥，常用钾肥主要是硫酸钾和氯化钾，有时也可做追肥或叶面喷肥。

（二）基肥

基肥也称底肥。是在播种或移植前施用的肥料，通常在耕翻前或耙地前施入土壤，可调节玉米整个生长发育过程中养分的供应。玉米的基肥以有机肥为主，化肥为辅，氮、磷、钾配合施用。

（三）种肥

施用种肥可满足苗期对养分的需要，有壮苗的作用。种肥采取条施，在施用时一定与种子隔离，防止烧苗。种肥以速效氮肥为主，适当配合磷、钾肥以提高其肥效，当氮、磷、钾肥混合做种肥时，施肥量要比单施酌减。

（四）追肥

玉米是一种需肥较多和吸肥较集中的作物，出苗后仅靠基肥和种肥还不能满足拔节孕穗和生育后期的需要。玉米追肥时期依据玉米吸肥"前少中多后少"的规律确定。追肥的次数、数量依据土壤肥力、施肥数量、基肥和种肥施用情况及生长状况而定。追肥可分苗肥、穗肥、粒肥。

■ 任务实施

一般玉米秋深耕时每 $667m^2$ 施有机肥 1 000～2 000kg，第二年春耕时每 $667m^2$ 选用高效 N、P、K 复合肥 50kg。基肥要深施，施用的深度通常在耕作层。有条件的地区可采用土壤测土配方施肥的方法，达到肥料的合理利用，提高肥料的利用率。

【注意事项】

1. 在肥料施用时，草木灰不能与铵态氮、磷肥、腐熟的有机肥混合施用，也不能与人粪尿混存，避免氮素损失。

2. 磷肥在施用前最好与有机肥进行一定时间的堆沤。

■ 能力转化

1. 简述农药的种类，使用范围。

2. 简述肥料的种类，施用方法。

3. 怎样根据生产实际选用适宜当地的优良品种？

4. 简述选择优良品种的原则。

5. 怎样鉴别玉米的优劣种子？

6. 玉米生产适宜的土壤条件是什么？

7. 播前整地、施肥各有什么好处？

项目二　播种技术

■ 学习目标

【知识目标】

1. 了解玉米种子发芽所需的环境条件。

2. 了解玉米播种所用的农具。

【技能目标】

1. 掌握玉米播种技术和方法。

2. 能够根据生产情况正确指导播种。

【情感目标】

培养学生实践操作能力。

玉米种子发芽所需的环境条件有温度、水分、氧气。

1. 温度　玉米种子发芽的最低温度 7～8℃，最适温度是 25～30℃，最高温度 40℃。

2. 水分　播种深度的土壤持水量为 60%（即手捏呈团，落地即散的土壤湿度）时为玉米种子发芽最适宜的水分。生产上播种前整地保墒，结合降雨抢墒播种、水浇地浇湿后直播、增温保湿的地膜覆盖以及前作收获后免耕播种等措施都是为了满足种子发芽对水分的要求。

3. 氧气　良好的通气条件促进玉米种子发芽，因为玉米的胚大、脂肪多，需要有大量的氧才能分解转化，而使种子萌动。土壤水分过多或土质黏重板结，通气性就差，不利于发芽。土壤水分不足，虽然通气条件好，也会影响发芽。所以在生产上要根据土壤水分及土壤质地的情况考虑适宜的播种期、播种深度，为种子发芽创造良好条件，为苗全、苗齐打好基础。

任务一　确定播种期

■ 知识准备

确定玉米适宜播种期必须考虑当地的温度、墒情、品种特性以及土壤、地势、耕作制度，既能充分利用有效的生育季节和有利的生长环境，又要充分发挥高产的特性。春播玉米的适宜播期使玉米需水高峰期与当地的自然降雨集中期相吻合，避免"卡脖旱"和后期涝害。

玉米是喜光、喜温的作物。一般土壤耕作层 5～10cm 地温稳定在 10～12℃，土壤田间持水量 60% 以上为玉米的最适播期。山西省玉米春播期一般在 4 月 25 日至 5 月 5 日。夏播玉米在麦收后 6 月中下旬。适期早播，以延长玉米生长期，提高产量。

任务二　播　　种

■ 知识准备

玉米"缺株"就意味着"缺产"，玉米小苗、弱苗的生产能力只有 13%～30%，提高播种质量对于玉米生产至关重要，所以玉米"种好是基础，管好是关键"，只有做到"五分种，五分管"，玉米才能夺高产。

■ 任务实施

1. 播种方法　玉米播种的方法有点播、条播。

（1）点播。按计划的行、株距开穴，施肥、点种、覆土。较费工。

（2）条播。一般用机械播种，工效较高，适用于大面积种植。生产上通常采用"机械精量播种"。

玉米精量播种技术——是利用精量播种机将玉米种子按照农艺要求，"株（粒）距、行距和播深都受严格控制的单粒播种方法"。省种、省工，可提高密度和整齐度。玉米精量播种是一个技术体系，应用条件：①种子大小一致，以适应排种器性能要求；种子质量合乎标准，确保出苗率；种子经包衣剂处理，以防治病虫害。②有先进、实用精量播种机。③土壤条件好，整地质量达规定要求。④有配套播种工艺和田间管理技术。

2. 种植方式　在生产上常用两种方式：宽窄行种植，等行距。

（1）宽窄行种植。也称大小垄，行距一宽一窄。生育前期对光能和地力利用较差，在高密度、高肥水的条件下，有利于中后期通风、透光，使"棒三叶"处于良好的光照条件之下，有利于干物质积累，产量较高。但在密度小，光照矛盾不突出的条件下，大小垄就无明显的增产效果，有时反而减产。目前可采用宽行距67～70cm（或80～90cm）、窄行距30～33cm（或40～50cm）（图2-4）。

图2-4　宽窄行种植方式

（2）等行距种植。玉米植株抽穗前，叶片、根系分布均匀，能充分利用养分和阳光。在高肥水、高密度条件下，生育后期行间郁闭，光照条件差，群体个体矛盾尖锐，影响产量提高。一般行距60～70cm，植株分布均匀。

3. 种植密度　玉米种植密度要根据品种特性、气候条件、土壤肥力、生产条件等来确定。合理密植的原则有以下几个方面。

（1）根据品种特性确定：

紧凑型品种宜密，反之则宜稀；生育期短的品种宜密，反之则宜稀；

小穗型品种宜密，反之则宜稀；矮秆品种宜密，反之则宜稀。

（2）根据水肥条件。同一品种肥地易密，瘦地易稀。旱地适宜稀，水浇地适宜密。

（3）根据光照、温度等生态条件确定。玉米是喜温、短日照作物。短日照、气温高条件易密，反之宜稀；南方品种宜密，北方品种宜稀；春播宜稀，夏播宜密。

根据种植习惯和肥力水平，高水肥地每667m² 4 000～4 500株，中等地力每667m² 3 500～4 000株，中等肥力每667m² 3 000株左右。

4. 播种深度　播种深浅要适宜，覆土厚度一致，以保证出苗时间集中，苗势整齐。一般玉米播深以4～6cm（华北）或3～5cm（东北）为宜，墒情差时，可加深，但不要超过10cm。

5. 播后处理　播种工作结束后，播种后的处理也是保证苗全、齐、匀非常重要的一个步骤。

（1）播后镇压。玉米采用播种机播种后要进行镇压，有利于玉米种子与土壤紧密接触，利于种子吸水出苗。墒情一般播后及时镇压；土壤湿度大时，等表土干后再镇压，避免造成土壤板结，出苗不好。

（2）喷施除草剂。根据杂草种类和为害情况确定使用除草剂的类型和用量。播后苗前施药，土壤必须保持湿润才能使药剂发挥作用，如在干旱条件下施药，除草效果差，甚至无效。在玉米播种后出苗前，喷50%乙草胺乳油100～150mL；喷施阿特拉津＋乙草胺的混合药150～300mL，除草效果比较好。

【注意事项】

1. 根据除草剂的特点确定使用的时间。

2. 在播后苗前喷施除草剂，土壤需湿润，才有效果。如遇大雨，喷施除草剂后会伤到种子。

■ 能力转化

1. 为什么在播种前要翻地松土？

2. 对玉米精量播种的要求是什么？

3. 玉米合理密植的原则是什么？

4. 如何确定玉米适宜的播种期？

项目三 田间管理

学习目标

【知识目标】

1. 理解玉米各生育阶段的生长发育特点，明确玉米对光照、温度、水分的要求。

2. 熟悉玉米的产量构成因素，挖掘增产潜力。

3. 了解玉米种子的形态结构及其籽粒形成过程。

【技能目标】

1. 根据玉米各生育阶段的生育特点，掌握田间管理的方法和技术。

2. 掌握玉米适宜的收获期和贮藏技术。

3. 能够发现和解决田间出现的问题，并能够根据生产实际制定田间管理的方法和技术。

【情感目标】

1. 调动学生学习的主动性。

2. 培养学生指导生产实际的能力，成为合格的农业技术员。

玉米田间管理是根据玉米生长发育规律，针对各个生育时期的特点，通过灌水、施肥、中耕、培土、防治病虫草害等，对玉米进行适当的促控，满足玉米不同生育时期对水分、养分的需要，调整个体与群体、营养生长与生殖生长的矛盾，保证玉米健壮地生长发育，从而达到高产、优质、高效的目标。

根据玉米生育规律，玉米田间管理可分为苗期、穗期、花粒期三个时期。

任务一 苗期田间管理

知识准备

一、苗期生育特点、主攻目标

生育特点：以生根、长叶、长茎节为主的纯营养生长，是决定叶片和茎节数目的时期；生长中心是根系，其次是叶片，茎叶生长缓慢，根系发展迅速，到拔节期达最高峰，根系生长量占玉米根系总量的50%；是玉米耐旱性最强时期，也是提高玉米整齐度的关键时期（图2-5）。

（a）　　　　　　　　（b）

图2-5　玉米苗期

（a）三叶期　（b）拔节期

营养物质运输的主要方向：根系。

主要特性：耐旱怕涝怕草害。因此，苗期适当干旱，土壤疏松，有利于根系生长。

主攻目标：促进根系发育，培育壮苗，达到苗全、苗齐、苗匀、苗壮的"四苗"要求，为玉米丰产打好基础。

二、苗期生长发育的环境条件

1. 温度　玉米出苗适宜的温度15～20℃；地温20～24℃时有利于玉米根系的生长，低于4～5℃根系生长停止。

2. 水分　适宜的土壤含水量为田间持水量的60%，需水量占总需水量的18%以下，如果土壤含水量多，通气不好，影响根系生长。

3. 养分　玉米苗期需肥量少，需肥量占总需肥量的6%～8%，如果底肥充足，苗期无需追肥。

■■ 任务实施

1. 破土防旱，助苗出土　玉米播种后，常遇土壤干旱，导致缺苗。亦有播种出苗前遇大雨，引起土面板结，空气不足，玉米幼苗难以出土，故应注意破土防旱，助苗出土。

2. 查苗补缺，防缺苗断垄　玉米缺苗在2叶后不宜补种，否则造成苗龄大小差异悬殊，株穗不整齐。因此，播种时应在行间增播 1/10 的种子，或按 5％～10％的比例人工育苗。3～4 叶时，在阴雨天或傍晚带土移栽，栽后浇水，覆土保墒。成活后追施速效化肥，促苗生长，提高大田整齐度。或缺苗后就近留双株（同行或邻行）。

3. 及时中耕、除草　中耕是玉米田间管理的一项重要工作，其作用在于破除板结，疏松土壤，保墒散湿，提高地温，消灭杂草，减少水分、养分的消耗以及病虫害的中间寄主，促进土壤微生物活动，促进根系生长，满足玉米生长发育的要求。中耕在 5 叶开始，掌握苗旁宜浅，行间要深的原则，以促进根系生长，控制地上部徒长。玉米苗期中耕一般可进行两三次，中耕深度以 3～5cm 为宜。

4. 蹲苗　对于旺长的高产田或高水肥地块，采用不施肥、不浇水或多次中耕等方法控制地上部植株旺长，促进根系深扎。原则：蹲黑不蹲黄、蹲肥不蹲瘦、蹲湿不蹲干。蹲苗时间：从 5 叶开始到拔节后结束。

【注意问题】

1. 苗期易造成缺苗断垄　而缺苗就会减产。缺苗断垄的原因有以下几个方面：

（1）不进行秋深耕，翌年春天旋地、整地、播种一次完成，土壤熟化时间短，土壤孔隙大，种子与土壤不能紧密接触，而且春季气温回升快，风多风大跑墒严重，影响播种出苗。若是旱地种植，不进行耙耢，土壤坷垃多、坷垃大，地面高低不平，增加了透风跑墒程度，影响了出苗。

（2）播种期偏早：播种早会因地温低使种子发芽慢，或出弱苗，植株易染病或出现粉籽烂种现象，形成缺苗断垄。

（3）播种量小：精量播种机的使用，用种量相对减少，加之干旱、堵塞机械下种眼、地温低、整地质量差等，造成出苗不整齐以及缺苗断垄。

（4）种子质量差：播种的种子质量不符合国家种子质量标准；在播种前也没有晒种、精选种子、没有剔除秕粒、病虫粒，没有按种子大小分级，没有按种子级数播种，就会出现缺苗断垄现象。

（5）底墒不足不匀：土壤墒情不足或不匀。

（6）播种方法不当：不当的播种方法能使土壤水分散失、播种太深、覆土太厚或太浅、播种深浅不一等，更有漏播现象，都会造成缺苗断垄。

（7）播种深度不适：只有播种深度适宜、深浅一致，才能保证苗齐、苗全、苗匀。播种过深，出苗时间长，消耗养分多，出苗后瘦弱或幼苗不能出土圈在地表下；播种过浅，容易吹干表土，不能出全苗；播种深浅不一，有的出苗早，有的出苗晚或不能出苗。

（8）播后不镇压：若是楼播、犁播或人工开穴点播，覆土厚度不均匀一致，播后不进行镇压，使种子与土壤接触不良，影响水分的吸收从而导致缺苗断垄。

（9）施肥不当：施肥量过大，或肥料距离种子太近，出现肥料烧籽或烧苗。

（10）施用除草剂不当：①不按照说明施用，或浓度太高，用量过大，产生药害；或喷施时间不对，或前茬施用对玉米有害的除草剂造成残留影响；玉米田旁边喷施对玉米有害的除草剂形成雾滴飘移影响。②雨前施药，大雨将药液冲刷，造成地势高的地方流失，地势低的地方聚集，产生药害。③施药间隔期短，同一块玉米田使用两种药剂时，间隔时间短也会产生药害。④喷施过别的作物除草剂后没有及时清洗药械，发生药剂连锁反应影响了出苗。⑤废旧的除草剂瓶、袋没有妥善销毁，随手扔于水沟、池塘内，导致使用塘水造成药害。

2. 玉米幼苗对环境条件反应敏感　管理不及时或管理不当，容易形成大小苗、弱苗、病残苗。

任务二　穗期田间管理

■ 知识准备

一、孕穗期、棒三叶、玉米需水临界期

1. 孕穗期　是指抽雄穗前 10d 左右。

2. 棒三叶　玉米果穗叶及其穗上叶、穗下叶称为棒三叶。棒三叶的叶面积最大，功能期最长，其光合产物最多，主要供应果穗，对果穗的发育和籽粒的灌浆成熟作用尤为突出。

3. 玉米需水临界期　抽穗前 2~3 周（孕穗期）即大喇叭口期是玉米需水分临界期（图 2-6）。

二、穗期生育特点、主攻目标

生育特点：拔节开始，茎叶旺盛生长，根系继续扩展，雄穗、雌穗先后迅速分化，是营养生长与生殖生长并进期，是玉米一生中生长发育最旺盛的阶段，也是玉米一生需水、需肥量最多的时期，这一阶段决定玉米穗数，穗的大小、可孕花、结实粒数多少的关键时期，所以是玉米田间管理的关键期。

图 2-6 玉米需水临界期

营养物质的运输方向：茎叶、雌雄穗。

主攻目标：通过水肥等促进中、上部叶片增大，使棒三叶的光合产物最多，达到壮秆、穗多、穗大、粒多的丰产长相。

具体措施：追肥、灌水、中耕培土。

三、玉米穗期对环境条件的要求

1. 温度 拔节时日平均温度在 22～24℃，既有利于植株生长，又有利于幼穗分化。在 15～27℃ 的范围内，温度越高拔节速度越快。

2. 日照 穗期特别是大喇叭口期到抽雄期，要求充足的光照条件，以利于植株干物质积累和体内碳氮代谢的平衡协调。

3. 水分 玉米是需水较多的作物，穗期对水分的需求十分迫切，此期需水量占玉米一生需水量的 23％～32％，土壤含水量应保持在最大持水量的 70％左右。抽雄前 10d 进入水分最敏感时期，缺水则造成"卡脖旱"。

4. 养分 从拔节开始，玉米对营养元素的需求量逐渐增加，此期占全生育期吸氮量的 60％～65％，磷占 55％～65％，钾占 85％左右，所以重施穗肥是实现高产必不可少的关键措施之一。

▦ **任 务 实 施**

1. 追肥 农谚说"头遍追肥一尺高（拔节），二遍追肥正齐腰（大口），三遍追肥出毛毛（抽雄）"。说明玉米追肥的时间。

穗期追肥两次，包括拔节肥和穗肥。拔节肥又叫攻秆肥，在拔节后追肥；目的是保证植株健壮生长，促进雌雄穗分化，搭好丰产架子，一般每 667m² 追尿素 8～10kg；穗肥又叫攻穗肥，在大喇叭口期追肥，对决定果穗多少和穗粒数作用很大，一般每 $667m^2$ 追施尿素 20kg。

对苗期缺肥、长势差的春玉米，拔节肥与穗肥并重。对底、苗肥充足，苗势旺，叶色深的玉米，可不施拔节肥，而在大喇叭口期集中重施穗肥，既攻大穗和穗三叶，又防止基部节间过长而发生倒伏，增产效果十分明显。

追肥的方法：最好在距离植株 15～20cm，深度 10cm，开穴施入，以提高肥效，追肥后立即中耕。

2. 及时灌水 灌水一般结合追肥进行。追肥后及时浇水，尤其是在大喇叭口期，玉米对水分的反应十分敏感，缺水会引起"卡脖旱"，最后导致秃顶，穗粒数减少。浇水后使土壤含水量维持在田间持水量的 70%～80% 为宜。

3. 中耕培土 进行 1～2 次中耕，中耕培土要结合浇水、追肥进行。拔节后中耕可疏松土壤，消除杂草，促进根系发育；大喇叭口期追肥后中耕结合培土，使肥料深埋，减少养分损失，又利于支持根入土发生分支，利于后期水分、养分的吸收，还能够减轻后期玉米的倒伏。培土是将行间的土培到玉米的根部，高度 10cm 左右。

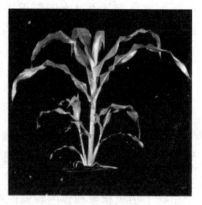

图 2-7 玉米分蘖

4. 不除分蘖 玉米拔节前部分品种有分蘖长出（图 2-7）。分蘖一般不能成穗，但分蘖可增加叶面积，增加玉米的生物产量，进而使产量和品质提高。

【注意事项】
1. 穗期追肥要深施，10cm，提高肥效。
2. 大喇叭口期浇水有显著的增产效果。

任务三　花粒期田间管理

▉ 知识准备

一、花粒期生育特点、主攻目标

生育特点：根、茎、叶营养器官生长停止，进入纯粹生殖生长，经过开花、受精进入籽粒产量形成为中心的阶段，是决定籽粒数和粒重的关键时期。

籽粒产量80%～90%是在此期产生（图2-8、图2-9）。

图2-8　玉米开花　　　　　　　　　图2-9　玉米花丝

营养物质运输方向：果穗，籽粒。

主攻目标：提高总结实粒数和千粒重。

栽培重心：养根保叶，防止早衰，争取粒多、粒重，达到丰产。

二、玉米花粒期对环境条件的要求

1. 温度　玉米在抽穗开花期适宜的日平均温度为25～26℃，灌浆期最适宜的日平均温度为22～24℃，如果温度低于16℃或高于25℃，养分的运输和积累就不能正常进行。

2. 水分　开花期玉米对水分反应敏感，此期水分不足，易形成秃尖、秕粒。土壤含水量应保持在最大持水量的80%～85%，水分不足则抽雄开花持续时间短，直接影响受精结实。受精到其后20d左右是玉米水分需求量最大、反应敏感的时期，水分不足使籽粒膨胀受限，也限制了干物质向籽粒的运输和积累，导致败育籽粒增多，穗粒数和千粒重同时降低。

3. 养分　抽雄开花期玉米对营养元素的需求量也达到了盛期，此期占全生育期氮、磷吸收量的20%，钾占28%左右；籽粒灌浆期同样需要吸收较多的养分，此期吸收的氮占全生育期吸收量的45%左右。

■■ 任务实施

1. 补施攻粒肥　粒肥一般在雌穗开花期前后追施，起到延长绿色叶面积的功能期，养根、保叶，提高粒重的作用，以速效氮肥为主，追肥量占总施肥量的 10％～20％，肥水结合。玉米吐丝后，土壤肥力不足，下部叶片发黄的地块，每 667m² 可追施氮肥 5～6kg，或者用 0.4％～0.5％的磷酸二氢钾溶液，或 3％过磷酸钙浸出液，每 667m² 60～100kg 进行叶面喷洒。

2. 浇好攻粒水 抽穗开花是玉米需水最多的时期，也是增加粒重、实现高产的关键时刻，此期如水分充足，能促进灌浆强度，还能延续灌浆时间。灌浆期灌水，不仅可以防止后期叶片早衰和提高叶片光合效率，促进养分运转，而且保证籽粒饱满，对增加产量作用最大。"春旱不算旱，秋旱减一半。"据试验表明：灌浆期灌水，玉米可增产 13％～25％。

玉米灌浆期在 7 月中旬，适逢多地区的雨季，一般不缺水。遇旱就要灌水，否则会造成减产。

3. 隔行去雄 玉米每株雄穗产生 2 500 万～3 700 万花粉粒，由于花粉粒消耗大量营养，为减少营养消耗，使之集中于雌穗，可在抽雄穗始期（雄穗刚露出顶叶，尚未散粉之前），及时隔行去雄，去雄株数一般不超过总株数的一半。隔行去雄，能增加穗长和穗重，改善通风透光，提高光合生产率，使籽粒饱满，产量提高；同时在玉米螟、蚜虫严重的地区，可减轻虫害。

去雄时间：宜在晴天 10:00～15:00 进行，利于伤口愈合，避免病菌感染。

任务四　防止空秆、倒伏

■■ 知识准备

一、空秆、倒伏的概念

空秆和倒伏是影响玉米产量的两个重要因素。

1. 空秆 玉米空秆是指玉米植株未形成雌穗，或形成雌穗，雌穗不结籽粒，即有秆无穗或有穗无粒的植株。

2. 倒伏 是在玉米生长过程中因风雨或管理不当使玉米茎秆倾斜或着地的一种生产灾害。

二、空秆、倒伏形成原因

（一）空秆形成原因

1. 种植密度过大 密度过大，田间郁闭，通风透光不好，雌穗分化和形成所需的有机营养供给减少，果穗发育和吐丝受阻，空秆多。密度试验每 667m² 5 000～5 500 株，空秆率高达 10％以上。

2. 低温阴雨 玉米抽雄散粉期遭受阴雨，光照不足，花粉粒易吸水膨胀而破裂死亡或黏结成团，丧失散粉能力，而雌穗花丝未能及时受精，造成有穗无籽，空秆率达到30％。

3. 高温干旱　在玉米抽穗前后20d，即喇叭口至抽穗前遇高温干旱就会形成"卡脖旱"。造成花期不相遇，不能授粉受精，玉米大量空秆。2010年由于8月份降水较少，高温干旱严重，花粉的生活力弱，花丝枯萎，空秆率增加。

4. 品种本身原因　品种本身对当地气候适应能力较差，幼苗生长不整齐，出现大小苗，小苗生长不良，不能形成正常果穗，造成空秆。

5. 病虫危害　受病虫害如大小斑病、黑粉病、丝黑穗病、病毒病、玉米螟的危害，常造成植株养分供应受阻，果穗不能发育，使得空秆率增加。

6. 雄穗抑制雌穗生长　玉米的雄穗是由顶芽发育而成，具有顶端生长优势。雄穗分化比雌穗早7～10d；雌穗是由腋芽发育而成，发育较晚，生长势较弱。当营养不足时，雄穗利用顶端优势将大量的养分吸收到顶端，雌穗因营养不足，发育不良而成空秆。

7. 施肥不合理　山西省玉米多种在旱地上，肥力较低，如基肥不足，追肥又少甚至不追肥，空秆率高。单一施肥比配方施肥空秆率高，施用二元肥料比三元肥料空秆率高。

(二) 倒伏形成原因

倒伏是指玉米茎秆倾斜度大于45°或节间折断。倒伏多发生在每年的7～8月，因为7～8月，玉米进入旺盛生长期，生长迅速，植株高大，茎秆脆弱，木质化程度低，而且暴风雨、冰雹等灾害性天气增多，是玉米倒伏的多发期。从立地条件看，高产地块较中低产地块容易发生倒伏，高水肥地块较一般水肥地块容易发生倒伏。

倒伏的原因主要有：

1. 春玉米苗期不蹲苗　蹲苗是控制地上部分生长，促进根系发育的方法，是增强玉米抗旱抗倒能力的一种有效的措施。如玉米苗期旺长没有及时蹲苗就会造成倒伏。

2. 种植密度过大　密度过大，株行距过小，不但会增加空秆株，而且茎秆细弱；植株比正常株高，穗位相应增高；也会引起根系发育不良，植株抗倒能力降低，易造成倒伏。

3. 整地质量差　耕作层浅，根系入土浅，气生根不发达等，浇水后遇风或风雨交加出现根倒。

4. 拔节期水肥过猛　如拔节期水肥过足，植株生长偏旺，节间细长，机械组织不发达，易引起茎倒伏。

5. 中耕培土不合理　生长期中耕次数少，大喇叭口期培土少，易引起倒伏。

6. 品种原因 品种本身不抗倒。

7. 病虫危害 拔节期间或抽雄前病虫危害茎秆，易引起倒伏。

■ 任务实施

一、防止空秆的措施

1. 因地制宜，合理选用良种 选用玉米品种应根据当地积温和玉米品种的生育期购买适宜的种子。选用适合本地区气候条件的良种，并采用包衣种子，确保苗齐、苗匀、苗壮。

2. 合理密植 肥力差、施肥少、密度稀的中低产田，采用等行距种植，充分利用光能和地力；水肥条件好的密植高产田，采用宽窄行种植（大小垄种植法），对改善群体内光照条件有显著作用，不仅空秆率降低，还可减少因光照不足，造成单株根系少，分布浅，节间长而引起的倒伏。

3. 削弱顶端优势 生产上当雄穗露尖时（在雄穗露出叶鞘 2~3cm 时），隔行或隔株将雄穗拔出，切忌带掉功能叶，减少雄穗对雌穗的抑制。去雄后，全田只剩一半雄穗。去雄不宜超过总株数的 1/3，注意不要损伤叶片。授粉结束后，将剩余的一半雄穗再去掉，以减少养分消耗，提高粒重。

4. 合理肥水管理 根据玉米长势，适时适量供应水肥，保证雌穗分化和发育所需要的养分。拔节至开花期，肥水应及时供应，促进果穗分化和正常结实。在土壤肥力差的田块，应增施肥料，着重前期重施追肥；肥力好的地块，应分期追肥，中后期重追，对防止空秆和倒伏有重要作用。

5. 加强田间管理，对症施治 在生育期间及时进行中耕除草，扩大根系数量，降低空秆。

6. 人工辅助授粉 在开花散粉期遇雨、高温、干旱、大风等天气要进行人工授粉，提高授粉率。

7. 及时防治病虫草害 加强防治玉米大小斑病、丝黑穗病、黑粉病和玉米螟危害，同时加强对草害的适时防治，避免杂草与玉米争光、争水肥、争营养。

二、防治倒伏的技术措施

1. 合理密植 依据地力和品种特性，合理密植，充分利用光能，可减少因根系少而浅及节间过长引起的倒伏。

2. 合理施肥 根据玉米计划产量和土壤供肥量，实施氮、磷、钾配方施肥，确定适宜的时期和施肥量，可有效防止倒伏。

3. 肥地蹲苗　对水肥较高，旺长苗，拔节前采用控水肥蹲苗方法，促根下扎和茎秆健壮防倒。

4. 选用矮秆抗倒品种

5. 化学调控　一般在玉米 5～6 片叶时，喷洒 1.5% 的多效唑，每 $667m^2$ 用药液 50kg，也可起到防倒作用。

任务五　适时收获

■ 知识准备

一、玉米种子的形态结构

玉米种子实际上是果实（颖果），俗称籽粒。主要由皮层（包括子房壁形成的果皮和珠被形成的种皮）、胚和胚乳组成（图 2-10）。其形状、大小和色泽多样。千粒重一般为 200～350g，籽粒颜色有黄、白、紫、红、花斑等。

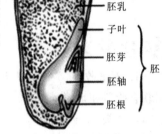

图 2-10　玉米种子结构

二、玉米籽粒形成过程

种子的形成过程大致分为四个时期：

1. 籽粒形成期　自受精到乳熟初期，一般在授粉后 15～20d，果穗变粗，籽粒迅速膨大，此时籽粒呈胶囊状。此期末籽粒体积达到成熟期体积的 75%。但干物质积累少。

2. 乳熟期　自乳熟初到蜡熟初期，为期 20d 左右，此期末，果穗的粗度、籽粒和胚的体积达最大，籽粒增长迅速；胚乳由乳状至糊状，是青食的最佳收获时期。此期为粒重增长的重要阶段。

3. 蜡熟期　自蜡熟初期到完熟之前，为期 10～15d，籽粒干物质积累慢，数量少，是粒重的缓慢增长期；胚乳由糊状变为蜡状。

4. 完熟期　在蜡熟后期，干物质积累停止，主要是籽粒脱水过程，籽粒变硬，用指甲不易划破，呈现品种固有的外观特征。

由籽粒形成过程看出，玉米从授粉开始到成熟一般需 40～45d。

三、适时收获

玉米收获的早晚对产量和品质都有一定影响。收获时玉米长相：玉米的苞叶变松、籽粒变硬，籽粒乳线消失，尖冠处出现黑色物质（黑层），为收获玉米的最佳时期（图2-11）。

图2-11 玉米成熟期

■ 任务实施

1. 玉米收获 一般以蜡熟末期收获为宜。适当晚收，利于增产。收获时用联合收割机收获，玉米茬高10～15cm，并尽量减少籽粒破碎。人工收获，干净，损失少。

2. 收后处理 玉米收获后从地里拉回家里，先晾晒，使水分降到20％以下，安全越冬。

3. 贮藏方法 籽粒或果穗都可贮藏。水分必须降到安全含水量13％以下。在低温干燥条件下贮藏。

■ 能力转化

1. 简述玉米生长发育的三个阶段的特点。

2. 玉米苗期蹲苗的时期以及蹲苗的目的各是什么？

3. 玉米苗期易形成缺苗断垄，为什么？

4. 玉米苗期为什么需要中耕2～3次？

5. 穗期需要追肥几次？每次的作用是什么？

6. 玉米进入"大喇叭口期"对水分有哪些要求？

7. 穗期浇水、追肥须注意什么？

8. 简述玉米花粒期生育期特点及调控措施。

9. 玉米花粒期的增产措施是什么？

10. 玉米空秆、倒伏的原因是什么？

11. 简述防止玉米空秆、倒伏的措施。

项目四 病虫害防治

学习目标

【知识目标】

了解玉米苗期、穗期、花粒期病虫害发生的种类、特点及规律。

【技能目标】

1. 掌握防治玉米病虫害的方法和技术。

2. 能够预测生产中可能发生的玉米病虫害种类，并做到有效防治。

【情感目标】

把好病虫害的预防关，减少玉米损失。

近年来，随着玉米种植面积的扩大，玉米病虫危害逐年加重，已成为玉米生产上的主要限制因素。玉米病虫害有上百种，造成危害较大的害虫有：地下害虫、蓟马、玉米螟、蚜虫、红蜘蛛、黏虫。主要病害：大斑病、小斑病、黑粉病、丝黑穗病、矮花叶病、粗缩病、穗粒腐病、青枯病。所以在玉米的种植过程中，必须加强病虫害的综合防治工作，以最大限度地减少其危害。

任务一 苗期病虫害防治

知识准备

玉米苗期病害主要是矮花叶病、粗缩病。虫害种类较多，发生也较普遍，对玉米的全苗、壮苗造成严重的影响，苗期害虫有地老虎、黏虫、蚜虫、棉铃虫、蓟马、麦秆蝇等，其中地老虎危害严重。

任务实施

一、苗期病害

1. 玉米矮花叶病 又名玉米花叶条纹病、黄绿条纹病。玉米矮花叶病是玉米重要的病毒病害之一，该病由玉米矮花叶病毒引起。

发病条件：玉米矮花叶病的发生流行与气候条件，播期、品种、土壤等因素有关。6～7月天气干旱，有利于蚜虫繁殖、迁飞，病毒病发生重。

传播途径：带毒蚜虫刺吸玉米植株的汁液传播或带毒叶片机械摩擦传播，带毒玉米种子也能传播。传毒蚜虫有：玉米蚜、缢管蚜、麦二叉蚜、麦长管蚜、棉蚜、桃蚜、苜蓿蚜、粟蚜、豌豆蚜等，其中玉米蚜是主要传毒蚜虫。

发生部位：叶片。

症状：玉米整个生育期间均可发病，以幼苗期到抽雄前较易感病。最初在植株心叶茎部出现许多椭圆形褪绿小点，然后逐渐沿叶脉发展成虚线，向叶尖扩展，叶脉叶肉逐渐失绿变黄，而两侧叶脉仍保持绿色，形成褪绿条纹，严重时叶片褪绿并且干枯。

防治方法：

（1）选用抗（耐）病品种。

（2）适时早播，中耕除草，减少毒源。

（3）药液防蚜治病，在3叶、5叶、7叶时各喷吡虫啉1次，或氯氰菊酯乳油防治效果好。

2. 玉米粗缩病 病毒性病害。

发病条件：冬、春季节气候偏暖干燥，夏季少雨有利于灰飞虱的发生及传毒为害，发病就重。

传播途径：由灰飞虱传播病毒。

发病部位：植株地上部位。

症状：在5～6片叶时，叶背部叶脉上产生长短不一蜡泪状线条突起，病叶叶色浓绿、宽短、硬脆，叶片用手摸有一种粗糙感，病株间节明显缩短、严重矮化，上部叶片密集丛生、呈对生状。重病株不抽雄或雄穗无花粉，果穗畸形不结实或籽粒极少。

防治方法：

（1）选用抗（耐）病品种，是防病之根本。

（2）适时调节玉米播期，使玉米苗期错开灰飞虱的盛发期。

（3）结合玉米苗期间苗、中耕拔除病株。并根据灰飞虱虫情预测情况及时用25%扑虱灵每667m² 50g，在玉米5叶期左右，每隔5d喷一次，连喷2～3次。

二、苗期虫害

1. 地老虎 地老虎俗称土蚕，又叫切根虫，是重要的地下害虫之一，是杂食性害虫（图2-12）。

图 2-12 地老虎

发生特点：以幼虫危害，常发生在低洼内涝，湿润多草的田地，3龄后躲进土中，昼伏夜出。

为害部位：以幼虫取食玉米的心叶或幼苗茎。

为害症状：被为害的幼叶呈孔洞状或缺刻，幼苗茎咬断后，造成田间缺苗。

防治方法：

（1）除草灭卵，播种前或幼苗期清除田内外杂草，消灭虫卵和幼虫。

（2）早间苗晚定苗，在为害严重的地块，适时晚播，避开为害盛期，实行早间苗、晚定苗。

（3）药剂防治：①用50％的辛硫磷乳油，以种子重量的0.3％拌种或用50％的辛硫磷乳油0.5kg，加适量水拌细土每667m² 150kg，均匀撒于地表。②缺苗率在10％以上的地块，可选用40％毒死蜱乳油1 500倍液，或50％辛硫磷乳油800倍液，或4.5％高效氯氰菊酯乳油1 000倍液，围绕玉米苗进行根部点滴防治，以药液渗入土中为宜。

（4）拌毒饵。毒饵配制方法：①豆饼（麦麸）毒饵：炒香的豆饼（麦麸）20～25kg，压碎、过筛成粉状，均匀拌入40％辛硫磷乳油0.5kg，农药可用清水稀释后喷入搅拌，以豆饼（麦麸）粉湿润为好，然后按每667m²用量4～5kg撒入幼苗周围。②青草毒饵：青草切碎，每50kg加入农药0.3～0.5kg，拌匀后成小堆状撒在幼苗周围，每667m²用量为20kg。

（5）配制糖醋液诱杀成虫。糖醋液配制方法：糖6份、醋3份、白酒1

份、水 10 份、90％敌百虫 1 份调匀，在成虫发生期设置。某些发酵变酸的食物，如甘薯、胡萝卜、烂水果等加入适量药剂，也可诱杀成虫。

（6）田间设置频振杀虫灯或黑光灯诱杀玉米螟、地下害虫及小地老虎成虫。

2. 蛴螬　蛴螬也叫核桃虫，成虫为金龟子。

发生特点：一般以幼虫越冬，以水浇地、下湿地较多，对土壤质地有选择性，壤土最重，黏土次之，沙土最轻。成虫具有假死性、较强趋光性和对未腐熟的厩肥有较强的趋性。

为害部位：玉米根部。

为害症状：幼虫入土啃食玉米根部，造成田间缺苗断垄，成虫取食叶片成网状。

防治方法：

（1）利用趋光性用黑光灯或汞灯诱杀成虫。

（2）秋冬季深耕，跟犁拾虫，降低越冬幼虫密度。同时，在犁地时撒毒土，用 50％辛硫磷乳油每 667m² 1 500g 拌细沙或细土每 667m² 30kg 顺垄撒入地下。防治效果好。

（3）播种时采用包衣种子。对蛴螬有一定的驱避性。

任务二　穗期病虫害防治

■ 知识准备

玉米穗期害虫有玉米螟、蚜虫、红蜘蛛和棉铃虫，其中尤以玉米螟危害最为严重。病害有玉米大、小斑病、矮缩病、瘤黑粉等。

■ 任务实施

一、穗期病害

1. 大斑病

发病条件：主要发生在玉米抽雄以后，取决于温度和雨水，雨量大、雨天多、温度高，发生严重。

传播途径：病菌依靠种子和气流传播。

发病部位：主要是叶片，严重时危害叶鞘和苞叶。

症状：病斑呈长梭形、大小不等，灰褐色或黄褐色，一般长 5～10cm，宽 1cm 左右，严重时叶片早枯。当田间湿度大时，病斑表面产生灰黑色霉状物。在抗性品种上，病斑呈褪绿、浅灰色，较少霉层。

防治方法：

（1）选用抗病品种，从根本上消除。

（2）适时早播，合理密植，增施有机肥和磷、钾肥。

（3）消灭病残体，实行合理轮作。

（4）病害发生初期，应及时喷药，用50%多菌灵可湿性粉剂500倍液、80%代森锰锌可湿性粉剂500倍液，每隔7～10d喷一次药，连续2～3次，有一定的防治效果。

2. 小斑病

发病条件：抽雄以后，高温高湿条件下病情迅速扩展。玉米孕穗、抽穗期降水多、湿度高，低洼地、过于密植荫蔽地、连作田容易造成小斑病的流行。

传播途径：病菌依靠风雨和气流传播，越冬的病残体、种子均可带菌。

发病部位：主要是玉米叶片、苞叶和叶鞘。

症状：病斑呈椭圆或近长方形，受叶脉限制，边缘深褐色。

防治方法：

（1）选用抗病品种，从根本上消除。

（2）合理密植，改善田间小气候条件。

（3）消灭病残体，减少初侵染来源。

（4）药剂防治同大斑病。

3. 瘤黑粉病

发生条件：玉米生长期间，高温、多雨高湿的天气。

传播途径：病菌的厚垣孢子在土壤中、病残体上、种子上或混入堆肥或厩肥越冬，成为来年的初侵染源。厚垣孢子依靠气流和雨水传播。

发生部位：叶、秆、雄花、果穗等植株地上的幼嫩部位。

症状：病株上形成较大的肿瘤。病瘤初期为银白色，长大后破裂散出黑粉（图2-13）。

图2-13　玉米瘤黑粉病症状

防治方法：

（1）选用抗病品种。

（2）合理轮作。

（3）防治玉米螟，避免病菌从伤口侵入。

4. 丝黑穗病 该病呈逐年上升势头。

发病条件：是苗期侵入的系统性病害。连作易造成该病发生。

传播途径：上年病残体上的病菌在土壤、粪肥或种子上越冬，成为翌年初侵染源。种子和土壤病株带菌是传播的主要途径。

发生部位：雌穗和雄穗。

症状：病菌从玉米幼芽侵入，是系统侵染病害。最后进入花芽和穗部，形成大量黑粉。病苗表现矮化，节间缩短，株型弯曲，茎基稍粗，分蘖增多，叶片密集，色浓绿（图2-14）。

图2-14　玉米丝黑穗病

防治方法：

（1）选用抗病品种。

（2）选用包衣种子。

（3）发现病株及时带出田间深埋。

（4）重病区实行3年以上轮作，施用净肥，秸秆肥、粪肥要充分堆沤发酵。深翻土壤，加强水肥管理，增强玉米的抗病性。

（5）药剂防治。播种前进行药剂拌种，可选用15％三唑酮可湿性粉剂以种子重量0.5％拌种或50％福美双可湿性粉剂以种子重量的0.2％拌种。也可用50％的甲基硫菌灵可湿性粉剂按种子重量的0.3％～0.5％拌种。

5. 青枯病 又称茎腐病、萎蔫病、茎基腐病，是世界性病害，2012年山西省玉米种植区发生比较严重。

发病条件：一般发生在玉米乳熟期前后，遇大雨后暴晒发生，尤其是种植密度大，天气炎热，又遇大雨，田间有积水发病严重。

传播途径：病菌在土壤和病残体上越冬，种子表面也可携带病菌传播。

发生部位：主要是玉米根部、茎秆基部节位。

症状：玉米进入乳熟期后，全株叶片突然褪色，无光泽，呈青灰色，似开水烫过最后干枯，果穗倒挂，植株极易倒伏，早衰死亡。

防治方法：

（1）选用抗病品种。

（2）在玉米生长后期防止积水。大雨后及时中耕，散失水分，降低田间温度。

（3）清除田间病株，发生严重的地块避免秸秆还田。

（4）使用包衣种子，种子包衣剂内含有杀菌剂。

（5）在拔节期或孕穗期增施钾肥，增强茎秆坚韧性。

二、穗期虫害

1. 玉米螟 玉米螟又叫玉米钻心虫。是玉米的主要害虫（图 2-15）。

图 2-15 玉米螟为害症状

发生特点：一年发生 1～3 代，以幼虫为害，通常以老熟幼虫在玉米茎秆、穗轴内越冬，成虫有趋光性。喜高温、高湿。高温多雨时容易发生。甜、糯、饲用等玉米品种发生较重。

为害部位：玉米心叶、茎秆、穗及穗轴。

为害症状：幼虫钻入玉米心叶或者蛀入茎秆、穗轴内为害，玉米受害后叶片形成成排的连珠孔状，严重时茎秆遇风倒折、缺粒。

防治方法：

（1）选用抗（耐）虫品种。

（2）利用玉米螟趋光、趋化性在田间设置频振杀虫灯诱杀成虫，减低产卵。

（3）药剂灌心防治：一般在小喇叭口和大喇叭口期分两次进行。将呋喃丹颗粒剂或按比例将 2.5% 的辛硫磷颗粒拌成毒土或者 Bt 乳剂、白僵菌粉剂加细沙制成颗粒后撒入心叶，防治效果好。

2. 红蜘蛛　红蜘蛛又叫叶螨。

发生特点：最适合玉米红蜘蛛生长发育的温度为 25～30℃，最适合相对湿度为 35%～55%，因此高温低湿的干旱年份有利于红蜘蛛的繁殖。7～8 月的小雨对其发生和扩散有利，但大雨、暴雨或过高的气温将抑制其繁衍。

为害部位：叶片。

为害症状：主要以若螨和成螨群聚在叶背面吸取玉米叶片汁液，被害处呈现失绿斑点或条斑，严重时整个叶片变白干枯（图 2-16）。

图 2-16　玉米红蜘蛛为害症状

防治方法：

（1）及时彻底清除田间、地头、渠边的杂草，减少玉米红蜘蛛的食料和繁殖场所。

（2）避免与豆类、花生等作物间作，阻止其相互转移危害。

（3）药剂防治：①每 667m² 用 1.8% 阿维菌素乳油或 15% 哒螨灵 2 000 倍液喷雾，最好再配吡虫啉，起熏蒸作用；②用 15% 扫螨净 3 000 倍液，或 15% 扫螨净与 40% 氧化乐果按 1∶1 比例的混合后喷雾。

3. 蚜虫　蚜虫又称"油旱"。

发生特点：玉米抽雄前，一直群居在玉米心叶内，在玉米抽雄、开花期遇到干旱少雨天气，玉米蚜虫迅速繁殖。尤其是开花期危害严重。

为害部位：花丝、雄穗。

为害症状：以成蚜或若蚜刺吸植株汁液，在叶片背面，花丝、雄穗上分泌"蜜露"，在被害部位常常形成黑色霉状物（图2-17）。

防治方法：

（1）清除田间地头杂草，减少早期虫源。

（2）药剂防治。苗期和抽雄初期是防治玉米蚜虫的关键时期，可用50%抗蚜威3 000倍液，或50%敌敌畏1 000倍液，或10%吡虫啉可湿性粉剂1 000倍液，或2.5%敌杀死3 000倍液均匀喷雾。

图2-17 玉米蚜虫为害症状

任务三 花粒期病虫害防治

■ 知识准备

玉米花粒期的害虫有玉米螟、蚜虫。病害主要有大、小斑病，丝黑穗病等。

一、病害防治

大斑病、小斑病、丝黑穗病。防治方法同苗期。

二、玉米花粒期的害虫防治

玉米螟、蚜虫。防治方法同穗期。

■ 能力转化

1. 玉米病虫害的发生在不同的年份是不一样的，你还知道有哪些病虫害？

2. 地老虎危害严重，有什么症状？防治方法有哪些？

3. 如何识别玉米大斑病和小斑病？怎样防治？

4. 玉米螟的为害症状是什么？如何防治？

5. 玉米黑粉病和丝黑穗病有什么不同？怎样防治？

6. 玉米大喇叭口期的心叶上出现的横排孔是如何形成的？

项目五　旱作玉米生产技术

■■ 学习目标

【知识目标】

1. 了解发展旱地玉米生产的制约条件。

2. 理解旱地玉米保蓄土壤水分的措施。

【技能目标】

掌握旱地玉米生产的关键技术措施。

【情感目标】

为提高旱地玉米产量献策献力。

玉米是西北地区的主要农作物之一，玉米播种面积从 2001 年开始逐年增加，到 2013 年已达历史最高水平。但是玉米大部分种植在无灌溉条件的旱地上，成为雨养玉米生产。旱作玉米就是指年降水量在 350~650mm，无灌溉条件，玉米生长发育所需水分只能依靠自然降水。而在西北地区自然降水的总量及分布常常与玉米的需水规律不吻合，所以旱地玉米生产措施的制定应紧紧围绕"蓄水保墒"来进行。

任务一　旱作玉米蓄水保墒措施

■■ 知识准备

干旱使玉米生长缓慢，植株矮小，叶面积减小，干物质积累减少，产量下降。干旱对玉米不同生育时期的影响不同，拔节期前后干旱，主要限制玉米营养生长；穗期、花粒期干旱，则主要限制生殖器官的生长发育，导致穗粒数和粒重下降。所以农谚说："春旱不算旱，秋旱减一半。"说明了干旱的影响。

■■ 任务实施

旱作玉米土壤水分利用的途径有以下几个。

（1）在冷凉地区使用地膜覆盖栽培技术，尤其是加强渗水膜的使用。

（2）机械化秋深耕，玉米收获后用大中型拖拉机深耕 1 次，深 25~30cm，充分发挥"土壤水库"纳雨蓄墒功能，使秋雨雪春用，解决天然降水与玉米需水不同步的问题。

（3）增施优质的有机肥，增加土壤的团粒结构，增强土壤蓄水能力。

（4）通过秸秆还田来改良土壤。玉米收获后，用秸秆粉碎机把秸秆就地粉碎成 3cm 左右长的切段，深翻入土，同时适当增施氮肥，每 $667m^2$ 10～15kg 尿素，以调整碳氮比，促进秸秆腐解。提高土壤有机质，培肥地力，增强土壤蓄水保肥能力。

（5）NPK 配施，"以肥调水"，不断提高土壤肥力，增强土壤保水能力。

（6）使用化学制剂。

一是保水剂。保水剂能够吸收和保持自身重量 400～1 000 倍、最高达 5 000 倍的水分，有均匀缓慢释放水分的能力，可调节土壤含水量，起到"土壤水库"作用。可以用于种子涂层、包衣、蘸根等，用保水剂（浓度 1.0％～1.5％）给玉米涂层或包衣，可使玉米提前 2～3d 出苗，且出苗率高；玉米播种时在穴内施保水剂每 $667m^2$ 0.5kg，对玉米出苗和后期生长均有良好作用。

二是抗旱剂。抗旱剂可减少植物气孔开张度，减缓蒸发，一般喷洒 1 次引起气孔微闭所持续的时间可达 12d 左右，降低蒸腾强度，提高土壤含水量；改善植株体内水分状况，促进玉米穗分化进程；增加叶片叶绿素含量，有利于光合作用的正常进行和干物质积累；提高根系活力，防止早衰，每 $667m^2$ 用抗旱剂 50g 兑水 10kg，在玉米孕穗期均匀喷洒叶片，可使叶色浓绿，叶面舒展，粒重提高，增产 7.1％～14.8％。

三是增温剂。将增温剂喷施在土壤表面，干后即形成 1 层连续均匀的膜，用以封闭土壤，可提高土壤温度，抑制水分蒸发，减少热耗，相对提高地温；保持土壤水分，在大田的抑制蒸发率可达 60％～80％，土壤 0～15cm 土层水分比对照田高 19.3％；促使土壤形成团粒结构；减轻水土流失，增温剂喷施于土表后，增加了土层稳固性，可防风固土，减少冲刷，有明显的保持水土、抑制盐分上升的效果。

任务二　旱作玉米生产技术环节

一、选择抗旱品种

抗旱品种具有适应干旱环境的形态特征。如：种子大，根茎伸长力强；根系发达，生长快，入土深，根冠比值大；叶片狭长，叶细胞体积小，叶脉致密，表面茸毛多，角质层厚。玉米抗旱品种叶片细胞原生质的黏性大，遇旱时失水分小，在干旱情况下气孔能继续开放，维持一定水平的光合作用。在无霜期短、肥力差的地块可选择先玉 335、良玉 88 等脱水快、较早熟、耐旱、耐瘠薄的品种为主导品种。要求供种单位的种子质量应达到国家标准，单粒播种用种应保证有 98% 以上的发芽率，确保一次播种保全苗。

二、整地

整地分为秋季整地与春季整地。旱作玉米以秋天整地为主，春季尽量减少耕作次数为宜，秋耕比春耕增产 28.5%，秋耕地土壤熟化时间长，又经冬春冻结融化过程，土壤松紧适宜，保墒效果好。秋耕应结合施用有机肥，在耕后立即耙耱，冬季滚压。

三、培肥土壤

增施有机肥料，可改善物理性状，发挥土壤蓄水、保水、供水的能力，又可提高玉米的抗旱能力。据试验，玉米根系在高肥地比在低肥地 3m 土层中，能多利用 60mm 的水，约等于一般玉米地全生育期耗水量的 1/4。原因是肥地使玉米根系向土壤深层伸展，提高了吸水抗旱能力。旱作玉米的另一项重要经验，就是增施化肥，增加秸秆和根茬还田量，以无机促有机；在轮作制中插入绿肥和豆科作物，肥地养田，提高土壤水分的利用率。

四、适期播种

玉米需水的特点是前期少，后期多，播种至拔节只占一生需水总量的 15%，拔节至抽穗占 40% 以上。旱作区降雨一般集中在 7～8 月。因此，利用玉米苗期耐旱的特点，把玉米幼苗期安排在雨季来临之前。播期以 5～10cm 地温稳定 10～12℃为指标。旱作玉米区十年九春旱，玉米播种时常遇到干旱，在干土层超过 6cm、底墒较好的地块，应采取镇压提墒，或借墒播种和造墒播种。在玉米生育期间，重要措施是中耕疏松表土，减少蒸发，特别是雨后及时中耕，有明显的保墒效果。

播深：适宜播深 5～10cm，墒情适宜时 6～7cm，土壤水分高时可浅些，墒情差时可适当加深，但不能超过 10cm。

五、合理密度

根据地力、肥力的不同，一般较肥沃的河湾沟坝地密度要求每 667m² 4 000 株，肥力差的坡梁地和垣地以每 667m² 3 500 株为宜。

六、化学除草

播种后，出苗前，田间用 38％诱去津悬浮剂，每 667m² 200g，兑水 25kg 用于土壤表面喷雾，也用 50％乙草胺乳油，每 667m² 125g，兑水 25kg 用于地表喷雾，封闭除草。

七、田间管理

一切管理措施以减少土壤水分损失，利用自然降水，促进玉米生长发育为原则。

1. 中耕除草，适时追肥　在苗全、齐的基础上中耕 3～4 次，玉米长到 5～6 叶进行第一次中耕，其作用疏松土壤，提高地温，促进根系深扎，减少耕层水分散失，消灭杂草，促进幼苗生长。拔节期进行第二次中耕，其目的是减少土壤水分蒸发，同时减少杂草对水分、养分的争夺，中耕时适当培土，防止后期倒伏。穗期结合追肥进行第三次中耕，玉米种植在旱地上，无灌水条件，不能随意追肥。此时应是山西省降雨较多的时期，应在较大降雨之后，趁墒及时追肥，每 667m² 追施尿素 10～15kg，追施方法是在植株旁 20cm 左右，开深 10cm 左右的穴，将追肥施入，随即盖土，以减少肥料流失，提高肥效。追肥后仍进行中耕培土，破除雨后地表板结，疏松土壤，保持墒情，减少水分散失，培土防倒伏。抽雄到成熟如遇高温、干旱会降低花粉生活力，造成吐丝困难，授粉不良，因此仍需要中耕防旱，减少水分蒸发。

2. 隔行去雄　隔行去雄的具体方法在前文已述，此处不再赘述。

3. 叶面喷肥　在授粉后 10～15d 进行叶面喷肥，喷 0.3％～0.4％磷酸二氢钾加 1％～1.5％尿素肥液。

4. 适时收获　玉米苞叶干枯松散、籽粒变硬发亮时收获。

■■ 能力转化

1. 干旱会影响玉米生长吗？
2. 促进旱地玉米生长发育的方法有哪些？

项目六　玉米地膜覆盖生产技术

学习目标

【知识目标】

了解地膜覆盖的效应，因地制宜进行地膜覆盖。

【技能目标】

掌握玉米地膜覆盖栽培技术。

【情感目标】

通过学习，为改变改善冷凉山区的生产条件献策。

地膜覆盖技术是20世纪80年代后开始在我国大面积推广应用的，主要用在干旱、冷凉的地区，已有30多年的历史，覆盖技术日臻娴熟，增产效益显著。

采取地膜覆盖栽培是玉米抗旱保苗增收的有效途径，玉米地膜覆盖具有以下作用：

1. 增温　地膜覆盖的 0~20cm 土壤温度比裸地栽培提高 2~3℃，其中苗期日增温 3.9℃，拔节期日增 3.3℃，抽雄期日增温 1.3℃，有效积温较高。玉米整个生育期有效积温增加 150~300℃。

2. 保墒　覆盖地膜的玉米土壤含水量比露地多，据测定 0~10cm 土层的含水量，覆膜提高 2%~4%，10~20cm 土层的含水量没有明显差异。

3. 提高土壤肥力　首先地膜覆盖避免和减少土壤水分和养分的淋溶、流失和挥发，相对增加了土壤肥力；其次由于膜内温度高，微生物活动旺盛，有机质分解快，养分释放多，土壤中的有效氮、磷、钾养分含量增加，提高了土壤肥力；另外覆膜协调了土壤的水、气、热状况，土壤变得疏松了，疏松的土壤反硝化作用低，养分被固定的少，相反的矿物质含量高，速效养分增多，土壤供肥能力强。

4. 增加田间光照强度　覆于膜下的水滴，对光有反射作用，增加了近地空间的光量，使中、下部叶片的衰老期推迟，有利于合理密植，提高光合效率。

5. 抑制杂草生长　在晴天高温时，地膜与地表之间经常出现 50℃ 左右的高温，致使草芽及杂草枯死。在盖膜前后配合使用除草剂，可防止杂草丛生，减少除草所占用的劳力。

6. 增产　一般覆膜比不覆膜玉米增产每 667m² 100~150kg 以上。

任务一 播前准备

一、选地膜

根据地形选择适宜宽度的地膜。在丘陵地、面积较小、人工铺膜的地块需用幅宽 80cm，厚 0.005～0.007mm 的聚乙烯薄膜；在平川地、面积大、机械化程度较高的地方，选用 1 400mm 的渗水膜。

二、选品种

根据气候特点及积温条件，选用适宜当地土壤、生产条件的品种（适当增长、留有余地）。生育期比露地栽培的长 5～7d。如：大丰 26、强盛 16、丰禾 96、先玉 335、郑单 958 等。

三、种子处理

为了防治地下害虫的发生，选用包衣种子；播前用 50％辛硫磷或 40％甲基异柳磷按种子重量的 0.1％～0.2％拌种。用 20％粉锈宁 150～200g 加水 1.5～2.5kg，拌在 50kg 种子上，可防治丝黑穗病。

四、选地、整地，保证铺膜

选择地势平坦、土层深厚、土质疏松、灌水方便、肥力较高的土壤地块。整地时应达到"墒、平、松、碎、齐、净"六字标准。

"墒"即播前土壤应有充足的底墒。

"平"即土地要平整。

"松"即表土疏松、无中层板结且上虚下实。

"碎"即无大坷垃，土壤细绵。

"齐"即地头、地边、地角无漏耕漏耙。

"净"即地面无残膜、残根、残秆等。

五、施足底肥

采用"一炮轰"施肥法，一次施足底肥。底肥以有机肥为主，氮磷配施，适当增加钾肥用量。

六、选机具，保证播种质量

连片大地块覆膜，应选用大中型机具；分散、零星地块覆膜，应选用小型机具。播种机和覆膜机要配套。

机具应按说明书要求进行保养、安装调整。

七、播前喷施除草剂

一般每 667m^2 用阿特拉津 0.2~0.25kg、杜尔或乙草胺乳油 150~200mL，兑水 60kg，于土壤较干燥时均匀喷洒于床面后立即盖膜。

任务二　播　　种

一、播种

覆膜玉米一般比不覆膜玉米应提早 5~8d 播种。

二、覆膜的方式

有两种：一是先覆膜后播种，主要是为了提高地温，冷凉山区比较适用，干旱地区抢墒覆膜，适期播种。播种时用扎眼器扎眼播种，播后注意封严播种口。另一种是先播种后覆膜，采用这种方式要连续作业，做床、播种、打药和覆膜一次完成，可抓紧农时，利于保墒。

三、播种方法

宽窄行种植，精量播种，播深 3~5cm。

四、播种密度

旱肥地一般耐密型品种以每 667m^2 4 000 株为宜，大穗型品种每 667m^2 3 500~4 000 株为宜。旱薄地以每 667m^2 3 500~3 800 株为宜。

任务三　田间管理

一、经常检查地膜

有破损的地方及时用细土盖严。

二、及时放苗

出苗后选择阴天、晴天傍晚放苗。按照"放大不放小，放绿不放黄，阴天突击放，晴天避中午"的原则放苗出膜。放苗后，随时用细土封严放苗口，防止烫苗。

三、打杈除蘖

玉米在拔节前有分蘖长出，及时拔除，避免与主茎争肥争水。

四、合理追肥、灌水

有灌溉条件地块，应进行冬灌，每 $667m^2$ 灌水量 $60\sim80m^3$；根据降水情况、土壤墒情及玉米生长状况，酌情在 6 月中下旬灌水，每 $667m^2$ 灌水量 $45\sim60m^3$，结合灌水进行追肥。

五、防病虫害

在前文已有详细叙述，此处不再赘述。

任务四　玉米渗水地膜覆盖旱作技术

■ 知识准备

一、渗水地膜的概念及特点

渗水地膜是一种带有局部双层微米级线性小孔结构的通透性的新型地膜。具有渗水、保水、增温、调温、微通气、耐老化等功能，对半干旱、半湿润地区小雨发生频率高达 70％以上的降水资源利用特别有效，比普通地膜覆盖增产 30％左右，每 $667m^2$ 可节水 $100m^3$。渗水地膜为年降水 $400\sim500mm$ 的半干旱地区建立了新的增产技术途径。

1. 微通透　渗水地膜是在普通塑料地膜的生产配方中，添加了一种助剂，然后通过一定的生产工艺，生产出来的带有许多细小孔隙的地膜，孔隙的直径一般在 $2\sim10\mu m$，所以叫微孔，$1cm^2$ 地膜上大约有 200 个这样的微孔。

2. 渗水　渗水地膜的渗水速率是 $12mm/h$。在我国半干旱、半湿润地区，雨水资源 70％以上是小雨，这种雨水可以缓慢从膜上渗至膜下。减少雨水的无效蒸发，提高雨水的利用率。

3. 保水　渗水地膜的通透性在实际应用中具有一定的单向性——外面的水分可以渗进去，但是土壤蒸发出来的水汽，遇到地膜会凝结成水珠重新回到土壤当中，这样，渗进去的水远远比蒸发出来的多。

4. 保温　在气温比较低的季节，渗水地膜的保温效果跟普通地膜相似，膜下温度相差不到半度。但是在盛夏季节，普通地膜下面的温度可上升到60～70℃，会造成烧苗；而渗水地膜下面的温度要低得多，只有 $43\sim44℃$。这样有利于保护根系，促进农作物生长。

5. 耐老化　微通气和自动调温的结果，使渗水地膜具有抗老化的功能。经试验，在玉米等作物收获期，渗水地膜仍具有较大的弹性、地面覆盖保持完好状态，很容易从地面剥离，降低土壤污染。

"渗水地膜研制及其应用"，是山西省农业科学院姚建民研究员主持完成的省科技攻关项目，其研究成果达到国际先进水平，2001 年获得山西省科技进步一等奖。

适用范围：旱地、冷凉地区。

二、渗水地膜的技术规程

为了应对北方及山西十年九旱的状况，确保山西旱地粮食丰收，加快渗水地膜在各地的推广进度，制定了渗水地膜覆盖旱地玉米 4 种实施模式的技术规程。

1. 机械条播　VVV 形覆盖旱作新技术规程——寿阳模式。

2. 人工穴播　VVV 形覆盖旱作新技术规程——五台模式。

3. 机械穴播　VV 形覆盖旱作新技术规程——朔州模式1。

4. 机械穴播　VVV 形覆盖旱作新技术规程——朔州模式2。

■ **任务实施**

以寿阳模式为例介绍渗水地膜的技术要点（图 2-18）。

图 2-18　宽膜、平铺 VVV 形种植图

1. 方法　采用 1 400mm 幅宽渗水地膜和三行半精量条式播种机，一次性施足底肥，一次性完成开沟、播种、覆膜。

优点：水温条件好、粮食产量高，增产幅度在 30％左右。

缺点：需要人工放苗。

机具：采用运城市新绛农机厂生产的 4 行半精量玉米播种机，使用前改造成三行播种机。改造的方法是：去掉一组播种器，留下三组播种器，从中心分开，行距为 45cm，加带一组铺膜器，将铺膜器的横拉杆加长到 1.7m，再增加一条 1.55m 长直径 2.5cm 左右的穿纸管钢杆。牵引动力采用 10.29kW 到 13.23kW 小四轮拖拉机。

2. 施肥　在播种前旋耕土地时将有机肥和化肥一次性施入，以后不再追肥。由于这种模式可以缓解水分不足问题，植株生长旺盛，目标产量高，所以化肥施入量应适当增加。建议化肥的施用量应不少于 2 袋碳酸氢氨和 1 袋磷肥。或施入 1～2 袋氮、磷、钾复合肥。

3. 品种　由于这种模式温度条件好，出苗快，成熟早，建议选择生育期比当地长 5～10d 的品种，更能发挥增产潜力。

4. 播期　由于形成了微通气小温室，出苗后不会冻苗，所以可以提前 5d 左右播种。

5. 播种　用改造好的专用机具进行播种铺膜，三行一个条带，地膜的裸露宽度在 105～110cm 为宜，条带之间的距离 55cm 为宜。播种过程中为了防止风刮走地膜，最好选择顺风播种，同时 2 个人用铁锹跟机具作业，在地膜上呈横条状或星状压土。

地膜用量：幅宽 1 400mm、厚度 0.006mm 的渗水地膜，每卷 10kg，可以铺 1 600 多 m^2。

6. 密度　由于品种特性不同和地力条件不同，适宜的密度有一定差异，建议穴距 34cm，每 667m^2 留苗密度以 3 500～4 000 株为宜。

7. 放苗　待气温稳定后再放苗，放苗时可用一个长 50cm 的铁丝钩将要留的健壮苗从地膜下钩出，随后用铁锹铲土在苗沟中留少量土埋住苗孔即可。

8. 管理　在杂草多的地块，中期应在条带间进行中耕除草。秋收后，由于渗水地膜耐老化，地膜相对完整，可继续保持土壤水分为来年创造好墒情，建议保留地膜，在来年春天耕地前再人工除膜。

特点一：播种后形成了深度 10cm 左右的 VVV 形种植沟，可以在刮开表层干土将种子播种到湿土中，解决了春季表土层干旱的问题，形成的微通气小温室，出苗快、出苗率高、不烧苗。

特点二：放苗后形成了 VVV 波浪形种植带，可以将微量降水聚集到苗的根部，创造了水、肥、气、热相对优良的微生态环境，解决了旱地农作物的缺水干旱问题，增产效果十分显著。

■■ 能力转化

1. 地膜覆盖的作用有哪些?
2. 提高整地质量的"六字"标准是什么?
3. 干旱地区使用渗水地膜的好处是什么?

项目七　甜玉米生产技术

■■ 学习目标

【知识目标】

　　了解甜玉米的品质特性及生产上选用的品种。

【技能目标】

　　掌握甜玉米生产的技术措施。

【情感目标】

　　1. 通过学习,激发学生学习的兴趣和扩大学生的知识面。

　　2. 根据生产实际调整当地种植结构,增加农民收入。

　　甜玉米是普通玉米发生基因突变后,经过长期选育而形成的一个玉米类型。根据控制基因的不同,甜玉米分为三类:普通甜玉米、超甜玉米、加强型甜玉米。在山西省生产上栽培比较多的主要有普通甜玉米及加强型甜玉米。其栽培技术不同于普通玉米。

一、甜玉米品质特性

　　1. 普通甜玉米(传统的甜玉米)　　普通甜玉米是由单隐性基因（su_1、su_2、du）控制,当隐性基因纯合时,能引起籽粒胚乳中积累水溶性多糖;乳熟期籽粒含糖量达 8%～10%,为普通玉米的 4～5 倍,1/3 的淀粉为"水溶性多糖"。淀粉分子量小且高度分枝,易溶于水且黏稠;吃起来皮薄、黏、甜、香。构成了普通甜玉米的独特风味。多用于糊状或整粒加工制罐,也用于速冻。

　　普通甜玉米种皮较薄,成熟后籽粒皱缩,呈半透明状;采收后 48h 籽粒蔗糖含量减少 2/3;采收期及贮存期只有 2～3d。

　　2. 超甜玉米(特甜玉米)　　超甜玉米是相对普通甜玉米而言的。由单一隐性基因（sh_2、bt、bt_2）控制,乳熟期籽粒含糖量达 20%～25%,为普通玉米的 8～10 倍，比普通甜玉米高 1 倍。果皮比较厚，柔弱性差，糖分主要是蔗糖和还原糖，水溶性多糖很少，具有甜、脆、香的突出特点，但糯性欠佳，成熟籽粒皮厚、不透明。多用于整粒加工制罐、速冻或鲜果穗上市。

超甜玉米采收 48h 后籽粒蔗糖含量减少 1/15；采收期及贮存期相对较长，可达 1 周左右。

3. 加强型甜玉米 加强型甜玉米是在普通甜玉米 su_1 基因背景上再引入一个加甜修饰基因 se 培育而成，为双隐性基因类型（$su_1 su_1 sese$），乳熟期既有高的含糖量，又有高比例的水溶性多糖，含糖量可达 16%～20%，比普通甜玉米提高 50%，品质特性具有普通甜玉米和超甜玉米的共同优点，甜、香、黏、脆。多用于整粒或糊状加工制罐、速冻、鲜果穗上市。

甜玉米籽粒的共同特点是含糖量高，所含的蔗糖、葡萄糖、麦芽糖、果糖和植物蜜糖都易被人体吸收，籽粒中的蛋白质、多种氨基酸、脂肪等均高于普通玉米；籽粒中还含有维生素 B_1、维生素 B_2、维生素 B_6、维生素 C、维生素 PP 和多种矿物质元素；但籽粒胚乳淀粉含量少，籽粒皱缩秕瘦，这是因为甜基因抑制籽粒淀粉合成。由于甜玉米不含普通玉米的淀粉，所以冷却后不会产生回生变硬现象，不管是蒸煮即食还是经过常温、冷藏后，都是鲜嫩如初。

二、优良品种

1. 晋甜 1 号 山西省农业科学院玉米研究所选育。

该品种出苗至采收 85d 左右。幼苗第一叶叶鞘绿色，株型平展，总叶片数 19 片，株高 227cm，穗位 84cm，雄穗主轴与分枝角度中等，一级分枝 8 个，最高位侧枝以上的主轴长 16cm，花药黄色，颖壳绿色，花丝绿色，果穗筒型，穗轴白色，穗长 21cm，穗行数 16 行，行粒数 46 粒，籽粒黄色。抗矮花叶病，中抗大斑病、青枯病、粗缩病，感丝黑穗病、穗腐病。

栽培要点：一般每 $667m^2$ 留苗 3 000～3 500 株；氮磷配合，施足底肥；授粉后 18～25d，采收鲜穗为宜。

2. 迪甜 6 号 山西省农业科学院高粱研究所选育，是一种水果蔬菜型的专用鲜食玉米品种。

该品种生育期 78～83d，中熟品种，幼苗芽鞘绿色，株高 150cm，穗位 32cm，雄穗分枝 18～22 个，穗行数 16，穗长 19cm，单穗重 300g，籽粒黄色，鲜食具有甜、嫩、脆的特点，含糖量 20% 左右，主要作为新鲜水果及加工罐头食品和速冻食品。

栽培要点：在积温 2 300℃ 以上地区可种植两茬，地膜覆盖可在清明过后 4 月 10 日左右播种，平均鲜果穗产量为每 $667m^2$ 950kg。

3. 迪甜 10 号　山西省农业科学院高粱研究所选育。

该品种出苗至采收 77d 左右。幼苗第一叶叶鞘绿色。株型平展，总叶片数 15 片，株高 150cm，穗位 32cm，雄穗主轴与分枝角度中，侧枝姿态直，一级分枝 18～22 个，最高位侧枝以上的主轴长 18cm，花药黄色，颖壳绿色，花丝绿色，果穗短锥型，穗轴白色，穗长 19.5cm，穗行数 16 行，行粒数 40 粒，籽粒黄白两色。中抗穗腐病、感丝黑穗病、粗缩病，高感矮花叶病、大斑病、青枯病。可溶性总糖为 20.6%。

栽培要点：一般在 4 月中旬到 5 月上旬进行播种；每 667m² 留苗密度为 3 500 株左右，平均每 667m² 产量为 775kg。授粉后 25d 左右适时采收。

适宜区域：该品种植株低矮，对栽培管理要求较高，适应范围较窄，限定在晋中平川区水地种植。

4. 京科甜 183　北京市农林科学院玉米研究中心选育。

该品种为超甜型玉米单交种。北京地区春播至鲜穗采收平均 84d。株高 189cm，穗位高 60cm，单株有效穗数 0.99 个，空秆率 2.49%。穗长 19.2cm，穗粗 4.6cm，穗行数 12～16 行，秃尖长 2.4cm，出籽率 63.4%，粒色黄白，粒深 0.9cm，鲜籽粒千粒重 315.2g。自然条件下抗多种病害。抗倒性较好。

任务一　播前准备

一、选用适宜品种

种植甜玉米应依据生产目的，科学选用和合理搭配品种类型。

（1）以青嫩果穗做水果、蔬菜上市或速冻加工为主要目的，应选用超甜玉米或加强甜玉米品种；

（2）以制作罐头制品为主的，则应选用普通甜玉米品种，这类品种的果穗籽粒深，出籽粒高。

还应注意早、中、晚熟品种搭配种植，陆续上市，从而提高经济效益。

二、严格选地

甜玉米生育期短，需水较普通玉米多，宜选择肥水充足，疏松透气，土层深厚＞20cm，排灌良好，有机质丰富，耕层有机质含量＞1%，pH 为 6.5～7.0 的沙壤土或轻黏土种植。

三、精细整地

甜玉米（特别是超甜玉米）种子一般籽粒胚乳少，皱瘪，粒小，发芽、拱土、出苗比普通玉米种子困难，所以在种植时前需要精细整地，选择土质疏松、土壤肥沃、排灌方便的地块。秋深耕春耙糖给甜玉米创造一个深、松、细、肥、湿的土壤环境，确保出苗快而齐、全而壮。同时重施底肥，底肥以农家肥为主，每 667m² 施有机肥 1 000～1 500kg，尿素 30kg，过磷酸钙 8～12kg，硫酸钾 5～8kg；或氮磷复合肥 15kg、钾肥 5kg，深翻与土壤充分混匀，耕翻后耙糖保墒呈待播状态。

四、严格隔离，防止串粉

由于甜玉米的品质性状受隐性基因（susu）控制，与普通玉米或者不同类型的甜玉米相邻种植，就会产生花粉直感现象，失去原有品质，变成了普通玉米，因此生产上甜玉米要与其他玉米严格隔离种植，一般空间隔离距离 300m 以上。

五、种子处理

为提高甜玉米种子发芽出苗率，播前应晒种 2～3d，以提高发芽率，并用专用种衣剂包衣处理。

任务二 播 种

一、分期播种

甜玉米采摘期短，分期播种可实现分批采摘上市。一般 5cm 地温达到 12℃时（超甜玉米，普甜略低）春播，适宜播种期在 4 月底到 5 月中旬，夏播在 7 月上中旬。避免在 5 月下旬至 6 月中旬播种，因为此期玉米开花授粉期正遇 7～8 月份伏旱天气，易造成植株秃尖、缺粒和空秆。在适宜播期内，播种越早，产量越高。采用地膜栽培的可比露地栽培提前 5～7d 播种。

二、播种方法

采用宽窄行或等行距种植，667m² 播种量为 2～2.5kg，株行距以 33×60cm 定植，密度早熟种以每 667m² 3 200～3 500 株，晚熟种每 667m² 3 000 株为宜。人工点播，每穴 2～3 粒，播种深度以 3～5cm 为宜。保证种在湿土上。

任务三 田间管理

一、出苗后及时查苗补缺

一般播种后 7～10d 发现缺苗断垄及时用浸泡催芽的种子补种。甜、糯玉米易染虫害，必须采取防虫措施，以保全苗。

二、间、定苗

4～5 叶及时间定苗，去弱苗、病苗，留健壮苗。

三、中耕锄草

应掌握浅—深—浅的原则，第一次在 4～5 叶间苗时进行浅中耕，一般 3cm 左右，可提高地温；7～8 叶拔节时深中耕，一般 10cm 左右，保持土壤水分，改善营养状况；拔节后再浅中耕一次并配合培土，以增强植株的抗倒伏能力。

四、适时打杈

（1）甜玉米具有分蘖特性，分蘖有些也能长成分枝后结穗，但它与主茎穗争夺养分、水分，会使主茎果穗变小，降低青果穗的商品质量。

（2）甜玉米具有多穗性，可去掉下部果穗仅留上部 1～2 穗使养分集中，果穗发育充分。

五、科学追肥

甜玉米生长期短，前期发育快，后期生长时间短，应早施苗肥，重施穗肥，氮、磷、钾肥配合使用。在基肥充足的情况下，采用"前轻后重"的追肥方法，即轻施拔节肥，重施穗肥，二者比例为 4：6。基肥种肥不足的田块则反之。

六、浇水

在浇好底墒水的情况下，根据自然降雨和土壤墒情进行适时浇水，整个生育期灌水 2～3 次，保证拔节、大喇叭口、抽雄、灌浆期的水分供应，采收前 10d 浇水一次，能更好地提高商品品质和食味品质，适当延长采收期，从而使其果穗籽粒水分饱满、口感好。

灌溉用水遵循以天然无污染水源为主的原则，禁用工业废水和生活污水！

七、防治病虫害，严格用药

甜玉米苗期长势弱，且含糖量高，易招致玉米螟、蚜虫等害虫的危害，后期穗粒腐病较重。果穗受害后，严重影响商品的质量。

但是由于甜玉米为直接食用类作物，故在防治病虫害时，应慎重选药，不用或少用化学农药防治，禁止使用残留期长的剧毒！防治应做到防重于治，治早和治小，坚持农业防治、物理防治、生物防治。

首先要选抗病品种，合理轮作倒茬，防止和减少幼虫或虫卵越冬；培育无病虫害壮苗；适期播种，使生长期避开病虫害高发期；在甜玉米授粉后采用生物杀虫剂防治玉米螟、玉米叶蝉、叶螨、白星花金龟等害虫。

八、适时收获

甜玉米的收获时间非常关键。收获过早籽粒内含物少，含糖量低，风味差。过迟则水分少，籽粒老化，皮厚质粗，口感差，商品价值低。

甜玉米籽粒含糖量在授粉后乳熟期最高，都应在最适"食味"期（乳熟前期）采收，一般在授粉后23～27d为适宜采收期。采摘通常在清晨进行，真正做到成熟一批采收一批。

采下来的鲜果穗糖分下降很快，因此，要做到边摘边上市出售或加工，普通型甜玉米一般不超过半天，超甜玉米不超过1d。如果远距离销售必须采取一定的保鲜措施，防止果穗由于呼吸作用消耗掉自身的营养成分和水分，造成新鲜度和质量的下降。

如需贮藏，温度应在2～4℃，时间不超过3d。

■ 能力转化

1. 甜玉米有什么特点？其管理的关键技术是什么？

2. 为什么甜玉米种植时必须严格隔离？

3. 甜玉米的适宜采收期要把握的原则是什么？

项目八 糯玉米生产技术

■ 学习目标

【知识目标】

了解糯玉米的品质特性。

【技能目标】

掌握糯玉米生产的关键技术措施。

【情感目标】

1. 通过学习，激发学生学习的兴趣和主动性。

2. 培养学生有根据当地生产实际调整产业结构，增加农民收入的愿景。

糯玉米俗称黏玉米。是由普通玉米发生突变再经人工选育而成的新类型，糯玉米的糯性由隐性基因（wx）控制。

糯玉米的籽粒不透明，无光泽，外观似蜡状，蛋白质含量比普通玉米高3%～5%，并且含有大量维生素 E、维生素 B_1、维生素 B_2、烟碱和矿质元素等，有降低胆固醇、抗高血压的功效，比甜玉米含有更丰富的营养和更好的适口性。糯玉米籽粒胚乳淀粉为 100% 的支链淀粉，煮熟后黏软清香、皮薄无渣，还富有糯性。

除鲜食外，糯玉米还可用于酿酒或作为饲料、工业原料（淀粉）。

任务一　播前准备

■ 知 识 准 备

一、选用品种

糯玉米品种多，品种的选择要按照不同的用途和市场要求，且要注意早、中、晚熟品种搭配，延长供应时间，满足市场要求和加工要求。

（1）以直接采摘鲜果穗上市或用于加工罐装食品为目的，要首先预测市场的消费能力和工厂的加工能力，根据销售量和加工量，科学安排糯玉米的生产季节和种植面积。

（2）以收获成熟的籽粒为目的，其生产季节的安排原则上与普通玉米相同。

二、优良品种

1. 中糯 1 号　中国农业科学院作物研究所选育。

该品种属早熟种，春播 85d，夏播 75d 左右采收为宜。植株半紧凑型，株高 230cm，穗位高 90cm。果穗长锥形，穗长 16～18cm，穗行数 14～16 行，穗粗 4.2cm。籽粒白色，千粒重 270g，出籽率 85%。支链淀粉 100%，糯性好，果皮薄，结实饱满，商品性好。单果穗鲜重 250～300g，每 667m^2 鲜果穗产量为 1 000kg 左右。抗大小斑病、纹枯病和青枯病，抗倒性好。

栽培要点：与普通玉米隔离 300m 种植，防止串粉影响品质；最好选用肥水条件较好的沙壤土；种植密度每 667m^2 3 000～3 500 株；授粉后 25d 左右适时采收。

2. 京科糯 2000　北京市农林科学院玉米研究中心选育。

该品种在北京地区播种至鲜穗采收平均 96d，株高 272cm，穗位 125cm，果穗锥形，穗长 21.5cm，穗粗 5cm，穗行数 12～14 行。籽粒白色，鲜籽粒千粒重 374g，出籽率 54.9%。籽粒含粗蛋白 9.35%，粗脂肪 3.91%，支链淀粉含量 100%，一般鲜穗产量为每 667m² 900kg 左右。抗大斑病、矮花叶病和玉米螟，中抗黑粉病和弯孢菌叶斑病。

栽培要点：与普通玉米隔离 300～500m 种植，以免籽粒串粉后影响其品质及色泽。适宜密度为每 667m² 3 000～3 500 株，注意适期早播、防止倒伏和防治茎腐病、玉米螟。授粉后 25～28d 采收。

适宜区域：该品种适应性广。

3. 晋鲜糯 6 号 山西省农业科学院玉米所育成。

该品种忻州春播出苗到采收 98～100d，全生育期 120d，属中熟糯玉米品种。幼苗叶鞘紫红色，茎秆坚硬，叶片宽大半上冲，叶色深绿，生长整齐。株高 270cm，穗位高 135cm，总叶片 20 片。雄穗发达，分枝 13～15 个。果穗长筒型，单穗，果穗商品性好。穗长 21.1cm，穗粗 4.55cm，穗行数多为 14～16 行，单穗鲜重 305g，千粒重 290g，出籽率 85%，籽粒纯白色，穗轴白色。支链淀粉 100%。抗倒性、抗旱性好。高抗粗缩病、矮花叶病、穗腐病，抗大斑病、小斑病，轻感茎腐病、感丝黑穗病，适合鲜穗加工和干籽粒加工。

栽培要点：春播，用"黑醇双全"种衣剂拌种；与普通玉米隔离种植；不适于在盐碱地种植，留苗密度每 667m² 2 800～3 000 株；授粉后 23～26d 采收。

适宜区域：适应性广泛，凡种植玉米的地区均可种植。

4. 晋鲜糯 8 号（黑糯玉米） 山西省农业科学院玉米研究所育成。

该品种忻州春播 110d，出苗至鲜穗采收 85～90d。株高 245cm，穗位高 115cm，果穗长锥型，穗长 18.6cm，穗粗 4.51cm，行数 16～18 行，鲜果穗重 285g，鲜果穗产量为每 667m² 785kg；品质好，支链淀粉 98.3%，粗蛋白 12.43%，粗脂肪 3.76%，硒 0.473mg/kg，氨基酸总量 11.14%，糯中带甜，口感极好。抗大小斑病、青枯病、丝黑穗病、矮花叶病。

栽培要点：与其他玉米隔离种植；不能种植在盐碱地；适期播种，一般气温稳定在 13℃以上播种，地膜覆盖可提前 7～10d；留苗密度每 667m² 3 000～3 500 株；授粉后 25～27d 采收。籽粒加工要待完全成熟后采收。

适宜区域：适应性广泛，凡种植玉米的地区均可种植。

5. 迪糯 278 山西省农业科学院高粱研究所选育。

该品种株高 215cm，穗位高 75cm，总叶片数 18 片，穗长 21cm，穗行 14～16 行，苞叶稍短，籽粒乳白色。出苗到采收 85～90d。食味口感较好，糯性好，糯中带甜。中抗大斑病，青枯病、穗腐病、矮花叶病、粗缩病，感丝黑穗病。鲜穗产量为每 667m² 900kg 左右。

栽培要点：隔离种植；留苗密度每 667m² 3 800 株左右；5 叶期定苗，每 667m² 施尿素 10kg，10 叶时追施尿素 20kg，授粉后 22～26d 适时采收。

适宜区域：山西糯玉米主产区。

■■ 任务实施

一、选好隔离区

糯玉米的糯质性状由隐性基因控制。一旦接受了普通玉米或其他类型玉米的花粉，就失去了黏性。所以种植糯玉米必须隔离，防止串粉变质。隔离的方法有：

1. 自然屏障隔离 利用天然的森林、果园、河道、道路、丘陵、高秆作物等自然屏障起隔离作用，阻止外来花粉的传入。

2. 空间隔离 一般要求 300m 的隔离带，300m 之内不能种植其他任何类型的玉米品种。

3. 时间隔离 通过调节播种期，使糯玉米的花期与其他玉米的花期错开，错期至少在 20d 以上。

另外隔离区周围须无污染源！

二、整地，施足底肥

种植糯玉米的田块一般要求地面平整，无大坷垃，表土层上虚下实。前茬作物收获后及时耕翻 20～30cm，耙碎整平，结合耕翻施足底肥，底肥占总施肥量的 70%，以农家肥做底肥最好，配施氮、磷、钾肥。一般每 667m² 施农家肥 1 000～1 500kg、复合肥 30～40kg 或玉米专用肥 30kg 作基肥。

任务二 播   种

一、播种期的确定

糯玉米的播种期应根据市场需求，遵循分期播种，前伸后延，均衡上市的原则。一般当 5～10cm 土层温度稳定在 10℃ 以上即可播种。因此糯玉米可分为春播、夏播。春播一般在 3 月底 4 月初覆膜种植，露地种植要比覆膜种植晚播 10d 左右，分期播种每隔 5～7d 种一批；夏播，只要保证鲜穗在后期能够成熟，并使开花授粉期错开当地雨季，就可适时播种。

二、播种方式

播种方式以机播为好，也可点播。

三、种植形式

宽窄行种植，采取地膜覆盖 1.1m 一带，小行距 40cm，株距 35cm 左右，每 667m² 留苗密度 3 000～3 500 株。露地种植 1m 一带，小行距 40cm，株距 40cm 左右，留苗密度每 667m² 3 000～3 500 株。

四、播种质量

播种深度 3～5cm，要求下籽均匀，深浅一致，覆土良好，播后镇压，注意种子和种肥分开。每 667m² 机播播量 3～4kg，点播播量 2～3kg。

五、种植密度

糯玉米的种植密度与品种特性、用途、商品价值有关。高秆、大穗品种宜稀，适于采收嫩穗鲜食；低秆、小穗紧凑型品种宜密，使果穗大小一致，提高其商品性。一般地块种植密度为每 667m² 3 000～3 500 株，高水肥地 4 000～4 500 株。

任务三　田间管理

一、中耕除草

糯玉米全生育期须中耕 2～3 次，第一次中耕在 4～5 叶结合定苗进行，定苗留大去小；第二次中耕在拔节期结合除草进行；第三次在大喇叭口期浇水追肥后进行。

二、及时去蘖

糯玉米品种的分蘖较多，拔节期中耕打杈去除分蘖。

三、肥水管理

糯玉米需水管理与普通玉米相似，在苗期适当控水蹲苗，土壤水分保持在田间持水量的 60%～65%，拔节至孕穗期结合浇水重施穗肥，每 667m² 追尿素 15～20kg，土壤水分保持在田间持水量的 75%～80%。

四、病虫害防治

糯玉米的茎秆和果穗养分含量均高于普通玉米，故更容易遭受虫害，主要是苗期的地老虎和穗期的玉米螟、金龟子。

1. 预防地下害虫

（1）在播种时用辛硫磷或 2 000～3 000 倍乐果溶液拌种，可防治蝼蛄、蛴螬、地老虎等地下害虫。

（2）在苗期防治地老虎的关键期是在幼虫进入 3 龄以前，也是田间喷雾施药的关键时期。用 50％辛硫磷乳油 1 000 倍液喷雾。

2. 穗期防治虫害

（1）防治玉米螟的方法。①以采摘鲜穗为目的，尽可能采用生物防治的方法，如在大喇叭口期接种赤眼蜂卵块控制玉米螟的发生；或用白僵菌颗粒剂在大喇叭口期人工施入，每 667m² 用药为 3～5kg；如果必须用化学农药防治玉米螟，应在大喇叭口期喷洒菊酯类农药，用药浓度低、用量尽可能小。做到慎用、少用、早用农药。②若收获糯玉米籽粒，在大喇叭口期用 1％的呋喃丹颗粒剂每 667m² 1kg 灌心。

（2）防治金龟子的方法。①选用苞叶紧密的品种种植。可有效防止灌浆期聚集在玉米果穗顶部为害幼嫩籽粒的金龟子成虫。②用糖醋液诱杀成虫。在 6～7 月金龟子成虫发生盛期，将白酒、食醋、红糖、水、90％敌百虫晶体按 1：3：6：10：1 的比例在盆内拌匀，放置在腐烂的有机质较多的地方或玉米田边，抬高到与玉米雌穗大致相同的位置，诱杀金龟子。

（3）其他虫害。在玉米穗顶部滴 50％辛硫磷乳油等药剂 300 倍液 1～2 滴，还可兼治棉铃虫、玉米螟等其他蛀穗害虫。

五、适期采收

不同品种最适采收期有差别，主要由"食味"来决定，最佳食味期为最适采收期。

（1）糯玉米鲜穗采摘，应在乳熟末期及时收获即以授粉后 22～25d，花丝发枯转为深褐色作为采收标准。过早采收糯性不够，过晚采收缺乏鲜香甜味，只有最适采收的糯玉米才表现出籽粒嫩、皮薄、渣滓少、味香甜、口感好的特性。

（2）糯玉米收获籽粒，与普通玉米收获的要求相同，即当子粒出现黑粉层时即可收获。

■■ 能力转化

1. 糯玉米与普通玉米的管理有什么不同？

2. 糯玉米的品种性状如何？为什么在种植中要进行隔离？常用的隔离方法有哪些？

3. 糯玉米鲜穗的采收期为什么由"食味"来决定？

单元三

小麦生产技术

一、小麦生产的意义

小麦在我国的种植面积和总产量仅次于水稻，是第二大粮食作物。小麦的营养价值高，适口性好，用途广，是人类主要粮食作物之一。小麦籽粒中含有人类所必需的营养物质，其中碳水化合物含量为 $60\%\sim80\%$，蛋白质含量为 $8\%\sim15\%$，脂肪为 $1.5\%\sim2.0\%$，矿物质为 $1.5\%\sim2.0\%$，且含有各种维生素等。小麦特有的化学组成、独特的麦胶蛋白和丰富的营养成分，宜于制作多种食品，俗称细粮。此外，麦麸、秸秆、麦糠等，既是酿造、造纸、编织业的原料，又是畜牧业的精饲料和粗饲料。

我国各地均有小麦种植，冬小麦面积约占小麦总面积的 84%，主要分布在长城以南，岷山、唐古拉山以东的黄河、淮河和长江流域，春小麦约占 16%，主要分布在长城以北，岷山、大别山以西地区。

小麦适应性强，耐寒耐旱，分布广泛，稳产、高产。它是夏收作物，可间作套作其他作物，提高复种指数，增加粮食总产量。

二、小麦品种的类型

根据小麦春化阶段要求低温的程度与持续时间的长短，可将小麦划分为以下三种类型，即冬性品种、半冬性品种和春性品种。

1. 冬性品种　通过春化阶段的适宜温度为 $0\sim3℃$，需要时间为 30d 以上。这类品种苗期匍匐，耐寒性强，对温度反应极为敏感，未经春化处理的种子，春播一般不能抽穗。

2. 半冬性品种　通过春化阶段的适宜温度为 $0\sim7℃$，需要时间为 $15\sim35d$。这类品种苗期半匍匐，耐寒性较强，春播一般不能抽穗或延迟抽穗，抽穗极不整齐。

3. 春性品种　通过春化阶段的适宜温度为 0～12℃，需要时间为 5～15d。这类品种苗期直立，耐寒性差，对温度反应不敏感，种子未经春化处理，春播可以正常抽穗结实。

三、小麦的生育期、生育时期和生育阶段

1. 小麦的生育期　指从播种到成熟所需要的天数。冬小麦生育期大都在 230d 左右，春小麦为 100d 左右。

2. 小麦的生育时期　一般包括出苗期、三叶期、分蘖期、起身期（生物学拔节）、拔节期（农艺拔节）、孕穗期、抽穗期、开花期、灌浆期和成熟期。冬小麦还包括越冬期和返青期。

3. 小麦的生育阶段　从栽培角度看，小麦一生可概括为营养生长、营养生长与生殖生长并进和生殖生长三个阶段。营养生长阶段，以幼穗开始分化前为标志，主要进行长叶、分蘖、盘根。营养生长和生殖生长并进阶段，既有根、茎、叶的快速生长，又有幼穗的分化形成。生殖生长阶段，以开花为标志，是开花受精、籽粒形成和成熟阶段。

项目一　播前准备

学习目标

【知识目标】

1. 了解小麦生长发育的基本特点和规律，掌握小麦主要生育时期和发育阶段。

2. 掌握小麦对土壤的要求以及对养分、水分的需求规律。

3. 了解良种的作用、良种应具备的条件，掌握良种的选用原则。

【技能目标】

掌握播前整地技术、种子处理技术、施肥技术、灌溉排水技术。

【情感目标】

通过学习，使学生认识到掌握农业生产知识的重要性。

一、小麦对主要环境条件的要求

在大田生产条件下，小麦生长发育所必备的生活条件中，光照、温度、氧

气等，主要靠适应自然条件而得到满足，水分和养分则一部分取之于自然，更多的还是靠生产者供应与调节，主要是通过土壤发生作用。因此，土、肥、水是小麦生产上首先要解决的基本条件。

1. 土壤　小麦对土壤的适应性较强，可以在多数土壤上种植，但以土层深厚，有机质丰富，结构良好，保水通气的壤土为宜。

2. 肥料　小麦从土壤中吸收氮、磷、钾的数量，因各地自然条件、产量水平、品种及栽培技术的不同而有较大差异。小麦在不同生育时期，吸收肥料总的趋势是：苗期，苗株小，吸肥量少；拔节后，生长加快，吸肥量增加；开花后吸肥量又逐渐减少。

3. 水分　冬小麦一生耗水量为 $400\sim600$mm，相当于 $3\,900\sim6\,000$m³/hm²；春小麦略少。其一般规律是：拔节以前，气温低，苗株小，耗水量较少，仅占总耗水量的 $30\%\sim40\%$。拔节到抽穗，小麦进入旺盛生长阶段，耗水量急剧增加，占总耗水量的 $20\%\sim35\%$。抽穗到成熟，冬小麦耗水量占总耗水量的 $26\%\sim42\%$，春小麦占 50%。

二、小麦的阶段发育

在小麦的一生中，必须要通过几个内部质变阶段，才能完成从种子到种子的生活周期。这些内部的质变阶段，称为阶段发育。小麦的阶段发育包括春化和光照两个阶段。

1. 春化阶段

（1）春化阶段。小麦从种子萌动以后，其生长点除要求一定的综合条件外，还必须通过一个以低温为主导因素的影响时期，然后才能抽穗、结实，否则终生不实，这段低温影响时期称为小麦的春化阶段；这一特性也称为小麦的感温性。

（2）小麦通过春化阶段的标志。小麦通过春化阶段除要求综合条件外，低温起主导作用；小麦春化阶段接受低温反应的器官是萌动种子胚的生长点或绿色幼苗茎的生长点。如果条件适宜，可以开始于种子萌动，但一般来说，生长锥伸长期是小麦通过春化阶段的标志，而二棱期是小麦春化阶段结束的标志。

2. 光照阶段　小麦通过春化阶段后，如果外界条件适宜，即可进入光照阶段。小麦是长日照作物，要通过光照阶段，必须经过一定天数的长日照，才能完成内部的质变过程而抽穗结实，所以这一阶段的主导因素就是日照的长短，该阶段也叫感光阶段。这一特性也称为小麦的感光性。

小麦的播前准备是决定小麦高产、稳产的基础，主要包括种子准备、土壤准备、肥料准备、播前灌水四个环节。

任务一 种子准备

■ 知识准备

一、精选良种

良种是保证小麦高产稳产的基础。各地应因地、因时制宜，合理品种布局，高优并重，选择综合抗逆性好的良种，发挥其良种的抗旱耐寒、节水抗逆、高产稳产潜力，同时做到良种良法配套，切忌一味求新、频繁更换品种。如山西省中部麦区应选择冬性、强冬性品种，南部应选择冬性、半冬性品种。

（一）南部中熟冬麦区水地

可种植临汾 8050、舜麦 1718、烟农 19、晋麦 84、济麦 22 等。

1. 临汾 8050 由山西省农业科学院小麦研究所育成。

该品种冬性，中熟。株高 75cm 左右，叶片直立，株型紧凑。长方穗，白粒，角质，千粒重 44g 左右；分蘖强，成穗率高；抗倒，抗干热风，灌浆快，落黄好。每 667m² 产量水平：500kg 左右。

2. 舜麦 1718 由山西省农业科学院棉花研究所育成。

该品种冬性，中熟。株高 75cm 左右，秆强抗倒，分蘖成穗率较高。千粒重 42g，籽粒白色，品质较好。发育前慢、中稳、后快，抗冻、抗病性较好。每 667m² 产量水平：400～600kg。

3. 烟农 19 由山东省烟台市农业科学院育成。

该品种冬性，中熟。叶片上冲，株型紧凑，株高 75～80cm，分蘖力强，成穗率中等，每 667m² 穗数为 40 万～45 万，穗粒数 34 粒左右，千粒重 36g 左右，白粒，硬质，饱满；品质达优质强筋标准。每 667m² 产量水平：400～500kg。

4. 晋麦 84 由山西省农业科学院棉花研究所育成。

该品种冬性，分蘖成穗率较高，株高 75cm 左右，秆强抗倒。每 667m² 穗数为 40 万左右，穗粒数 35～40 粒，千粒重达 50g 以上，籽粒硬质，饱满。每 667m² 产量水平：400～600kg。

5. 济麦 22 由山东省农业科学院作物研究所育成。

该品种半冬性，中晚熟。株高 72cm 左右，株型紧凑，抗倒伏。分蘖强，成穗率高，每 667m² 穗数为 42 万左右；长方穗，穗粒数 36 粒左右，白粒，硬质，饱满，千粒重 43 克左右；中抗白粉病。每 667m² 产量水平：

400～600kg。

(二) 南部中熟冬麦区旱地

可种植临丰 3 号、运旱 20410、运旱 21 - 30、晋麦 79、长 6359 等。

1. 临丰 3 号（临旱 536） 由山西省农业科学院小麦研究所育成。

该品种冬性，中早熟。分蘖力强，成穗率较高，株高 75～80cm；长方穗，穗粒数 35 粒左右；籽粒白色，角质，千粒重 40～50g；抗冻、耐旱、抗干热风，落黄好，品质达优质强筋标准。每 667m² 产量水平：250～400kg。

2. 运旱 20410 由山西省农业科学院棉花研究所育成。

该品种冬性，中早熟。株高 80～85cm，叶片直立转披型，株型紧凑，分蘖力强，成穗率高。籽粒白色，角质，千粒重 42g 左右，叶功能期较长，抗旱性强，灌浆快，落黄好。品质达优质强筋标准。每 667m² 产量水平：250～400kg。

3. 运旱 21 - 30 由山西省农业科学院棉花研究所育成。

该品种冬性，中早熟。分蘖力强，成穗率高，穗层整齐，株型紧凑，株高 80～85cm，秆质好，较抗倒伏。抗旱、抗青干，灌浆快，落黄好。穗粒数 28～35 粒，籽粒白色，角质，饱满，千粒重 40～45g。每 667m² 产量水平：250～400kg。

4. 晋麦 79 由山西省农业科学院小麦研究所育成。

该品种冬性，中早熟。苗期长势强，株高 70cm 左右，株型紧凑，穗层整齐。长方穗，白粒，角质，饱满度较好，每 667m² 穗数 35 万左右，穗粒数 27 粒左右，千粒重 38g 左右。抗旱，抗冻，较抗倒伏。每 667m² 产量水平：250～400kg。

5. 长 6359 由山西省农业科学院谷子研究所育成。

该品种冬性，中熟。株高 75cm 左右，较抗倒伏，分蘖强，成穗多；穗粒数 35 粒左右，千粒重 45～50g；抗旱节水，灌浆落黄好；籽粒白色，角质，饱满，商品性好。每 667m² 产量水平：300～450kg。

(三) 中部晚熟冬麦区水地

可种植长 4738、太 5902、中麦 175 等。

1. 长 4738 由山西省农业科学院谷子研究所育成。

该品种冬性，中熟。株高 75cm 左右，较抗倒伏；产量三要素协调居高，每 667m² 穗数 45 万左右，穗粒数 35 粒左右，千粒重 45g 左右；灌浆落黄好，白粒，角质，饱满，商品性好。每 667m² 产量水平：400～600 kg。

2. 太 5902 由山西省农业科学院作物研究所育成。

该品种强冬性，中熟。分蘖强，成穗率高，穗数每 667m² 40 万～50 万。

株高 70cm 左右，抗倒性较强。叶功能期长，灌浆落黄好。籽粒白色，硬质，千粒重 40g 左右，对条锈免疫。每 667m² 产量水平：500kg 左右。

3. 中麦 175 由中国农业科学院作物科学研究所育成。

该品种冬性，中早熟。株高 80cm 左右，灌浆快，落黄好。产量三要素协调，每 667m² 穗数 50 万左右，穗粒数 28～34 粒，千粒重 40～42g，籽粒白色，饱满。抗倒、抗冻、高抗条锈，中抗白粉。每 667m² 产量水平：500kg 左右。

（四）中部晚熟冬麦区旱地

可种植长 6878、长麦 6135、晋麦 76（泽麦 2 号）等。

1. 长 6878 由山西省农业科学院谷子研究所育成。

该品种冬性，中熟。分蘖强，成穗多；株高 85cm 左右，穗层整齐，灌浆快，落黄好。抗旱、抗冻、抗病，籽粒红色，角质，千粒重 40g 左右，品质达优质中筋标准。每 667m² 产量水平：250～400kg。

2. 长麦 6135 由山西省农业科学院谷子研究所育成。

该品种冬性，中早熟。分蘖力强，成穗率高，长方穗，穗层整齐，株高 80cm 左右，秆强抗倒。抗冬、春冻，抗旱节水，对条锈免疫。籽粒白色，饱满，水旱兼用。每 667m² 产量水平：300～400kg。

3. 晋麦 76（泽麦 2 号） 由山西省泽州县农作物原种场和晋城市玉农种业有限公司育成。

该品种冬性，早熟。分蘖力较强，成穗率较高，株高 90cm 左右。穗粒数 40 粒。抗旱、抗倒性较强，后期灌浆快，落黄好。籽粒白色、硬质，千粒重 40.5g。品质好。每 667m² 产量水平：300kg 左右。

二、种子处理

小麦播种前一般要经过精选种子、晒种、药剂拌种、种子消毒等多种形式，目的是使种子播种后发芽迅速，出苗率高，苗全苗壮。为了提高播种质量，选好的种子要做发芽试验，种子发芽率应高于 85%。凡低于 80% 的种子，一般不做种用。

■ 任务实施

一、精选种子

通过风选、筛选、水选，除去秕粒、碎粒、草籽和泥沙等杂物，选出大而饱满的种子。

1. 风选 适用于中小粒种子，利用风、簸箕或簸扬机净种。少量种子可用簸箕扬去杂物。

2. 筛选 用不同大小孔径的筛子，将大于或小于种子的夹杂物除去，再用其他方法将与种子大小等同的杂物除去。筛选除了可以清除一部分杂质外，还可以用不同筛孔的筛子把不同大小的种粒分级。由于种子的大小不同，种子的发芽出苗能力不同，幼苗的生长势也不同。种子分级播种，即把大小一致的种子分别播种，可保证小麦的幼苗发芽出苗整齐，生长势一致，便于管理。

3. 水选 适用于大而重的种子，利用水的浮力，使杂物及空瘪种子漂出，饱满的种子留于下面。水选一般用盐水或黄泥水，其比重为 $1.1\sim1.25g/cm^3$，把漂浮在上面的瘪粒和杂质捞出。水选后可进行浸种。水选后的种子不能曝晒，要阴干，同时，水选的时间不宜过长。

二、种子处理

1. 晒种 选择晴好的天气，把小麦良种平铺在席子或土地上（不能摊晒在柏油马路上），在阳光下翻晒 $2\sim3d$，平铺的厚度 $2\sim3cm$。一般在播种前一周左右进行。晒种利用了太阳热能，可促进种子呼吸，增强种皮透性，以提高发芽率和发芽势。

2. 拌种 ①用种子重量 0.5％的高分子吸水剂，溶于每克制剂 30g 的清水拌种；②用种子重量 0.4％的抗旱剂 1 号，溶于种子重量 10％的清水拌种；③先将种子用清水湿润，再加入增产菌每 $667m^2$ 125g，或加入固氮菌每 $667m^2$ 500g 拌种，随拌随用；④用 1605 乳油 500g，加水 50kg，拌种 500kg，拌后闷种 $4\sim6h$ 即可播种。拌种对于小麦抗旱和固氮能力都有一定作用。

3. 种子发芽试验 一般方法是随机数出 100 粒小麦种子，均匀摆放在垫有吸水滤纸的培养皿中，加入适量的水湿润滤纸，盖好种子放入恒温培养箱中，发芽温度 25℃左右。第 5 天计算发芽势，第 7 天计算发芽率。良种的发芽率应达 85％以上，若低于 80％，则不能做种用。

任务二 土壤准备

■ 知识准备

小麦对土壤的适应性极强，不论在沙土、壤土或黏土地上都可种植。但是，有机质丰富、结构良好、养分充足、通透性能好的土壤，是小麦高产、稳产、优质的基础。耕作整地是改善麦田土壤条件的基本措施之一。

一、合理轮作倒茬，用地养地相结合

小麦播种面积大且肥力差的地区采用"一麦一肥"（复种或套种）或"两粮（小麦、玉米）一肥"的轮作方式；一般地区采用与豆科作物间、套作或轮作的方式，也可采用单纯种植豆科牧草的方式，一方面可以养地，另一方面可以发展畜牧业。

二、整地

高产小麦对播前整地的质量要求比较高。据山西省各地麦区高产田整地经验，整地标准可概括为"耕层深厚，土碎地平，松紧适度，上虚下实"16字标准。具体讲，麦田整地包括深耕和播前整地。整地质量要求：深度适宜；表层无残留根茬；耕透耙透，不漏耕漏耙；耕翻时适墒耙地、不晾堡，使表土松软，无明暗坷垃；上虚下实，内无架空暗堡；耕层深浅一致，上下平整，地面坡度不超过0.3%。一般深耕20cm以上。大型拖拉机带茬耕作，耕深25cm以上。

■■ 任务实施

麦田的前茬不同，整地重点不同。

1. 早秋茬地　对早秋茬地，由于收获后距离播麦时间较长，可以进行两次耕地。第一次在前茬收获后，先浇底墒水，再进行深耕；第二次在播种前浅耕，然后精细整地。

2. 棉茬地　棉花茬常因拔柴较晚而影响小麦的适时播种。生产上为了早播小麦，常采用提前浇水，拔柴后抓紧时间施足底肥，整地种麦。浇水时间一般以拔柴前15d左右为宜。

3. 晒旱地　在前茬收获后，立即灭茬，以扩大保墒面积。灭茬后，要求在雨季来临之前粗耕一遍，接纳雨水。立秋前耕地保墒，减少蒸发。做到有蓄有保，把伏雨最大限度地积蓄起来。

任务三　肥料准备

■■ 知识准备

一、小麦对肥料的需求

小麦施肥原则是以底肥、农家肥为主，追肥、化肥为辅，氮、磷、钾配合施用，三者比例约为 3：1：3，但随着产量水平的提高，氮的相对吸收量减少，钾的相对吸收量增加，磷的相对吸收量稳定。起身期以前麦苗较小，氮、磷、钾吸收量较少，起身以后，植株长势迅速，养分需求量急剧增加，拔节至孕穗期小麦对氮、磷、钾的吸收达到一生的高峰期。

二、底肥

底肥用量一般占总施肥量的 60%～80%。主要是农家肥，现在都是秸秆还田。对于旱薄地，要增加底肥用量，以充分发挥肥料的增产效益。一般有机肥、磷肥、钾肥、50% 的氮肥做底肥。有机肥随深耕施入土壤，化肥质量要符合国家相关标准的规定。

三、种肥

小麦播种时用少量速效化肥与种子混匀同时播下，或把肥料单独施在播种沟中，使肥料靠近种子，以便幼苗生长初期吸收利用，对培养壮苗有显著作用，这种肥料称为种肥。种肥应以氮肥为主。常用的种肥有尿素、硫酸铵、硝酸铵。

■ 任务实施

1. 施底肥　播种前每 667m² 施用腐熟的有机肥 2 000～3 000kg，纯氮 8～10kg，磷（P_2O_5）6～8kg，钾（K_2O）3～5kg 做底肥。中等肥力麦田底施氮肥量占小麦全生育期氮肥施用总量的 2/3，高肥力麦田底施氮肥量占小麦全生育期氮肥施用总量的 1/2。

2. 施种肥　尿素含有缩二脲，做种肥时应控制用量，每 667m² 以 1.5～2.5kg 为宜，最好单独施入播种沟中。硫酸铵做种肥较为安全，每 667m² 用量以 5kg 为宜。施用种肥与麦种混播时，应干拌、混匀，随混随播。硝酸铵也可做种肥，其用量和注意事项与硫酸铵相近。

任务四　播前灌水

■ 知识准备

小麦是需水较多的作物，播种时土壤耕层水分应保持在田间持水量的 75%～80%。如果低于此指标，就应浇好底墒水，以便足墒下种。

■ 任务实施

浇灌底墒水通常有四种方式：

1. 送老水　秋庄稼收获前浇水俗称老水，老水有利于前茬农作物的籽粒成熟，又给小麦准备了底墒。浇送老水要注意浇水时间和浇水量，既不能影响秋季作物的正常成熟和收获，也不能影响小麦的整地和播种。

2. 浇茬水　在缺墒不严重、水源又不太足时，可在前茬作物收获后、翻地前浇好茬水，这样省水省时。

3. 塌墒水　在缺水严重、水源和时间都充足的情况下，可在犁地后浇好塌墒水，这种方式用水量大，贮水充足，对实现全苗和壮苗作用大，增产效果显著。

4. 蒙头水　在小麦适宜播期刚过，而土壤又非常干旱的情况下，只能先播种后浇水，这叫蒙头水。这种方式易造成地表板结，通透性差，不利于苗齐、苗匀，应尽量避免。

总之，播前准备应达到深、细、透、平、实、足。深即深耕 25cm 以上，打破犁底层；细即适时耙地，耙碎明暗坷垃；平即耕地前粗平，耕后复平；实即上松下实，不漏耕漏耙，无加空暗垄；足即底墒充足，黏壤耕层土壤含水量应在 20％以上、壤土 18％以上、沙土 16％.以上，占田间持水量的 70％～80％，确保一播全苗。

■ 能力转化

1. 整地标准是什么？棉茬地的整地工作如何进行？
2. 如何做小麦的发芽试验？

项目二　播种技术

■ 学习目标

【知识目标】

1. 了解合理密植的概念、实现合理密植的途径。
2. 了解确定小麦播种期的依据。

【技能目标】

1. 掌握小麦播种量的确定方法。
2. 掌握小麦适期播种及提高播种质量的措施。

【情感目标】

通过学习，认识到保证小麦的播种质量是提高产量的重要措施之一。

任务一 播种机具

知识准备

小麦播种机是通过播种机械系统将小麦种子种植在土地中的一种机械设备。

目前小麦播种机主要是由 12～18 马力*拖拉机配套带动实行播种，并有施肥机械。小麦播种机适用于平原和丘陵地区小麦的施肥和播种。具有通用性能良好，适应范围广，播种均匀等特点。

任务实施

小麦播种机根据客户需求，主要有 12 行、14 行、16 行、18 行、24 行、36 行机械（图 3-1）。

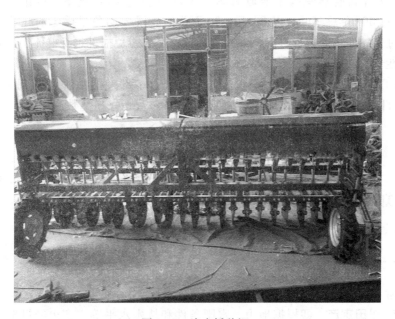

图 3-1 小麦播种机

---

* 马力为非法定计量单位，1 马力=735.5W。

任务二　播种时期

■ 知识准备

播种期确定

播种时期通常由当地气温来确定。冬小麦适宜的播种温度以冬性品种16～18℃，半冬性品种14～16℃，春性品种12～14℃为宜。旱地和冬性品种适当早播；半冬性品种适当晚播。现以山西省小麦种植为例介绍相关技术内容。

■ 任务实施

（1）南部麦区旱地适播期为9月25～30日。

（2）中部晚熟麦区旱地适播期为9月20～25日，越冬期叶龄达5.0～6.0，每667m²总茎蘖数以80万～90万为宜，既要避免早播冬前旺长，水肥消耗过多，使小麦抗冻性降低，春季弱苗，又要避免播种过晚群体小，遇冬春阶段性干旱，群体偏小影响产量。

（3）南部水地适播期为10月5～10日，中部晚熟品种适播期为10月1～5日，越冬期叶龄在4.5～5.5片，每667m²总茎蘖数在60万～80万为宜。

任务三　播种方法

■ 知识准备

小麦的播种量和播种方式决定了小麦的合理密植问题。

一、确定播种量

常采用"四定法"。

1. 以田定产　即根据地力、水肥条件和技术水平等，定出经过努力可以达到的产量指标。

2. 以产定穗　即根据产量指标和品种特性等，定出每单位面积所需穗数。

3. 以穗定苗　即根据每单位面积所需穗数和单株可能达到的成穗数等，定出适宜的基本苗数。

4. 以苗定播种量　即根据每单位面积需要的基本苗数，计算出适宜的播种量。

二、播种方式

小麦播种方式很多，如条播、点播、撒播，还有宽窄行条播、地膜覆播等。采用何种方式播种，要根据产量水平、地力条件和生产条件来确定。

为保证下种均匀，可采用播种机或机播耧进行播种，也可采用重耧播种的方法，即把种子分作两次播种，有克服缺苗断垄和加宽播幅的效果。

三、提高播种质量

对播种质量的要求是行直垄正，沟直底平，下籽均匀，播量准确，深浅适宜，播后镇压，不漏播，不重播。

1. 选用包衣种子　广大农民要合理选用小麦包衣良种或用种衣剂进行种子包衣，预防苗期病虫害。包衣种子对小麦出苗有影响，播种量应适当加大 $10\%\sim15\%$。

2. 足墒播种　小麦出苗的适宜土壤湿度为田间持水量的 $70\%\sim80\%$。秋种时若墒情适宜，要在秋作物收获后及时耕翻，并整地播种；墒情不足的地块，要及时灌水造墒播种。造墒时，每 $667m^2$ 灌水量为 $40m^3$。

3. 适期播种　小麦越冬壮苗标准是：越冬前要达到 $6\sim7$ 片叶、$5\sim8$ 个蘖、$8\sim10$ 条次生根，$570\sim650℃$有效积温。一般小麦播种适期为 10 月 $8\sim12$ 日，防止播种偏晚遭遇极端天气或越冬偏早时，影响小麦正常生长。

4. 适量播种　小麦的适宜播量因品种、播期、地力水平等条件而异。在适期播种情况下，成穗率高的中穗型品种，精播高产麦田，每 $667m^2$ 基本苗 10 万～12 万；半精播中产田每 $667m^2$ 基本苗 13 万～16 万；成穗率低的大穗型品种适当增加基本苗，旱作麦田每 $667m^2$ 基本苗 12 万～16 万；晚茬麦田每 $667m^2$ 基本苗 20 万～30 万。同时，注意不可播种过深，一般播深为 $3\sim5cm$，防止过深，影响出苗。

5. 播后镇压　由于旋耕地块整地质量一般较差，小麦播后能否出苗整齐，镇压是影响出苗质量好差的重要措施。选用带镇压装置的小麦播种机械，镇压轮应符合国家标准，在小麦播种时随种随镇压，也可在小麦播种后用镇压器镇压两遍，尤其是对于秸秆还田地块，更要镇压，促进出苗。

任务实施

一、计算播种量

$$每公顷播种量/kg = \frac{每公顷计划基本苗数 \times 千粒重/g}{1\,000 \times 1\,000 \times 发芽率 \times 田间出苗率}$$

播种量要根据土、肥、水条件和产量水平来确定。在适期播种的条件下，每公顷播种量低产田以 90～120kg、中产田 120～165kg、高产田 75～105kg 为宜。

二、播种方式

小麦播种方式主要采用条播法，但其行距大小依地力和产量水平而定。一般单产在 250kg 以下的麦田，行距以 16～20cm 为宜；单产在 250～350kg 的麦田，行距以 20～23cm 为宜；单产在 400kg 以上的麦田，行距以 23～25cm 为宜。小麦的播种适宜深度为 3～5cm。播种过深，出苗期长、养分消耗多、弱苗多，不仅影响冬前分蘖，而且易感染腥黑穗病等；播种过浅，易造成"吊死苗"，抗旱、抗冻和后期抗倒伏能力降低。

能力转化

1. 说明小麦播种量的确定方法。
2. 怎样确定小麦的适宜播种期？

项目三　田间管理

学习目标

【知识目标】

　　了解小麦各生育阶段的生育特点、主攻目标、管理方法。

【技能目标】

　　掌握小麦各生育阶段的田间管理措施。

【情感目标】

　　通过学习，能够根据生产实际解决问题。

任务一　前期管理

▓ 知识准备

前期生育特点、主攻目标

时间：北方冬小麦苗期包括年前（出苗至越冬）和年后（返青至起身前）两个阶段。

生育特点：以长叶、长根、长蘖为主的营养生长阶段，时间为150d以上。

主攻目标：保证全苗，促苗早发，匀苗。冬前促根增蘖，实现冬前壮苗。安全越冬。

▓ 任务实施

1. **查苗补种**　齐苗后垄内10~15cm无苗，应及时用同一品种催芽补种。如在分蘖期查苗补苗，可就地疏苗移栽补齐。补种或补栽后均实施肥水偏管。

2. **浇好冬水**　一般麦田冬前昼消夜冻时，浇灌冬水，每667m²灌水量以40~50m³。秸秆直接粉碎还田麦田，根据表层土壤墒情酌情提前浇灌冬水。

3. **中耕与镇压**　浇水后及时中耕，破除板结，防止裂缝。冬季镇压在分蘖后到土壤结冻前的晴天中午前后进行，对旺长麦苗有抑制生长的作用。土壤过湿时不宜镇压，以免造成板结；盐碱地也不宜镇压，否则，会引起返碱。

4. **禁止麦田放牧**　放牧啃青会大量减少绿叶面积，严重影响光合产物的制造和积累，影响分蘖，造成减产，那种"畜嘴有粪，越啃越嫩"的说法，是完全错误的。

任务二　中期管理

▓ 知识准备

中期生育特点、主攻目标

时间：指起身、拔节到抽穗前。

生育特点：根、茎、叶、蘖等营养器官在此期已全部形成，分蘖由高峰走向两极分化。根、茎、叶等营养器官与小穗、小花等生殖器官分化、生长、建成同时并进时期，是决定成穗率和壮秆大穗的关键时期。生长速度快，对水肥要求十分迫切，反应也很敏感。

主攻目标：协调营养生长与生殖生长的关系，创造合理群体结构，实现秆壮不倒，穗齐穗大，搭好丰产架子。

任务实施

1. 锄划镇压　早春顶凌浅耙、镇压。小麦返青期前后，及时锄划镇压。

2. 浇水追肥　一般年份在起身拔节期浇春季第一水，抽穗扬花期浇春季第二水。特别干旱年份在扬花后 $10\sim15d$ 补浇第三水。每次每 $667m^2$ 灌水量 $40m^3$。结合浇春季第一水，将小麦全生育期氮肥施用总量的 $1/3\sim1/2$ 一次性追施，中等肥力麦田每 $667m^2$ 施纯氮 $3\sim5kg$，每 $667m^2$ 高肥力麦田 $6\sim8kg$。

3. 喷施化控剂　对于株高偏高的品种和生长旺、群体大的麦田（每 $667m^2$ 总茎数 100 万以上），在起身期前后每 $667m^2$ 用 15% 多效唑粉剂 $40\sim50g$，兑水 $30\sim50kg$ 叶面喷施。

4. 预防晚霜冻害　4 月中下旬，如遇降温天气，应提前采取浇水、喷施叶面肥、生长素等措施，以增加田间湿度，缓和低温变幅，有预防和减轻霜冻危害的效果，若大幅降温务必同时采取烟熏措施。对已受霜害较重的麦苗，不宜毁掉，及早追施速效肥料，结合浇水，仍能促使未被冻死的分蘖或新生分蘖抽穗结实，从而获得一定收成。

任务三　后期管理

知识准备

后期的生育特点、主攻目标

时间：指从抽穗开花到灌浆成熟的阶段。

生育特点：营养生长结束，以生殖生长为主，生长中心集中到籽粒上。

主攻目标：保持根系活力，延长上部叶片功能期，防止早衰与贪青晚熟，提高光效，促进灌浆，增加粒数，丰产丰收。

任务实施

1. 合理浇水　进入灌浆以后，根系逐渐衰退，对环境条件适应能力减弱，要求有较平稳的地温和适宜的水、气比例，土壤水分以田间最大持水量的70％～75％为宜。但是，山西省大部分地区，常年发生干旱，严重影响光合产物的积累和运转。因此，适时浇好开花、灌浆水，保护和延长上部叶片的功能期，促进植株光合产物向籽粒正常运转。对提高产量有显著作用，而麦黄水还能调节田间小气候，防止或减轻干热风危害。

浇灌浆水的次数、水量应根据土质、墒情、苗情而定，在土壤保水性能好、底墒足、有贪青趋势的麦田，浇一次水或不浇。其他麦田，一般浇一次。每次浇水量不宜过大，水量大，淹水的时间长，会使根系窒息死亡。同时，随着粒重增加，植株重心升高，应当注意速灌速排；防止倒伏。

2. 根外追肥　小麦开花到乳熟期如有脱肥现象，可以用根外追肥的方法予以补充。试验证明，开花后到灌浆初期喷施1％～2％的尿素溶液或2％～3％的硫酸铵溶液、3％～4％的过磷酸钙溶液或500倍磷酸二氢钾溶液（每667m² 52～80kg），有增加粒重的效果。

任务四　适时收获

■ 知识准备

小麦收获适期很短，又正值雨季来临或风、雹等自然灾害的威胁，及时收获可防止小麦断穗落粒、霉变、穗发芽等损失。

掌握适期收获要注意小麦成熟过程中的特征变化。

1. 蜡熟初期　植株呈金黄色，多数叶片枯黄，籽粒背面黄白、腹沟黄绿色、胚乳凝蜡状、无白浆，籽粒受压变形，含水量35％～40％，此期需1～2d。

2. 蜡熟中期　植株茎叶全部变黄，下部叶片枯脆，穗下节间已全黄或微绿，籽粒全部变黄，用指甲掐籽粒可见痕迹，含水量35％左右，此期需1～3d。

3. 蜡熟末期　植株全部变黄，籽粒色泽和形状已接近品种固有特征，较坚硬，含水量为22％～25％，此期需1～3d。

4. 完熟初期　籽粒含水量降至20％以下，干物质积累已停止。籽粒缩小，胚乳变硬，茎叶枯黄变脆，收获时易断头落粒。此期收获的优点是有利于收割和脱粒，收获时留茬高度（不高于）15～20cm。如果不及时收获，籽粒的呼吸消耗和降雨的淋溶作用会使千粒重下降，如遇阴雨，休眠期短的品种，籽粒会在穗上发芽，降低产量与品种。

留种用的小麦一般在完熟初期收获，种子发芽率最高。

■■ 任务实施

1. 小麦的收获方法　收获方法分为人工收割和联合收割机收割。采用人工收割，适宜时期是蜡熟中期到蜡熟末期。经过割晒→拾禾→脱粒等工序，在割后至脱粒前有一段时间的铺晒后熟过程（籽粒仍继续积累干物质）。如采用联合收割机收获时，因在田间一次完成收割、脱粒和清选工序，所以完熟初期是最佳收获时期。

2. 小麦的贮藏　小麦收获脱粒后，应晒干扬净，待种子含水量降至12.5%以下时，才能进仓贮藏。通常在日光下暴晒后立即进仓，能促进麦粒的生理后熟，同时还能杀死麦粒中尚未晒死的害虫。

小麦贮藏期间要注意防湿、防热、防虫，经常进行检查，伏天要进行翻晒。少量种子可贮藏在放有生石灰的容器中，加盖封口，使种子长时间处于干燥状态，既防止了虫蛀又能保证发芽力。

■■ 能力转化

1. 结合小麦前期的主攻目标提出前期的管理技术措施。

2. 小麦前期如何查苗补种？

3. 小麦中期、后期的生育特点分别是什么？在田间管理上应采取什么措施？

项目四　病虫草害防治

■■ 学习目标

【知识目标】

　　了解小麦不同时期病虫草害的种类及防治方法。

【技能目标】

　　掌握病虫草害防治方法。

【情感目标】

　　能根据生产实际预测病虫害发生，并及时予以防治。

小麦不同生育时期都有病虫危害，所以要加强预测预报，以防为主，防早治好。小麦主要病虫害以锈病、白粉病、蚜虫为主，部分地区赤霉病危害也大；近年来，由于偏施氮肥，纹枯病有逐渐加重趋势。在防治时一定要有针对性，才能有较好的防治效果。

1. 冬前病虫草害　冬前病害有小麦锈病、白粉病、纹枯病等，地下害虫主要有金针虫、蛴螬，地上部有小麦黑潜叶蝇、小麦蚜虫、土蝗、灰飞虱等，三叶期后及时防治麦田阔叶杂草及节节麦、野燕麦、雀麦草、早熟禾等。

2. 中后期病虫草害　小麦中期的主要病害有白粉病、锈病、叶枯病、赤霉病等，主要害虫有麦蚜、小麦叶螨等，小麦生长后期主要的虫害有吸浆虫等。

任务一　病害防治

一、白粉病

小麦白粉病是世界性病害，在各地小麦产区均有分布。被害麦田一般减产10％左右，严重地块损失达20％～30％，个别地块甚至达到50％以上。

1. 发病条件　春季高温、寡照易发病，施氮肥较多的地块，密度大时发病严重。

2. 传播途径　病菌的分生孢子和子囊孢子借助于气流传播，而且病菌可借助高空气流进行远距离传播。

3. 发病部位　叶片。

4. 症状　在苗期至成株期均可为害，主要为害叶片，严重时也可为害叶鞘、茎秆和穗部。病部初产生黄色小点，而后逐渐扩大为圆形的病斑，表面生一层白粉状霉层（分生孢子），霉层以后逐渐变为灰白色，最后变为浅褐色，其上生有许多黑色小点（图3－2）。

图3－2　小麦白粉病

5. 防治方法

（1）农业防治。在白粉病菌越夏区或秋苗发病重的地区可适当晚播以减少秋苗发病率，避免播量过高，造成田间群体密度过大，控制氮肥用量，增加磷钾肥特别是磷肥用量。

（2）药剂防治。采用种子重 0.03％有效成分的粉锈宁拌种；发病后每 667m² 用 25％的粉锈宁可湿性粉剂 15～20g，加水 50kg 进行喷雾，可减少越冬期的病源，有效控制苗期病害发生。

在小麦孕穗末期至抽穗初期白粉病开始发生，用 30％醚菌酯 8 克＋施好美/能靓 1 号兑水 15kg，用量为每 667m² 30～45kg。

二、小麦纹枯病

小麦纹枯病对产量影响极大，一般小麦减产 10％～20％，严重地块减产50％，甚至绝收。

1. 发病条件　凡冬季温暖、早春气温回升快、阴雨天多、光照不足的年份，纹枯病发生重；播种过早，田间气温高，秋苗受侵染时间长，病害越冬基数高，第二年春季返青后病势发展快、病情严重；偏施氮肥、轻施有机肥，土壤缺磷钾肥，病重。

2. 传播途径　以菌核和菌丝体在田间病残体中越夏越冬，是典型的土传病害。其有两个侵染高峰，第一个是冬前秋苗期，第二个是春季返青拔节期。

3. 发病部位　主要为害小麦根部、茎基部的茎秆、叶鞘。

4. 症状　小麦各生育期均可受害，造成烂芽、病苗死苗、花秆烂茎、倒伏、枯株白穗等多种症状。幼芽鞘染病变褐，继而腐烂成烂芽。出苗后 3～4 叶期，下部叶叶鞘上呈现中间灰色、边缘褐色的椭圆形病斑，严重的抽不出新叶而死苗；进入拔节期后，基部叶鞘产生中部灰白色边缘褐色的圆形、椭圆形病斑，多个病斑相连形成云纹状花秆，病斑可深入茎秆内，茎部腐烂，茎秆枯死，阻碍了养分运输而引起整株枯死，主茎和大分蘖常抽不出穗，形成"枯孕穗"（图 3-3）。

5. 防治方法

（1）农业防治。①适期播种，避免过早播种，以减少冬前病菌侵染麦苗的机会。②合理掌握播种量。③避免过量施用氮肥，平衡施用磷、钾肥，特别是重病田要增施钾肥，增强麦株的抗病能力。④选择适应本地区的麦田除草剂，做好杂草化学防除工作。

（2）药剂防治。①种子处理。②喷雾防治，返青拔节期使用甲基保利特10 克＋能靓 1 号 20mL/施好美 25mL，兑水 15kg，均匀喷雾。也可采用每

图 3-3 小麦纹枯病

667m²用药量为 5％的井冈霉素水剂 150mL 兑水 60kg，也可每 667m²采用 70％甲基硫菌灵可湿性粉剂 75g 兑水 100～150kg 喷雾，均有较好的防治效果。

三、小麦锈病

小麦锈病主要有 3 种：条锈、叶锈和秆锈。三种锈病的共同特点是在被害处产生夏孢子堆，后期在病部生成黑色的冬孢子堆（图 3-4）。三者诊断要点："条锈成行、叶锈乱、秆锈是个大红斑"。山西省小麦锈病以叶锈病较为严重。

1. 发病条件 秋冬、春夏雨水多，感病品种面积大，菌源量大，锈病就发生重。

2. 传播途径 叶锈病菌是一种转主寄生的病菌，秋苗发病后，冬季温暖地区病菌不断传播蔓延。冬小麦播种早，出苗早发病重。条锈病菌主要以夏孢子在小麦上完成周年的侵入循环，是典型的远程气传病害。秆锈病菌以夏孢子世代在小麦上完成侵染循环。春、夏季麦区秆锈病的流行几乎都是外来菌源所致，所以田间发病都是以大面积同时发病为特征，无真正的发病中心。

3. 发病部位 叶锈为害叶片，条锈和秆锈为害叶片、茎秆、叶鞘甚至穗。

4. 症状 叶锈病在叶片上产生疱疹状病斑，夏孢子堆散生在叶片的正面，呈橘红色（图 3-4）。

条锈病发病初期在叶片上夏孢子堆鲜黄色，与叶脉平行，且排列成行，像缝纫机轧过的针脚一样，呈虚线状，后期表皮破裂，出现铁锈色粉状物。

秆锈病夏孢子堆最大，隆起高，褐黄色，不规则散生，常连接成大斑，成熟后表皮易破裂，表皮大片开裂且向外翻成唇状，散出大量锈褐色粉末。

5. 防治方法

（1）种植抗病品种。

（2）在秋苗易发生锈病的地区，避免过早播种，合理密植和适量适时追肥，避免过多过迟施用氮肥。

图3-4　小麦锈病

（3）锈病发生时，多雨麦区要开沟排水，干旱麦区要及时灌水，可补充因锈病破坏叶面而蒸腾掉的大量水分，减轻产量损失。

（4）药剂防治。小麦拔节期前后发生中心病株时，用甲基保利特喷雾防治，间隔8～10d，连续喷2次。小麦孕穗期前后发生中心病团，且发病较多时，可用甲基保利特＋醚菌酯进行喷雾防治。间隔8～10d，连喷2次。防治叶锈病可选用叶锈特1 000倍液喷雾。

四、小麦赤霉病

小麦赤霉病别名麦穗枯、烂麦头、红麦头，是小麦的主要病害之一。小麦赤霉病主要发生在潮湿和半潮湿区域，尤其气候湿润多雨的温带地区受害严重。

1. 发病条件　地势低洼、排水不良、黏重土壤、偏施氮肥、密度大、田间郁闭发病重。迟熟、颖壳较厚、不耐肥品种发病较重。

2. 传播途径　病菌以菌丝体和子囊壳随病残体遗落在土中越冬，或以菌丝体潜伏种子内或以孢子黏附种子上越冬；小麦赤霉病是种子带菌传播或土壤传播。

3. 发病部位　幼苗、茎、秆和穗。

4. 症状　从苗期到抽穗都可受害，引起苗枯、茎基腐、秆腐和穗腐，其中为害最严重的是穗腐。苗枯由种子或土壤病残体带菌引起，病苗芽鞘变褐腐烂，重者全苗枯死；基腐和秆腐一般苗期发生，有的在成熟期发生的。基腐初期茎基变褐软腐，以后凹缩，最后麦株枯萎死亡。秆腐茎秆组织受害后，变褐腐烂以至枯死。穗腐，小麦扬花时，在小穗和颖片上产生水浸状褐斑，后逐渐扩大至整个小穗，小穗枯黄。气候潮湿时，病斑处产生粉红色胶状霉层，后期其上产生密集的蓝黑色小颗粒即病菌子囊壳（图3-5）。

图 3-5　小麦赤霉病

5. 防治方法

（1）消灭越冬菌源。清除田间麦桩、玉米秸秆等病残体；并结合防治黑穗病等进行播前种子消毒。

（2）选育抗病品种。

（3）加强田间管理。因地制宜调整播期；配方施肥，增施磷钾，勿偏施氮肥；整治排灌系统，降低地下水位，防止根系早衰。

（4）药剂防治。喷药时期是防治的关键，施药应掌握在齐穗开花期。小麦扬花初期，用醚菌酯 8g＋甲基保利特 10g 兑水 15kg 喷雾防治，最好间隔 7～15d 再喷 1 次。或每 667m² 用 50% 的多菌灵可湿性粉剂 75～100g，或 80% 的多菌灵粉剂 50g，兑水 50～75kg 喷雾。

任务二　虫害防治

小麦主要虫害有 30 多种，为害较重的有小麦蚜虫、麦叶螨、吸浆虫、地下害虫等。

一、麦蚜

麦蚜是小麦的重要虫害之一，其种类主要包括麦长管蚜、麦二叉蚜、禾谷缢管蚜 3 种。

1. 发生特点　年发生 20～30 代，多数地区以无翅孤蚜和若蚜在麦株根际和四周土块缝隙中越冬。在麦田春、秋两季出现两个高峰，夏天和冬季蚜量少。秋季冬麦出苗后从夏寄主上迁入麦田进行短暂的繁殖，出现小高峰，为害不重。11 月中下旬后，随气温下降开始越冬。春季返青后，气温高于 6℃开始繁殖，低于15℃繁殖率不高，气温高于16℃，麦苗抽穗时转移至穗部，虫田数量迅速上升，直到灌浆和乳熟期蚜量达高峰，气温高于22℃，产生大量有翅蚜，迁飞到阴凉地带越夏。5月中旬，小麦抽穗扬花，麦蚜繁殖极为迅速，至乳熟期达到高峰，对小麦为害最严重。

2. 为害部位　以成虫和若虫刺吸麦株茎、叶和嫩穗的汁液（图3-6）。

3. 为害症状　前期集中在叶正面或背面，后期集中在穗上刺吸汁液，致受害株生长缓慢，分蘖减少，千粒重下降；同时，分泌的蜜露诱发煤污病的发生。还可以传播病毒。

4. 防治方法

（1）农业措施：适时集中播种。冬麦适当晚播，春麦适时早播。合理浇水。主要抓好苗期蚜虫发生初期的防治。

（2）药剂防治：冬季苗期使用农兴15mL 兑水 15kg 进行喷雾，兼治红蜘蛛；

图3-6　麦　蚜

或每667m² 用 20％菊马乳油 80mL 防治蚜虫，兼治灰飞虱、潜叶蝇、蝗虫等害虫。

4月上中旬，蚜虫发生初期，发现中心株时，用百佳 30mL 兑水 15kg 均匀喷雾。防治穗期麦蚜，在扬花灌浆初期，百株蚜量超过 500 头，用百佳 30mL＋擂战 5g 或百佳 30mL＋农兴 15mL，或农兴 30mL＋擂战 5g 兑水 15kg 进行喷雾防治。

此外，也可每 667m² 用抗蚜威（辟蚜雾）可湿性粉剂 10～15g、10％吡虫啉可湿性粉剂 20g、3％啶虫脒乳油 40～50mL，上述农药品种任选一种，兑水 35～50kg（2～3桶水），于上午露水干后或下午 4 点以后均匀喷雾。

二、叶螨

麦叶螨虫主要有两种，麦圆叶爪螨和麦岩螨。麦圆叶爪螨又名麦圆蜘蛛，麦岩螨又名麦长腿蜘蛛，有些地区两者混合发生、混合为害。

1. 发生特点　麦圆叶爪螨1年发生2～3代，以成、若虫和卵在麦株及杂草上越冬，3月中下旬至4月上旬为害重，形成1年中的第一高峰，10月上、中旬孵化，为害秋苗，形成1年中的第二高峰。喜潮湿。

麦岩螨年生3～4代，以成虫和卵越冬，翌春2～3月成虫开始繁殖，越冬卵开始孵化，4～5月田间虫量多，5月中下旬后成虫产卵越夏，10月上中旬越夏卵孵化，为害秋苗，喜干旱，白天活动，以15∶00～16∶00最盛，完成一个世代需24～46d。多行孤雌生殖，把卵产在麦田中硬土块或小石块及秸秆或粪块上，成、若虫也群集，有假死性（图3-7、图3-8）。

图3-7　麦圆叶爪螨　　　　　　　　　　图3-8　麦岩螨

2. 为害部位　叶。

3. 为害症状　成虫、若虫吸食麦叶汁液，受害叶上出现细小白点，后麦叶变黄，麦株生育不良，植株矮小，严重的全株干枯。

4. 防治方法

（1）农业措施。采用轮作倒茬，合理灌溉，麦收后浅耕灭茬等降低虫源。

（2）药剂防治。可喷洒15％哒螨灵乳油2 000～3 000倍液，或20％绿保素（螨虫素＋辛硫磷）乳油3 000～4 000倍液，或36％克螨特乳油1 000～1 500倍液，持效期10～15d。

三、小麦吸浆虫

1. 发生特点　1年发生1代，以老熟幼虫在土中结圆茧越夏、越冬，3月上、中旬越冬幼虫破茧上升到地表，4月中、下旬大量化蛹，羽化后大量产卵为害。一般情况下，雨水充沛，气温适宜常会引起该虫大发生，成虫盛发期与小麦抽穗扬花期吻合发生重，土壤团粒构造好、土质疏松、保水力强也利其发生（图3-9）。

2. 为害部位　花器、籽实和麦粒。

3. 为害症状　以幼虫为害，幼虫潜伏在颖壳内吸食正在灌浆的麦粒汁液，

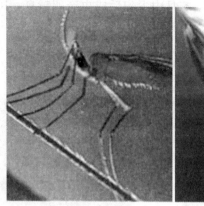

图 3-9 小麦吸浆虫

造成秕粒、空壳。是一种毁灭性害虫。

4. 防治方法

（1）农业措施：选种抗（耐）虫品种；选用穗形紧密、内外颖缘毛长而密、麦粒皮厚、浆液不易外流的小麦品种；进行轮作，避开虫源。

（2）药剂防治：麦播时对吸浆虫常发地块，每 667m² 可用 6％林丹粉 1.5～2kg 拌细土 20～25kg，均匀撒施地表，犁耙均匀，可兼治地下害虫。

发生严重的地块要进行蛹期防治。防治时间为小麦孕穗期 4 月 23～28 日，每 667m² 用 1.5％小麦吸浆虫绝杀 1 号 2～3kg，均匀拌细土 30kg 撒于地表，撒后浇水防效好。或用 50％辛硫磷乳油，每 667m² 200～250mL 加水 2.5kg，拌细干土 30～35kg，顺垄撒施地面。

卵期，每 667m² 用辛硫磷颗粒剂 2～2.5kg，或 2％西维因粉剂 2.5kg，或 20％林丹粉每 667m² 用 0.5kg，拌细土 25kg 撒施。

成虫期，用 4％敌马粉、2％西维因粉每 667m² 用 1.5～2.5kg 喷粉，或 50％辛硫磷乳油 1 500 倍液，或 20％速灭杀丁乳油每 667m² 用 20mL 加水 50～60kg 喷雾。

发生不严重的地块，一定要进行成虫期防治。防治时间在小麦抽穗期至扬花前，即 5 月 1～10 日，每 667m² 用 50％辛硫磷 50g 加吡虫啉 20～30g 加水 50kg 喷雾，即可防治吸浆虫成虫又可兼治早代蚜虫。

四、地下害虫

为害小麦的地下害虫主要有蝼蛄、蛴螬、金针虫三种，多发生在小麦返青后至灌浆期。

防治方法：

（1）播种前主要是进行种子或土壤处理。

①种子处理：可用 50％辛硫磷、40％乐果乳油等，用药量为种子重的 0.1％～0.2％。播种时先用种子重 5％～10％的水将药剂稀释，用喷雾器均匀喷拌于种子上，堆闷 6～12h，药液将会充分渗透到种子内，可兼治多种地下害虫。

②土壤处理：在播前整地时，用药剂处理土壤。经常采用的药剂主要有 50％辛硫磷乳油、用量是每 667m² 250～300mL；此外，还可采用 4.5％甲敌粉、2％甲基异柳磷粉剂或 3％甲基异柳磷颗粒剂，用量为每 667m² 1.5～2.5kg。用法：乳油和粉剂农药可喷雾或喷粉，还可按每 667m² 用药量拌 20～30kg 细土制成毒土撒施；颗粒剂每 667m² 可拌 20～25kg 细沙撒施。

（2）出苗后防治地下害虫的方法：

①撒毒土：每 667m² 用 5％辛硫磷颗粒剂 2kg，或 3％辛硫磷颗粒剂 3～4kg，兑细土 30～40kg，拌匀后开沟施，或顺垄撒施后接着划锄覆土，可以有效地防治蛴螬和金针虫。

②浇药水：每 667m² 用 50％辛硫磷乳油 0.5kg，兑水 750kg，顺垄浇施，对蛴螬和金针虫有特效。

③撒毒饵：用麦麸或饼粉 5kg，炒香后加入适量水和 50％辛硫磷乳油 50g，拌匀后于傍晚撒在田间，用量为每 667m² 2～3kg，对蝼蛄的防治效果可达 90％以上。

任务三　草害防治

一、山西省麦田主要杂草种类及发生规律

山西省小麦一年两熟，主要杂草种类有麦田阔叶杂草及节节麦、野燕麦、雀麦草、早熟禾、播娘蒿、荠菜、猪殃殃、王不留行、小蓟等。

冬麦区大部分杂草为种子繁殖，少数为根茎繁殖；杂草多以冬前出苗，4～5 月开花结实，生育期与小麦相似，严重影响小麦的生长发育。麦田杂草在田间萌芽出土的高峰期一般均以冬前为多，只有个别种类在次年返青期还可以出现一次小高峰。大多数出苗高峰期都在小麦播种后 15～20d，此间出苗的杂草约占杂草总数的 95％，部分杂草在次年的 3 月间还可能出现一次小的出苗高峰期。

二、麦田杂草的防治时期

麦田杂草防治有 3 个时期：

（1）小麦播种后出苗前。

（2）小麦幼苗期（11月中下旬）是防治最佳时期。

（3）小麦返青期（2月下旬至3月中旬）是麦田杂草防治的补充时期。

三、防治方法

小麦幼苗期施药效果最佳，此时杂草已基本出土，杂草组织幼嫩，抗药性差，日平均气温在10℃以上药剂能充分发挥药效。

防除播娘蒿、荠菜、藜等阔叶杂草，每667m² 用10％苯磺隆可湿性粉剂15g左右，兑水30～40kg喷雾，防除节节麦、野燕麦、雀麦草等禾本科杂草，每667m² 用3％世玛油悬剂20～30mL，加水25～30kg喷雾；也可使用云鹊100mL＋仓喜/仓喜1号/仓喜2号兑水15kg进行喷雾防治。

■ 能力转化

1. 冬前病虫草害主要有哪些？

2. 白粉病和锈病如何防治？

3. 怎样防治蚜虫？

项目五　小麦综合生产技术模式

■ 学习目标

【知识目标】

1. 掌握春小麦种植的高产技术。

2. 掌握旱地小麦的高产技术。

【技能目标】

掌握小麦地膜覆盖的生产技术。

【情感目标】

能结合当地情况帮助农民实现小麦的高产。

任务一　春小麦高产种植技术

1. 整地，做畦，施肥　小麦地要在冬前施足农肥、耙平，墒足，无杂草、坷垃。畦宽一般为1.2～1.3m，长20～40m。每667m²施优质农肥3 000kg以上，平施翻耙。在立冬至小雪期间，每 $667m^2$ 灌水 $80m^3$ 左右，土壤上层含水量达到 $17\%\sim18\%$，下层含水 20%。

2. 选用良种，做好种子处理 水浇地选择矮秆抗倒品种；旱地选用耐旱品种。通过风，或用盐水浓度 $18\%\sim20\%$、泥水选出优质种子。在播种前 $7\sim10d$，选晴天晒种 $2\sim3d$，达到皮干燥，减轻病虫害，提高发芽率，增强发芽势。药剂拌种防病虫害。

3. 适期早播，提高播种质量

（1）春小麦的适宜播种期一般在 3 月 10 日～25 日。土壤化冻 5cm，即可顶凌播种，在温度回升较晚的年份，要抓住温度回升之头，赶到寒流到来之前抢种。

（2）播种量：水浇地每 $667m^2$ 保苗不少于 40 万～45 万株，旱地 35 万株左右，每 $667m^2$ 用种量为 $20\sim22kg$ 左右。

4. 合理密植 一般习惯上采用高播量，高密度，以籽保苗，以苗保穗，依靠主茎成穗夺取高产。以主茎为主，同时争取适当分蘖是春小麦增产的中心环节。行距 $25\sim30cm$，播种深度 $3\sim4cm$。开沟要直、深浅一致，撒籽均匀，覆土一致严实。播后要及时镇压，力争苗全、苗齐、苗壮。

5. 肥水管理 总的原则：前期早促早管，后期防止贪青或早衰。

（1）科学施肥。整地未施肥的地块，可在播种时每 $667m^2$ 施 1 000kg 优质农肥。化肥每 $667m^2$ 施磷酸二铵 $10\sim15kg$ 或含氮、磷、钾及多种微量元素的复合肥每 $667m^2$ $25\sim30kg$。2 叶 1 心时每 $667m^2$ 追标氮 $50\sim60kg$；孕穗期每 $667m^2$ 追标氮 $10\sim15kg$，孕穗至开花期间叶面喷肥。施用 $0.2\%\sim0.3\%$ 磷酸二钾或 1% 尿素。每 $667m^2$ 用 50kg 肥液，喷 $1\sim3$ 次。

（2）适时灌水。一般须灌水 $3\sim5$ 次。2 叶期灌水：2 叶 1 心时小麦开始穗分化，结合追肥灌水，促进大穗。拔节水：拔节水要巧灌。如植株健壮，土壤肥力充足，墒情较好，可不灌或少灌，必须灌水也要清灌或适当推迟 $2\sim3d$ 少灌。孕穗水：及时灌水可使其发育健全，提高结实率，增加穗粒数。灌浆水：可防止小麦上部叶片早枯，增强抗干热风的能力，增加籽粒的千粒重。麦黄水：灌水可改善田间小气候，增加土壤及空气湿度，避免高温逼热。

6. 加强田间管理

（1）前期中耕。麦苗长到 $2\sim4$ 片叶时，横搂松土 $1\sim2$ 次，深 $2\sim2.5cm$，可提高地温、促进根系发育。

（2）压青苗促分蘖。当小麦长到 $2\sim3$ 叶时，踩或压青苗 $1\sim2$ 次。

（3）化学除草，防治病虫害。

（4）喷矮壮素。120g 矮壮素，加水 50kg 喷雾。麦苗 3～4 叶时，在分蘖末期、拔节始期喷施效果最好。

（5）排涝：田间积水及时排掉，防止根系因缺氧过早枯死。

7. 适时收获　最佳时期为蜡熟期，此时小麦籽粒的干物质积累到最大值，加工面粉质量最好。

任务二　旱地小麦高产种植技术

旱地小麦高产一看品种、二看肥力、三看管理，三者结合，才可实现以种抗旱、以肥治旱，培肥保水，配套高产栽培，最大限度地提高单产水平及增产潜力。从品种高产栽培来讲，需强调几个要点：

1. 播种，培育壮苗　增加冬前有效分蘖和次生根量，提高成穗数和根系抗旱能力，为丰产提供基础。避免播种过早，否则幼苗易受虫病危害，并导致冬前旺长，耗水费肥易冻害；但也不宜播种过晚，否则出苗迟缓，苗弱不齐，冬前蘖少蘖小根系不良，易受冻害且成穗减少。南部麦区小麦适播期掌握在 9 月下旬至 10 月初，气温指数以冬性品种 16～18℃，半冬性品种 14～16℃开播为宜。

2. 适当稀播　依照品种特性和播期温度墒情，合理确定播量，协调产量三因素结构，以提高成穗率，充分发挥现有品种穗较大，穗粒多、粒重高的增产潜力，实现高产粒饱商品性好的高效种植目的。避免播量过大而致个体生长竞争，苗不壮、分蘖少，根不足，株高增加而倒伏等问题。

3. 培肥保水　即氮磷配合施足底肥，加强冬春保墒管理（比如暖冬镇压、早春顶凌耙耱等），通过培肥保墒，有利于提高地下部根系活力良好吸水和地上部抗旱生长高效用水，达到以肥治旱，以种抗旱之目的。

4. 及时防治病虫草害　主要是合理施用除草剂和及时及早防治病虫害，降低病虫基数，降低防治成本，提高防治效果。

任务三　小麦地膜覆盖生产技术简介

1. 小麦地膜栽培模式　膜侧条播适宜于旱地和不保灌的水地；膜上穴播适宜于年平均降水 400mm 以上，7、8、9 三个月降水在 240mm 以上旱地或补充灌溉区。

2. 选地整地

（1）要选择地势平坦、土层深厚、肥力中上等、土质较疏松的沟坝地、梯田地、垣面地。

（2）精细整地　播前15d左右施足底肥，浅耕耙耱，达到上虚下实，地面平整，做到无坷垃、无根茬、无杂草，田面平整，上虚下实，人踩上去淹鞋底而不淹鞋帮。

3. 施足底肥，测土配方施肥　有机肥可结合播前整地一次深施，化肥以基肥形式，可结合覆膜播种机械条施，也可结合播前整地一次施入。要根据测土配方施肥建议卡施肥，全部底施，不再追肥。一般要求每667m² 施农家肥2 000～3 000kg，化肥氮磷比为1：（0.6～0.8），并增施一定量的钾肥，施肥总量比露地栽培增施肥料20％左右。

4. 起垄覆膜

（1）铺膜播种机可根据地块选用，如果地块较大、平整，要选用四轮车牵引的一次铺二膜播四行小麦的机械或四轮牵引一次铺三膜播六行小麦的机械。如果地块较小，可选用手扶或犁地机牵引的一次铺一膜播两行小麦的机械。

（2）膜侧条播：①起垄。按60cm一个带型，30cm起垄覆膜，30cm作为种植沟。在种植沟内距垄膜两侧5cm处各种一行小麦，小麦间距20cm。垄底宽25～30cm，高10cm左右，垄顶呈弧形，垄的条带宽度要一致。②覆膜。用40cm宽地膜覆盖垄面，把地膜拉直使其紧贴垄面，再把膜两边压入垄侧土中5～10cm、隔3～4m在膜上打一个土腰带以防大风揭膜。一般选用厚0.007mm的地膜，每667m² 用量为3kg。③播种。用机引或畜力起垄铺膜播种机。在适播期一次完成化肥深施、起垄、铺膜、播种、镇压等工序。做到下籽均匀，深浅一致，播深3～4cm。表墒欠缺时播深5cm。

（3）膜上穴播：①覆膜。选用规格为140cm×（0.005～0.007）mm和75cm×（0.005～0.007）mm的低压高密度聚乙烯地膜。每667m² 用量为3～3.5kg。注意膜定要与播种机相配套。墒情合适时，随播随铺；底墒足、表墒差时，则提前7d左右铺膜提墒。机械铺膜和人工铺膜均可。每隔2～3m在膜面压一横土带，以防大风揭膜。②播种方法。机械覆膜播种一次完成，选用机引7行穴播机，采用幅宽140cm地膜，每幅膜上种7行，行距20cm，穴距10～11cm，膜间距25cm左右，播深3.5～4cm。

（4）盖膜播种的同时，若膜两边有漏风部分要用土压实，每隔3～4m在膜上打一土腰带，防大风揭膜。

5. 选用适宜品种　宜选用分蘖力强，成穗率高，穗大粒多，丰产性好的品种。根据山西省实际情况，地膜覆盖小麦可选用长6878、长5608等品种。

6. 适期播种 地膜小麦播种期可比露地小麦适当推迟 5～7d，播种期 9 月 30 日至 10 月 10 日为宜，同时根据当时墒情和降雨适当提前和推后 2～3d。

（1）膜侧条播。应比当地露地小麦的适宜播期推迟 5d 左右。

（2）膜上穴播。应比当地露地小麦适宜播期推迟 7～10d。

（3）地膜春小麦。可较露地小麦适宜播期提前 15～20d。

7. 播量和播深 播种量适当降低，一般每 667m² 播种量为 7～9kg。播深以 6cm 为宜。

8. 田间管理

（1）播种后要加强越冬期间的地膜保护，防止大风揭膜，防止人畜踩膜。

（2）查苗补缺：出苗后及早查苗，断垄 20cm 以上，空穴 5% 以上时，及时用催芽种子进行补种；过稠的撮撮苗要疏苗间苗，达到苗匀。

（3）及时掏苗：对穴播因操作不当或大风鼓膜造成苗孔错位、压苗，要在小麦苗高 5cm（3 叶期）后及时人工掏苗，用手或小铁丝钩轻轻将苗掏出膜孔外，并在膜孔处压少量土封好膜孔，防风揭膜造成二次掏苗，返青期若仍有膜压苗现象，应再次放苗封孔。

（4）加强护膜：播种出苗以后，及时对破损地膜压土封口，严防人畜践踏。

（5）春季巧管：①春季早管。地膜小麦返青比大田早 7～10d，所以在膜侧麦行间顶凌耙耱，中耕保墒都要提前进行，以保返浆水。②化控。地膜小麦一般比露地小麦植株增高 10cm 左右，在多雨年份应注意防止倒伏。拔节初期可用 50% 矮壮素兑水 50kg 或 20% 壮丰安 25～30mL 兑水 20～30kg 叶面喷洒。③叶面喷肥，在拔节、孕穗、灌浆期，可叶面喷施 0.3% 磷酸二氢钾或 3% 尿素水溶液。④要做好病虫草害防治工作。地下害虫多的地块，整地时要施入杀虫农药或药剂拌种；杂草多的田块，要在越冬前或返青起身后结合防病治虫喷施除草剂。

（6）搞好"一喷三防"工作。地膜覆盖小麦中后期发育较快，容易出现脱肥早衰，从拔节后至灌浆期，要进行喷肥、喷药，配施 0.3% 的磷酸二氢钾液、1%～1.5% 的尿素溶液或水溶性有机肥"植物活力久久"300 倍液，可防蚜虫危害、防脱肥早衰、防干热风侵袭。

（7）提早揭膜。在小麦灌浆后期，即籽粒形成后，进行提早揭膜，降低地温。

9. 地膜回收 麦田揭膜后，及时将地膜回收清理，寻找变卖出路，严禁焚烧地膜或将地膜储存在地头，防止地膜挂树头、留地头，田间地膜要清理干净，防治农田污染，减少"白色污染"，确保生产安全。

10. 及时收获　在小麦籽粒蜡熟期及时进行收获，防落粒、防遇雨霉变。

■ 能力转化

1. 旱地小麦高产的生产技术有哪些?
2. 如何做好春小麦的种子处理?
3. 小麦地膜覆盖有哪些要求?

单 元 四
高 粱 生 产 技 术

一、高粱生产的意义

高粱又名蜀黍，是禾本科高粱属的一年生草本植物，是世界五大谷类作物之一，也是我国北方的主要作物之一，在我国粮食作物中占有一定位置。由于高粱抗性较强，具有抗干旱，耐涝耐盐碱、高产的特性，在平原、山丘、涝洼、盐碱地均有可种植，被群众誉为"铁秆庄稼"。

（一）高粱的营养价值

高粱的籽粒含有丰富的营养物质，其中淀粉含量为 75% 左右，蛋白质为 9% 左右，粗脂肪为 3% 左右。加工成的高粱面，能做成花样繁多、群众喜爱的食品，近年已成为迎宾待客的饭食。其籽粒中含有少量的单宁，而且赖氨酸含量低，故食用、饲用价值略低于玉米。

（二）高粱的综合利用

高粱是制糖、酿造、酒精工业的重要原料，加工后的副产品酒糟、粉渣又是家畜的良好饲料。高粱除直接用于酿酒做醋，还可以加工制成粉条、粉面。高粱的茎秆是造纸的好原料。高粱的茎秆表皮硬，机械性强，是农村传统的建筑材料。茎秆中含的红色花青素可制染料。茎秆中含蜡质 3% 左右，浸出后可制蜡纸、油墨。糖用高粱含糖高达 19%，是制糖的好原料。帚用高粱脱粒后的穗可做锅刷、扫帚，穗秆可编器皿、盖帘。高粱与群众生活真是密不可分。在山西忻州，高粱与当地人民生活更是息息相关。高粱在国民经济中占有重要地位，因此迅速提高高粱产量，改进品质，具有重要意义。

（三）山西省发展酿造高粱前景广阔

山西省是全国的酿造大省之一，驰名中外的汾酒和老陈醋，都是以高粱作为主料酿制而成，市场占有份额较大，山西省年产白酒 10 万 t 以上，年耗粮达 25 万～30 万 t，用酿造高粱专用种，仅酿酒业每年可增产 3 000t，酿酒高粱品种深受酒厂欢迎。同时，随着人民生活水平的提高，人们认识到传统的酿造酒、醋更具有营养价值，因此，酿造用高粱的需求必将呈增加趋势。在山西省这样一个有深厚酿造历史的省份，推广酿造专用高粱种不仅可以提高农民收入，还可以改善酿造产品的品质，必将很好地推动山西省经济的发展，因此，在山西省发展酿造高粱具有广阔的前景。

二、高粱生产概况与种植分区

(一)高粱生产概况

高粱原产于中国、印度、非洲，栽培历史约 4 500 年，近年来种植面积虽有下降趋势，但我国高粱总产量在粮食总产量中占有一定的地位，以东北的面积最大，总产量最高，其次是河北，山西、内蒙古也是主要高粱产区。

山西是高粱主要产区之一。高粱曾作为主要的粮食作物，其种植面积遍布整个山西，尤其在生产白酒和酿醋的区域种植面积更大，如吕梁市的汾阳、文水；太原市的清徐、小店；晋中市的祁县、太谷等地。现在栽培的高粱主要以加工为主，食用为辅。

(二)山西省高粱种植区划及布局

高粱在山西省种植分为 2 个气候地理生态区。

1. 北部春播早熟区　该区属北部寒温带湿润气候栽培区，海拔 930～1 440m，5～9 月平均气温 15.8℃，降水量 240～350mm，无霜期 116～140d。栽培制度一年一熟，主要分布在盐渍化地区和丘陵旱区，包括大同盆地平原区和晋北高寒山地丘陵区 2 个栽培亚区，是早熟生态区中粮食产量较高的区域。包括大同、朔州、阳高、天镇、怀仁、应县、浑源等县、市和右玉、平鲁、神池、五寨以及静乐、娄烦、方山、古交等县的部分地区。

品种要求早熟，耐瘠，耐旱，耐低温、冷(冻)害。

2. 中南部春播中晚熟区　该区属黄土高原暖温带半干旱气候栽培区，海拔 370～1 310m。5～9 月平均气温 20～24℃，降水量 250～369mm，全年无霜期 150～205d。栽培制度多为一年一熟、两年三熟，大部分地区为春播，包括忻州盆地平原区、太原盆地平原区、太行—太岳山土石山区、晋东南高原盆地区、晋西黄土丘陵区、晋南盆地平原区。是高粱的主产区，高粱产量水平较高。

品种要求中晚熟种，生育期 135d 左右。

三、高粱的生育期、生育时期和生育阶段

(一) 高粱的生育期

高粱从播种到成熟所经历的天数，称为高粱的生育期。高粱生育期变化幅度较大，生育期最短的只有 80d 左右，最长的可达 190d。据高粱生育期长短，可将其分为五类：

极早熟品种：生育期＜100d。

早熟品种：生育期 100～115d。

中熟品种：生育期在 116～130d。

晚熟品种：生育期在 131～145d。

极晚熟品种：生育期＞146d。

品种生育期的长短，除受遗传因素决定外，同时受栽培地区的光照、温度等自然环境与栽培条件的综合影响。

(二) 高粱的生育时期

高粱的整个生育期，又可分为以下几个时期。

1. 出苗期　当第一片绿叶距离地面 1～1.5cm 左右时为出苗，在春播条件下，由萌动到出苗，需经历 10～15d。

2. 幼苗生长期　从出苗到拔节为幼苗生长期，主要以扎根、长叶、分蘖的营养生长为主。

3. 拔节期　出苗后 40～50d，地上节间迅速伸长，近地表茎基部变圆可触摸到节时，称为拔节。拔节的早晚因品种类型（早、中晚熟）和外界条件的差异而不同。茎秆伸长延续的时间一般为 30～40d，随着最上一个节间伸长分化完毕穗即抽出。

4. 挑旗期（孕穗期）　高粱拔节后，幼穗即开始分化至旗叶出现，花各部分器官均已形成。

5. 抽穗开花期　高粱穗分化完成雌雄性细胞成熟，即开始抽穗。全田有 70％以上植株抽穗，为抽穗期。抽穗后早熟品种 2～3d 开花，晚熟品种多于抽穗后 4～6d 开始开花。

6. 籽粒形成期　开花授精后 18d，籽粒已基本形成，这时籽粒水分含量较多，干物质积累较少。

7. 成熟期　包括三个过程。

（1）乳熟期。从籽粒形成到蜡熟前为乳熟期，历时 20d 或更长，此时灌浆强度增大，干物质积累增多，籽粒内含物由白色稀乳状变为稠乳状，含水率逐渐下降，在此期间，籽粒由绿色转为浅绿色，进而变为浅粉色。

（2）蜡熟期。籽粒含水率继续下降，干物质积累由快转慢，至蜡熟末期接近停止，干重达最大值。胚乳由软变硬，呈蜡质状，籽粒颜色变为红、褐、白等色。

（3）完熟期。籽粒内含物已干硬成固体状，用指甲不易压破，有的易从穗上脱落，若不及时收获，往往降低产量与品质。

（三）高粱的生育阶段

高粱的整个生长发育过程，根据其生育特点，也可划分为三个生长阶段：

1. 营养生长阶段（出苗到拔节）　高粱自种子发芽，生根出叶到幼穗分化以前，称为营养生长阶段。该阶段形成了高粱的基本群体，是决定穗数、为穗大粒多创造物质基础的时期。

2. 营养生长与生殖生长并进阶段（拔节到抽穗）　幼穗分化标志着生殖生长的开始。在进行生殖生长的同时，根、茎、叶等营养器官也旺盛生长，直到抽穗开花为止，称为营养生长与生殖生长并进阶段。它是决定穗大小、每穗粒数、争取粒重的关键时期。

3. 生殖生长阶段（抽穗到成熟）　抽穗开花到成熟阶段，营养生长基本停止，只进行生殖生长，即进行籽粒的形成和充实，是决定粒重的关键时期。

项目一　播前准备

■ 学习目标

【知识目标】

了解高粱播前准备的有关知识，重点掌握高粱播前的选种方法。

【技能目标】

掌握高粱播前的种子准备、土壤准备以及肥料准备的方法。

【情感目标】

培养学生按行业标准化生产的意识。

在高粱播种前，准备好生产上所需的品种、地块、肥料、种子，为顺利播种打好物质基础。

任务一　种子准备

■ 知 识 准 备

一、良种选择的原则

1. 根据生育期选用良种　良种的生育期必须适合当地的气候条件，既能在霜前安全成熟，又不宜太短，以充分利用生长季节，提高产量。

2. 根据土壤、肥水条件选用良种　肥水条件充足的地块，宜选用耐肥水、抗倒伏，增产潜力大的高产品种。反之，贫瘠干旱地块，宜选抗旱耐瘠，适应性强的品种。

3. 根据用途选用良种　如食用、饲用、酿酒用等，分别选用专用高粱品种。如用于酿酒可选晋杂 23 等。

二、优良品种

1. 晋糯 2 号　由山西省农业科学院高粱研究所完成选育，是糯质高粱杂交种，是我国浓香型、酱香型名酒优质专用原料。

该品种平均生育期 128d，幼苗绿色，平均株高 169.0cm，穗长 29.6cm，穗粒重 62.3g，千粒重 28.2g，褐壳红粒，纺锤形穗。该品种籽粒含粗蛋白 9.22%、粗淀粉 73.06%、单宁 1.04%、赖氨酸 0.20%。抗丝黑穗病。平均每 667m² 产量 400kg 左右。

栽培要点：在我国北方种植，4 月下旬到 5 月上旬播种，种植密度每 667m² 7 000～7 500 株；在南方种植，春播移栽区 3 月下旬到 4 月中旬播种，夏直播区不迟于 5 月下旬，适当浅播，种植密度为每 667m² 6 000～8 000 株。

适宜地区：适宜在四川、贵州等南方高粱区和山西中部以南等北方高粱区种植。

2. 晋杂 23　由山西省农业科学院高粱研究所完成选育，为酿酒专用高粱。

该品种生育期 132d，株高 184cm，穗长 30.5cm，穗宽 13cm，籽粒扁圆，黑壳红粒，穗呈纺锤形，中散穗，千粒重 30.8g，穗粒重 99.8g。该品种丰产、抗倒性好，高抗高粱丝黑穗病，抗逆性强。平均每 667m² 产量为 600kg 左右。

品质性状：经农业部农产品质量监督检验测试中心品质分析，籽粒含粗蛋白 7.9%，粗脂肪 3.8%，粗淀粉 75.73%，单宁 1.92%。

栽培要点：①施足基肥。播前灌足底墒水，施足底肥。②适时早播。一般在 4 月下旬，地温稳定在 10℃时播种为宜，播深可根据土质情况掌握在 3cm 左右，播种后晾墒镇压。③合理密植。该品种为稀植大穗型品种，根据土地肥力情况，一般密度以每 667m² 6 500～7 000 株为宜。

适宜地区：适宜山西省无霜期 140d 以上的春播晚熟区种植。

3. 晋杂 102　山西省农业科学院高粱研究所选育。

该品种生育期 123d，株高 195.5cm，穗长 30.8cm，穗粒重 93.0g，千粒重 29.3g。丝黑穗病自然发病率平均为 0.09％，接种发病率平均为 3.5％。平均每 667m² 产量为 570kg。

品质性状：经农业部农产品质量监督检验测试中心品质分析，晋杂 102 籽粒含粗蛋白 9.18％，赖氨酸 0.32％，粗淀粉 73.64％，单宁 1.28％。

栽培要点：①施足基肥。播前灌足底墒水，施足底肥。②适时早播。一般在 4 月下旬至 5 月上旬，地温稳定在 10℃时播种为宜，播深可根据土质情况掌握在 3～4cm，沙壤土 4cm 左右，黏土 3cm 左右。③合理密植。一般根据土地肥力不同，每 667m² 以 8 000～9 000 株为宜。

适宜地区：适宜山西西北部、辽宁北部、吉林南部等地区种植。

4. 晋甜杂 2 号　山西省农业科学院高粱研究所选育。

该品种生育期 138d，株高 386.2cm，茎粗 2.12cm，含糖度 19.2％，出汁率 55.7％，叶病轻，丝黑穗病自然发病率为 0。该品种杂种优势强，生物产量高，茎秆多汁多糖，抗倒性好，抗叶病和丝黑穗病。鲜重平均每 667m² 产量为 5 444.0kg，每 667m² 籽粒平均产量为 187.6kg。

品质性状：该品种含粗蛋白 4.48％、粗纤维 25.6％、粗脂肪 1.6％、粗灰分 3.98％、可溶性总糖 34.7％、水分 6.8％。

适宜地区：适宜在山西中南部、辽宁沈阳以南、北京、安徽、湖南等省市种植。

5. 晋杂 18　山西省农业科学院高粱研究所选育。

该品种为优质、高产、多抗高粱杂交种，生育期 128d，株高 180cm，穗长 28cm，穗粒重 110g，千粒重 36g，黑壳红粒，穗呈纺锤形，二、三级分枝多，穗型中紧。该品种株型紧凑，群体长相漂亮；茎秆坚硬，抗倒性十分突出；苗期生长健壮，叶片深绿，高抗丝黑穗病和叶斑病。

栽培要点：①该品种喜水肥，在干旱缺雨的年份和地区，应注意灌溉浇水。②该品种不宜密植，每 667m² 以 6 000～7 500 株为宜。③在蚜虫发生的年份，要注意及时防治，方法为用 40％氧化乐果每 667m² 兑水 1 000～1 500 倍喷施，30kg。

适宜地区：该杂交种具有良好的抗倒性和抗病性，适宜在山西省无霜期 135d 以上的地区种植。

三、优质种子

所选用品种的种子质量要达到二级以上，纯度不低于95%，净度不低于98%，含水量不高于13%。

最好用包衣种子。采用种子包衣技术进行种子处理，将微肥、农药、激素等通过包衣剂包裹在种子上，可起到保苗、壮苗和防治病虫的作用。

■ 任务实施

种子处理

1. 浸种催芽

（1）用55～57℃温水浸种3～5min，晾干后播种，有添墒保苗与防治病虫害的作用。

（2）用浓度20mg/L的九二〇浸种6～8h，能促进根茎伸长，加速出苗速度，提高出苗率，还可避免粉种。

（3）催芽播种，在春旱缺墒或土壤黏重时，为了解决深播和难出苗的矛盾，将种子催至露出嘴后播种，有防止干旱早播粉种，提高出苗率的作用。浸种催芽将种子放在40℃温水中浸2～3h，放在温坑或温度较高的地方，上面盖上湿麻袋，经一夜即可萌发。

2. 药剂拌种　为了防治黑穗病，可用相当于种子重量0.3%的五氯硝基苯或菲醌拌种，或用种子重量0.7%的0.5%萎锈灵拌种，效果较好。

任务二　土壤准备

■ 知识准备

一、高粱生长发育对土壤的要求

高粱对土壤的适应性较强，但喜土层深厚、肥沃、有机质丰富的壤土。其最适pH为6.2～8.0，故有一定的耐盐碱能力。耐盐碱能力低于向日葵、甜菜，但高于玉米、小麦、谷子和大豆。

二、轮作倒茬

高粱不能重茬。一是因为高粱吸肥能力强，消耗土壤养分多，特别是土壤中的氮素养分消耗多，导致土壤肥力下降；二是病虫害严重，尤其黑穗病严重。几种黑穗病的发生使土壤中的病原孢子增多，容易侵染种子而使高粱发病。故须轮作倒茬。高粱对前茬要求不太严格，如大豆、棉花、小麦都可以是高粱的良好前茬。

■ 任务实施

整地保墒

一般在秋季深耕，耕翻深度 20～25cm，及时耙耱保墒，便于积蓄秋冬雨雪，做到秋冬水春用。有条件的地方要进行冬灌蓄墒。盐碱地应秋早耕、春晚耙，防止土壤返盐。第二年春天播前浇好底墒水，待地表发白、发干时适时旋耕，旋耕时间宜干不宜湿。

任务三　肥料准备

■ 知 识 准 备

一、高粱的需肥规律

高粱是需肥较多的作物，在整个生育过程中需要吸收大量的养分。施肥应考虑高粱不同生育时期对养分的需要，还要结合当地具体条件，做到经济合理施肥。高粱对氮、磷、钾的需求比例为 1：0.52：1.37。高粱在不同生育时期，吸收氮、磷、钾的速度和数量是不同的，一般苗期生长缓慢，需要养分较少，苗期吸收的氮为全生育期的 12.4％、磷为 6.5％、钾为 7.5％。拔节至抽穗开花，茎叶生长加快，吸收营养急剧增加，吸收的氮为全生育期的 62.5％、磷为 52.9％、钾为 65.4％，该阶段是需肥的关键期。开花至成熟，植株吸收养分的速度和数量逐渐减少，吸收的氮为全生育期的 25.1％、磷为 40.6％、钾为 27.1％。

二、施肥

1. 基肥　高粱有耐瘠性，但如基肥充足，可使高粱生长健壮，产量高，故须在秋深耕时施入基肥，或结合播前整地施足基肥，保证苗齐、苗全、苗壮。基肥数量大时，在耕翻前撒施；数量小时条施。基肥结合秋深耕施用较春施效果好，因为肥料腐熟分解时间长，利于肥土相融，促进养分转化，并可避免春季施肥跑墒。基肥一般以农家肥为主，化肥为辅。

2. 种肥　种肥用量不宜过多，避免局部土壤浓度过大，影响种子发芽。

种肥施用时要注意种、肥隔离。

■ 任务实施

施肥

1. 增施基肥　耕地前每 667m² 施腐熟农家肥 4～5m³，经过认证的高效有机肥 50kg，均匀撒于地面，旋耕时翻入地下 15cm 深处，然后整平待播。一次深施，不追肥。

2. 施用种肥　一般施用每 667m² 硫酸铵 4～5kg，每 667m² 磷酸二铵 7～11kg。

■ 能力转化

1. 山西省高粱种植分哪几个区域？
2. 高粱有哪些生育时期？
3. 高粱对土壤有哪些要求，对耕作方式又有什么要求？
4. 播种前应怎样施肥？

项目二　播种技术

■ 学习目标

【知识目标】

　　掌握高粱播种技术及合理密植的原则。

【技能目标】

　　掌握高粱播种技术。

【情感目标】

　　通过学习，培养学生的实际操作能力。

一、高粱生长发育对环境条件的要求

1. 温度　高粱是喜温作物，在整个生育期间都要求较高的温度，一般 6～7℃即可发芽，但低温会影响发芽率，甚至造成粉种和霉烂。种子发芽的最适温度 20～30℃，若高于 35～40℃ 则发芽迟缓，甚至停止。一般生产上播种的温度高于玉米，在地表 5cm 处保持 12℃ 以上，故晋中地区多在 5 月初播种。

高粱出苗至拔节期的适宜温度为 $20\sim25℃$。拔节至抽穗期为高粱生育的旺盛时期，适宜温度为 $25\sim30℃$。较高的温度有利于光合作用的正常进行，以促进植株生育和幼穗分化。但是温度过高会使植株发育加快，茎秆细弱，提早抽穗，穗小码稀。开花至成熟期对温度要求比较严格，最适宜温度为 $26\sim30℃$，低温会使花期推迟，开花过程延长，影响授粉，如遇高温和伏旱，会使结实率降低。高粱灌浆阶段较大的温差有利于干物质的积累和籽粒灌浆成熟。

2. 光照　高粱是喜光作物，在生长发育过程要求有充足的光照条件，特别是开花灌浆期需要充足的光照，以利于养分的制造和运输积累保证籽粒饱满。

高粱为短日照作物。一般品种的临界光周期为 $12\sim13h$。出苗后 10d 是对光照反应最敏感的时期，这时如果处于短光照条件下，则穗分化加速；如果处于长光照条件下则延迟穗分化。故北方品种南移则生育期缩短，南方品种北种则生育期延长。

3. 水分　高粱是耐旱作物，同时又具有耐涝性。但正常的生长发育仍需适宜的水分供应。苗期生长缓慢，需水量较小，约占全生育期总需水量的 10%。拔节至孕穗期需水量最大，占 50%，这期间如水分不足，会影响植株生长和幼穗分化。孕穗至开花期需水量约占 15%，水分不足会造成"卡脖旱"，是高粱需水临界期。灌浆期需水量占 20%，如遇干旱会影响干物质积累，降低粒重。成熟期需水量显著减少，仅占 5% 左右。全生育期降雨 $400\sim500mm$，分布均匀即可满足其生长需要。

二、高粱的合理密植

合理密植的目的是充分利用光能、地力，提高叶面积指数，因高粱为顶部结穗，比玉米密度可稍大。品种类型和土壤肥力是确定合理密度的主要依据。一般原则是：

（1）矮秆、叶片窄小上冲，分蘖少，茎秆坚韧抗倒的品种或杂交种适于密植。相反，植株高大，茎秆细弱，叶片肥大披散的品种容易倒伏和造成田间冠层郁闭，应适当稀植。

（2）早熟品种可适当密植，晚熟品种则适当稀植。

（3）沙土或沙壤土保水保肥能力差，密度过大生长不好；黏土地适当密植，平地宜密植，山地也应适当稀植。

任务一　播种时期

■ 知 识 准 备

适期播种是保证一次播种保全苗，争取高产丰收的重要技术环节。高粱的播种期主要受温度、水分、品种的影响。高粱播种过早对保苗、壮苗都不利。高粱发芽的最低温度为 $7\sim8℃$，当 $5cm$ 地温稳定在 $10\sim12℃$、土壤含水量达最大持水量的 $60\%\sim70\%$ 时开始播种较适宜，与此同时还要根据土壤墒情具体安排，做到"低温多湿看温度，干旱无雨抢墒情"。另外，播种时期还应根据品种、土质等条件而定。如晚熟品种应适时早播，早熟品种应适时晚播。

■ 任 务 实 施

一般情况下，山西省春播高粱在 4 月中下旬，夏高粱在 6 月上、中旬至下旬播种。

任务二　播种方法

■ 知 识 准 备

1. 播种方法　高粱的播种方法有两种：主要是等行距条播，行距一般为 $50\sim60cm$；其次是大垄双行种植。

2. 提高播种质量　高质量的播种要求播量适宜，下种均匀，播行齐直，播深合适。其中播种深浅影响最大。播种过深，根茎生长消耗种子营养多，幼苗细弱，生长缓慢；播种过浅，易使种子落干，出苗不齐不全。

播种量应根据品种、留苗密度、种子质量、播期和播种方法等而定。一般出苗与留苗数之比为 5：1 较为适当。

播后要及时镇压保墒，压碎土块，减少大孔隙，使种子与土壤密接，促进种子吸水发芽。

■ 任 务 实 施

1. 播种方式　采用等行距条播，行距一般为 $50\sim60cm$。

2. 种植密度　一般每 $667m^2$ 留苗密度为 $6\,000\sim10\,000$ 株，机械化品种 $12\,000$ 株。

种植密度较小时，采用小行距种植，有利于植株对土壤养分、水分和光能的充分利用；种植密度较大时，应增大行距，以利于后期田间通风透光；种植密度更大时，可实行大垄双行种植，这种方式密中有稀，稀中有密，植株封行晚，通风条件良好。

密度的多少与生育期长短有关，生育期短的密度大。如：生育期130d以上的，每667m² 7 000～8 000株，产量可达500kg，生育期120d左右的，每667m² 9 000～10 000株，可获得较高产量。

3. 播种量　普通高粱耧播或机播，每667m²播种量1～1.5kg；开沟撒播，每667m²播种量1.5～2kg；杂交高粱或多穗高粱可分别增至每667m² 1.5～2kg和2～2.5kg。

4. 播种深度　播种深度要求较严格，一般3～5cm，深不超过6～7cm，群众的经验是"3～5cm全苗，6～7cm缺苗，10cm无苗"。

5. 播后镇压　播后表土层刚刚出现有干土迹象，俗称"背白"时，进行镇压最为适宜。

■ 能 力 转 化

1. 简述高粱的适期播种。
2. 高粱的播种深度是多少？播后镇压有什么作用？

项目三　田间管理

■ 学 习 目 标

【知识目标】

掌握高粱各生育时期管理内容。

【技能目标】

1. 掌握高粱中耕锄草技术。
2. 掌握拔节期施肥与灌溉技术。

【情感目标】

培养学生解决高粱生产中出现问题的能力。

高粱产量形成

高粱群体干物质积累与分配的过程就是产量形成的过程。籽粒产量来源于两个部分，一部分是开花后生产的光产物，约占籽粒产量的80%；另一部分是抽穗前营养器官贮积物质的转移，约占籽粒产量的20%。前期培育壮秆，贮积更多的干物质；后期加强田间管理，提高叶片光合能力，是实现高产的重要途径。

根据高粱生育规律，高粱田间管理可分为苗期、拔节孕穗期、抽穗结实期。

任务一　苗期管理

■ 知识准备

苗期生育特点、主攻目标

时间：从出苗到拔节为幼苗生长期，一般为 40～50d。

生育特点：主要以扎根、长叶、分蘖的营养生长为主。

主攻目标：促进根系生长，适当控制地上部的生长，达到苗全、苗齐、苗壮，为中后期个体与群体良好生长发育打下好基础。

主要措施：破除土表板结、查田补苗、间苗与定苗、中耕除草或化学除草、除去分蘖等。

■ 任务实施

1. 破除板结　出苗前，如田面因雨形成板结影响出苗，可用轻型钉齿耙破除板结，耙地深度以不超过播种深度为限，以免土壤干燥影响发芽。

2. 间苗、定苗　一般 3 叶间苗，4 叶定苗，如病虫害严重时，5 叶定苗。

3. 中耕　中耕是促根壮苗的有效措施，一般在拔节前进行两次，第一次结合定苗浅锄 5～7cm，防止埋苗。第二次在拔节前深锄 13～17cm，切断浅土层中的分根，促使新根大量发生，并向下深扎，增强吸收力，使植株矮壮敦实，叶肥色浓。对于秆高易倒伏的杂交高粱，可在拔节前多进行深中耕，控制生长。

4. 蹲苗　作用是适当控制苗期地上部生长，促进根系发育，培育壮苗，防止后期倒伏。

方法是在地肥墒足，叶绿苗壮的前提下不追肥浇水，只进行中耕，控制地上茎叶徒长。

蹲苗一般从定苗开始到拔节前结束，经历 15～20d。

任务二　拔节孕穗期管理

■ 知识准备

拔节孕穗生育特点、主攻目标

时间：春播中晚熟高粱历时 30d 左右。

生育特点：高粱营养器官（根、茎、叶）旺盛生长的时期，也是生殖器官（穗部器官）迅速分化和形成的时期。是高粱一生中生长发育最繁茂的时期，所需各主要营养元素的最大摄入量和临界期几乎都出现在这一时期，是决定穗大粒多的关键时期。

主攻目标：协调好营养生长与生殖生长的关系，促进茎、叶生长，充分保证穗分化的正常进行，为实现穗大、粒多打下基础。

主要措施：追肥、灌水、中耕、除草、防治病虫害等。

■ 任务实施

1. 重追拔节肥　拔节至抽穗是高粱需肥最多，发挥作用最大的时期，追施速效氮肥可获得增产效果。高粱追肥采用前重后轻的原则，一般拔节期，即 7～8 个展叶时施肥 2/3 以攻穗，孕穗期，即 13～14 片叶时施肥 1/3 以攻粒。

2. 适时浇水　高粱虽有抗旱能力，但拔节后，气温高生长快，蒸腾作用旺盛，抗旱能力减弱，同时地面水分蒸发量也增大。因此拔节孕穗期，应在追肥后根据降雨情况，适时浇水，使土壤水分保持田间最大持水量的60%～70%。

3. 中耕培土　拔节孕穗期追肥浇水后，应及时进行中耕。一般在拔节，孕穗期各进行一次，深 7cm 左右，并进行培土，对拔节过猛的，在拔节期追肥浇水后深中耕 10～13cm，控制茎秆生长，防止后期倒伏。

任务三　抽穗结实期管理

■ 知识准备

抽穗结实期生育特点、主攻目标、主要措施等。

时间：一般历时 40～50d。

生育特点：以形成高粱籽粒为生育中心，籽粒中的干物质少部分来自茎秆和叶片等器官贮藏的物质，大部分是这一时期功能叶片的光合产物。

主攻目标：保根养叶，延长绿叶功能期，防止早衰、加强后期管理，力争粒大粒饱，早熟，高产。

主要措施：合理灌溉、施攻粒肥、喷洒促熟植物激素或生长调节剂等。

■ 任务实施

1. 浇灌浆水　开花灌浆期高粱仍需足够的水分，此期土壤水分宜保持最大持水量的 50%～60%，如遇干旱，还须适量灌水，以防叶早枯。

2. 看苗追肥　高粱抽穗以后，如有上部叶片颜色变淡，下部黄叶增多，出现脱肥的田块，可酌施少量"攻粒"肥，但肥量不宜过多，防止贪青晚熟，也可根外喷1%尿素水，有防早衰增粒的作用。

3. 浅锄　在无霜期短的地区，高粱成熟期常出现低温，造成贪青晚熟，以致遭受霜害，或因低温诱发炭疽病而减产。因此，在乳熟期浅中耕，既可提高地温，促进成熟，使籽粒饱满，又能清除田间杂草，多纳秋雨，为后茬作物的播种创造良好条件。

4. 适当使用生长调节剂　对高粱起促熟增产作用的植物激素主要有乙烯利、石油助长剂、三十烷醇等。

任务四　收获贮藏

■ 知识准备

一、高粱籽粒成熟过程

1. 乳熟期　从籽粒形成到蜡熟前为乳熟期，历时约20d或更长，此时灌浆强度增大，干物质积累增多，籽粒内含物由白色稀乳状变为稠乳状，含水率逐渐下降，在此期间，籽粒由绿色转为浅绿色，进而变为浅粉色。

2. 蜡熟期　籽粒含水率继续下降，干物质积累由快转慢，至蜡熟末期接近停止，干重达最大值。胚乳由软变硬，呈蜡质状，籽粒颜色变为红、褐、白色等色。

3. 完熟期　籽粒内含物已干硬成固体状，用指甲不易压破，有的易从穗上脱落，若不及时收获，往往降低产量与品质。

二、高粱的分类

高粱依据用途不同分为以下几类：

1. 粒用高粱　以籽粒为主，要求籽粒有较高的营养价值和良好的适口性。含单宁0.2%以下，蛋白质10%以上，赖氨酸含量占蛋白质的2.5%以上，出米率80%以上，不着壳。籽粒加工后成为高粱米、高粱面等，再做成各种食品，过去是北方人的主要粮食，现在是膳食结构中的调剂品。高粱作为酿酒、酿醋原料在山西省历史悠久，闻名中外的山西汾酒和老陈醋，都是以高粱为主料酿制而成的。如今高粱2/3的产量用于酿造业。按籽粒淀粉的性质不同，可分为粳型与糯型。

2. 糖用高粱　茎秆内富含汁液，随着籽粒成熟，含糖量一般可达8%～19%。茎秆可做甜秆吃、制糖或制酒精等。

3. 饲用高粱　高粱籽粒作为饲料历史悠久。在美国，高粱饲用价值与玉米相近，茎叶连同籽粒可做青饲和青贮饲料。近年来，山西省畜牧业迅速发展，有限的草场资源已不能满足人们的需要。饲草高粱的推广，显示出巨大的发展潜力，饲草高粱的应用，有效地保护了有限的草场资源，具有极佳的生态效益和社会效益。

4. 帚用高粱　穗大而散，通常无穗轴或有极短的穗轴，侧枝发达而长，穗下垂。

5. 兼用高粱　要求籽粒品质好，茎秆质地优良，适于做建筑材料、架材、造纸制板等。

■ 任务实施

1. 适时收获　食用高粱在蜡熟末期收获最适宜；糖用高粱应在乳熟期收获；粮糖兼用的可在蜡熟期收获。

2. 收割　可连秆割倒，晒干后切穗脱粒，这比割倒后立即切穗的千粒重高。

3. 脱粒　高粱脱粒前充分晾干。否则不易脱净，工效低，破碎率高。

4. 贮藏　脱粒后应充分晒干，扬净，然后贮藏，贮藏期籽粒含水量应不超过14%。

■ 能力转化

1. 苗期田间管理的目标是什么？应采取哪些措施？

2. 决定高粱穗大粒多的关键时期是什么时期？这一时期的田间管理目标是什么？应采取哪些措施？

3. 不同用途的高粱分别应在什么时候收获？

项目四　病虫害防治

■ 学习目标

【知识目标】
　　掌握高粱苗期至抽穗期的病虫害种类及危害特点。
【技能目标】
　　掌握高粱苗期至抽穗期的病虫害防治技术。
【情感目标】
　　培养学生解决生产实际问题的能力。

高粱在生育期间病害主要有黑穗病、叶斑病、炭疽病、大斑病、病毒病等。虫害主要有高粱蚜、黏虫和地下害虫等。

任务一　病害防治

一、高粱黑穗病

高粱黑穗病是多发病害，减产幅度通常在 $3\%\sim10\%$，发病较重的可达 80%，是高粱生产上重点防治的病害。包括丝黑穗病、散黑穗病、坚黑穗病（图 4-1）。

(a)　　　　　　　　(b)　　　　　　　　(c)

图 4-1　高粱黑穗病

(a) 高粱丝黑穗病　　(b) 高粱散黑穗病　　(c) 高粱坚黑穗病

发病条件：土壤温度及含水量与发病密切相关。土温 28℃、土壤含水量 15% 发病率高。春播时，土壤温度偏低或覆土过厚，幼苗出土缓慢易发病。连作地发病重。

传播途径：种子和土壤带菌传播。坚黑穗病和散黑穗病以种子传播为主，丝黑穗病主要是土壤传播。

发生部位：穗部。

症状表现：生育前期受丝黑穗病菌严重侵染时，于叶部生有大小平等的红色菌瘤，瘤内充满黑粉。受害的高粱植株一般比较矮小，高粱穗比正常的高粱细。个别主穗不孕，分枝产生病穗；或者分枝和侧生小穗为病穗。

散黑穗病一般为全穗受害，但穗形正常，籽粒变成长圆形小灰包，成熟后破裂，散出里面的黑色粉末。

坚黑穗病全穗籽粒都变成卵形的灰包，外膜坚硬，不破裂或仅顶端稍裂开，内部充满黑粉。

防治方法：

（1）因地制宜地选用抗病良种。

（2）实行 3 年以上轮作，以减少土中菌量，这是防治黑穗病的重要措施。

（3）适时播种，拔除田间病株，深埋烧毁秸秆等。

（4）药剂拌种。每 100kg 种子混合 25％粉锈宁可湿性粉剂 0.4kg，或 50％多菌灵可湿性粉剂 0.7kg，或 40％拌种双可湿性粉剂 0.21kg，加适量水后拌种。拌种要均匀，拌后一般堆闷 4h，阴干后即可播种。

二、高粱立枯病（图 4 - 2）

发生条件：5、6 月多雨的地区或年份易发病，低洼排水不良的田块发病重。

传播途径：以菌丝体或菌核在土壤中越冬，是土传病害。

发病部位：幼苗、根部。也为害玉米、大豆、甜菜、陆稻等多种作物的幼苗或成株，引致立枯病或根腐病。

症状：多发生在 2～3 叶期，病苗根部红褐色，生长缓慢。病情严重时，幼苗枯萎死亡。

防治方法：

图 4 - 2　高粱立枯病

（1）实行大面积轮作。

（2）采用高垄或高畦栽培，避免大水漫灌和雨后积水，苗期注意松土，增加土壤通透性。

（3）适期播种，不宜过早。

（4）提倡采用地膜覆盖和种衣剂包衣。

（5）药剂防治。发病初期选用 50％甲基硫菌灵（甲基托布津）可湿性粉剂 500 倍液，或 50％多菌灵可湿性粉剂 500 倍液，或 3.2％恶霉甲霜灵水剂 300～400 倍液，或 95％绿亨 1 号（恶霉灵）精品 4 000 倍液喷洒或浇灌，也可配成药土撒在茎基部。

三、高粱炭疽病

高粱炭疽病（图4-3）为高粱主要病害之一，高粱各产区都有发生。

(a)　　　　　　　　　　　　　(b)

图4-3　高粱炭疽病

(a) 高粱炭疽病为害叶片症状　　(b) 高粱炭疽病为害叶鞘症状

发病条件：多雨年份或低洼高湿田块普遍发生，7～8月份低温、雨量偏多流行为害。高粱品种间发病差异明显。

传播途径：病菌随种子或病残体越冬。翌年田间发病后，苗期发病可造成死苗。成株期发病病斑上产生大量分生孢子，借气流传播，进行多次再侵染。

发生部位：幼苗到成株，同时为害小麦、燕麦、玉米等作物。

症状：叶片染病病斑呈梭形，中间红褐色，边缘紫红色；叶鞘染病病斑较大呈椭圆形，后期密生小黑点；侵染幼嫩的穗颈，形成较大的病斑，易造成病穗倒折。严重时为害穗轴和枝梗或茎秆，造成腐败。

防治方法：

(1) 选用抗病品种，是防病的根本。

(2) 收获后及时深翻，把病残体翻入土壤深层，以减少初侵染源。

(3) 实行大面积轮作，增施充分腐熟的有机肥，在第三次中耕除草时追施硝酸铵等，防止后期脱肥，增强抗病力。

(4) 药剂拌种。用种子重量0.5%的50%福美双粉剂或50%拌种双粉剂或50%多菌灵可湿性粉剂拌种，可防治苗期炭疽病发生。

(5) 在病害流行年份或个别感病田，从孕穗期开始喷洒50%氯溴异氰尿酸（消菌灵）可溶性粉剂1 000倍液，或36%甲基硫菌灵悬浮剂600倍液，或50%多菌灵可湿性粉剂800倍液，或50%苯菌灵可湿性粉剂1 500倍液，或25%炭特灵可湿性粉剂500倍液防治。

任务二　虫害防治

一、高粱蚜虫

蚜虫是危害高粱的主要虫害，有高粱蚜、麦二叉蚜、麦长管蚜、玉米蚜、禾谷缢管蚜、榆四条蚜，其中为害严重的是高粱蚜（图4-4）。

发生特点：高粱蚜以卵在荻草上越冬，当6月高粱出苗后，迁入高粱田繁殖为害，苗期呈点片发生。7月高温多湿的天气，高粱蚜为害较大。

为害部位：叶片背面。

为害症状：成虫和若虫聚集在高粱叶背面，刺吸汁液，由下部叶片逐渐蔓延到茎和上部叶片，分泌出大量蜜露，影响植株光合作用的正常进行，轻的使叶片变红，重的导致叶枯，穗粒不实或不能抽穗，造成严重减产或绝收。

图4-4　高粱蚜

防治方法：

（1）高粱与大豆6∶2间作，可明显减少高粱蚜发生及为害。

（2）早期消灭中心蚜株，方法可轻剪有蚜底叶，带出田外销毁。

（3）药剂防治。①每667m² 用40％乐果乳油50g，对等量水均匀拌入10～13kg细沙土内，配制成乐果毒土，在抽穗前扬撒在高粱株上。或用40％乐果乳剂，兑水50～80倍药液涂茎；②可喷0.5％乐果粉剂2 000倍液或50％辟蚜雾可湿性粉剂6～8g，兑水50～100kg喷雾。

杂交高粱茎秆含糖量高，在干旱高温时，易发生蚜虫危害，应在成熟前一个月用45％的乐果乳油50mL兑水40kg喷洒防治，以免药剂残留。或用菊酯类农药稀释喷射叶背面。

二、黏虫

又名粟夜盗虫、剃枝虫，行军虫等。是农作物的主要害虫。

发生特点：黏虫是一种比较喜潮湿而怕高温和干旱的害虫，黏虫产卵最适温度一般为19～22℃，适宜的田间相对湿度是75％以上，所以温暖高湿，禾本科植物丰富有利于黏虫发生；水肥条件好、长势茂密的田块虫害重；干旱或连续阴雨不利其发生。

黏虫以成虫、幼虫为害，主要发生于5～6月高粱苗期。小麦等收获后，很快转移到套种的玉米或高粱田及麦田附近的杂粮上。幼虫多在早晚活动，具有群聚性、迁飞性、杂食性和暴食性的特点。成虫昼伏夜出，对糖醋液和黑光灯有较强趋性，产卵具有趋枯性。

为害部位：高粱叶、茎、穗。

为害症状：4～6龄幼虫进入暴食时期，将高粱叶片、茎秆全部食光，只剩下叶脉，造成严重减产。

防治方法：

（1）诱杀成虫。用糖醋盆、杨树草把、黑光灯，降低虫口。

（2）药剂防治。主要是掌握好施药时间，在黏虫2～3龄幼虫时选用菊酯类农药叶面喷雾，每667m² 用2.5%敌杀死、2.5%功夫乳油或4.5%高效氯氰菊酯20～30mL兑水30kg均匀喷在高粱上；或在收获前15d用20%杀虫畏乳油500～1 000倍液或5%杀虫畏粉剂，每667m² 2kg；收获前20～30d用50%久效磷乳油2 000倍液喷防，每667m² 1～1.5kg。有条件的可选用48%毒死蜱乳油，每667m² 30～60mL兑水20～40kg喷雾或30～40mL兑水400mL进行超低量喷雾，对该虫有特效，一个生育期用药1次即可奏效。

三、地下害虫的防治

1. 危害特征 高粱幼苗易被地老虎、蝼蛄、蛴螬和金针虫等为害，常吃掉种子，为害幼苗的根、茎，造成缺苗断垄，严重的犁去再种，仍不能全苗（图4-5）。

2. 防治方法

（1）拌种。每100kg种子用20%甲基异柳磷乳油250mL兑水10L，拌种后堆闷4h以上，晾干后播种。

（2）毒饵。用麦麸、秕谷、棉饼炒熟，也可用鲜草，按1kg3911拌饵料200kg，加

图4-5 蛴螬

水适量，充分拌匀后，于傍晚撒于地表，每667m² 施用量2.5～3.5kg。防治蝼蛄、蛴螬，效果较好。

能力转化

1. 高粱黑穗病有哪几种？应怎样防治？
2. 高粱立枯病在什么情况下容易发病？应怎样防治？
3. 怎样防治高粱蚜？
4. 高粱有哪些地下虫害？应怎样防治？

单 元 五

谷子生产技术

一、谷子生产的意义

谷子原产我国，是广泛栽培的最古老的传统谷类粮食作物之一。我国谷子栽培有 5 000 年历史，全国播种面积 133.3 万 hm² （2 000 万亩），山西省 26.7 万 hm² （400 万亩），居全国第二，是春谷播种面积最大省份。

谷子的特点：

（1）喜温暖，耐旱，耐瘠薄，抗逆，适应性广。

（2）谷子耐贮藏。有"五谷尽藏，以粟为主"。所以谷子是战略备荒的作物。

（3）谷子去壳为小米，营养价值高，为人类食用米类中营养最高的米种，小米中除含有丰富的蛋白质，脂肪等营养物质外，特别富含人畜所必需的色氨酸和蛋氨酸，是健康食品。

（4）谷草是大牲畜的优质饲料。

二、山西省谷子区划

根据自然生态因子、栽培因子及谷子生态特征可将山西省谷子划分为三个区：

1. 春播早熟区　主要指山西省北部海拔较高的冷凉地区，东起五台山南麓，沿云中山东侧至吕梁山北段，经芦芽山和管涔山西侧一线与山西北界所包括的广大地区，还包括中部和南部的高山地带。该区气温较低，降雨较少，气候干燥，风沙大，耕作粗放，一年一作，每 667m² 留苗 2 万株左右，应选择 100～110d、抗旱、抗倒性强的大穗、大粒品种。适宜种植的品种有晋谷 31、晋谷 33 等。

2. 春播中晚熟区　包括忻定、太原盆地、上党盆地及丘陵山区，吕梁山西侧的北段及黄土高原南段，晋西北黄河沿岸的河曲、保德河谷地带。该区低纬度高海拔，气候温和，全年≥10℃的积温 3 100℃以上，土壤较肥沃，谷子产量高，平均每 667m² 产量为 153kg，是山西省谷子的主产区，以一年一作为主，有少量麦田复播。谷子生产应注意选用抗谷瘟病、白发病的中晚熟品种及加强抗旱保全苗，防治蛀茎害虫。适宜本区的主要品种有晋谷 21、晋谷 29、晋谷 36、长农 35、晋谷 46、晋谷 50 等。

3. 夏谷区　包括晋中平川、临汾盆地、运城盆地、中条山区、黎城和平顺的漳河河谷以及沁水县城以北地区，本区地处黄土高原，地势起伏变化大，北高南低，北部为春夏谷交错区：太原—临汾，生育期 80d 左右，南部夏播中晚熟区：临汾—运城，生育期 85～90d。

三、谷子的生长发育

(一) 谷子的一生

谷子从种子萌发开始到新的种子成熟，完成了它的生命过程，称为谷子的一生。根据外部形态特征的显著变化，谷子的一生可分为幼苗期、拔节期、孕穗期、抽穗灌浆期、籽粒形成期等几个生育时期。

1. 幼苗期　从种子萌发出苗到分蘖，春播 25～30d，夏播 12～15d。

2. 拔节期　从分蘖到拔节，春谷为 20～25d，夏谷 10～15d，此阶段是谷子根系生长的第一个高峰期，又是谷子一生中最抗旱的时期。

3. 孕穗期　从拔节到抽穗，春谷需 25～28d，夏谷 18～20d，是谷子根、茎、叶生长最旺盛时期，是根系生长的第二个高峰期，同时又是幼穗分化发育形成时期。

4. 抽穗灌浆期　自抽穗经开花受精到籽粒开始灌浆，春谷经历 15～20d，夏谷为 12～15d，是开花结实的决定期，是谷子一生对水分养分吸收的高峰期，要求温度最高，怕阴雨，怕干旱。

5. 籽粒形成期　从籽粒灌浆开始到籽粒完全成熟，春谷经历 35～40d，夏谷为 30～35d，是籽粒质量决定时期。

(二) 生育期

谷子的生育期是指从出苗到成熟经历的天数。依生育期的不同，谷子品种可分为：

早熟类型：春谷<110d　　　夏谷 70～80d

中熟类型：春谷 110～125d　夏谷 80～90d

晚熟类型：春谷＞125d　　　夏谷＞90d

(三) 谷子的生育阶段

谷子的生育阶段可划分为苗期、穗期、粒期 3 个，即营养生长阶段、营养生长与生殖生长并进阶段、生殖生长阶段。

1. 苗期 种子萌发到拔节期，也称生育前期，是谷子的根、茎、叶等营养器官分化形成的营养生长阶段，以根系生长为中心。春谷历时 30～40d，夏谷历时 25～30d。

2. 穗期 拔节期到抽穗期，也称生育中期，是谷子根、茎、叶大量生长的营养生长和穗生长锥的伸长、分化与生长对应的生殖生长的并进阶段，是谷子一生生长最快最旺盛的阶段，也是田间管理的关键时期。历时 35～40d。

3. 粒期 抽穗期到籽粒成熟期，也称生育后期，是谷子的生殖生长阶段，是决定穗粒重的时期。历时 40～45d。

项目一　播前准备

■ 学习目标

【知识目标】

1. 了解谷子播种前所需生产资料，并做好准备工作。

2. 了解谷子良种选用的原则和生产上主要推广的品种特性。

3. 了解谷子生长所需的土壤条件。

4. 熟悉整地、施基肥的时间、方法、作用。

【技能目标】

1. 能有计划地做好谷子播种前需要的生产资料。

2. 掌握谷子播前种子处理技术。

3. 掌握土壤整地与施基肥技术。

【情感目标】

1. 通过学习，培养学生按照行业标准规范操作的意识。

2. 通过学习，使学生熟悉农业生产的程序，培养热爱农业、农民、农村的感情。

在进行谷子生产之前，有计划地准备好所需品种、肥料、农药、农机具等。肥料分有机肥和化肥，其中人畜粪肥必须腐熟，秸秆杂草必须沤烂，化肥有尿素、复合肥。也须准备除草剂、农药等。农机具有旋耕机、犁、耙、耱，供整地之需；播种机、耧是播种用；镰刀用于收割。

任务一 种子准备

知识准备

一、良种的选择

（一）选用良种

（1）生产中所选品种必须是通过国家、省级审定的推广品种。种子质量符合我国现行的良种要求，纯度≥98％，净度≥98％，发芽率≥85％，水分＜13％。

（2）所选品种熟期适宜，根据当地的热量条件、无霜期长短等确定。谷子按照生育期的长短划分为早熟类型生育期少于110d，中熟类型为111～125d，晚熟类型在125d以上。

（3）具有较高的丰产性。产量的高低是衡量一个品种好坏的重要标志之一，无论是谷子产量，还是谷草产量都要有很好的丰产性。

（4）具有很好的稳产性。一个产量稳定性较好的品种，一方面在不同的地点、不同的年际间产量波动不大；另一方面说明该品种的适应性广泛。

（5）较好的品质。谷子的品质包括营养品质和食味品质。营养品质：主要包括蛋白质、脂肪、淀粉、维生素和矿物质等；食味品质：主要指色泽、气味、食味、硬度等。谷子脱壳后成为小米，小米的直链淀粉含量、糊化温度和胶稠度三因素决定了谷子的食味品质。而直链淀粉含量与小米饭的柔软性、香味、色泽、光泽有关；糊化温度的高低与蒸煮米饭的时间及用水量呈正比；胶稠度与适口性呈正相关。除此而外，谷子的品种、收获期的早晚以及光、温、水、气、土壤、肥料的变化都会影响食味品质，其中蛋白质、脂肪含量在干旱条件下比水分充足时高，脂肪含量和总淀粉含量随施肥量增加而减少。当前优质小杂粮具有较好的前景，要尽可能选用优质谷子品种。

（6）所选品种能抵抗或耐受当地的主要病害，对当地经常发生的自然灾害，如干旱、低温等具有较强的抗逆性。

（二）山西省谷子主要推广品种

1. 晋谷21 山西省农业科学院经济作物研究所育成。

该品种属中晚熟品种，春播生育期115～120d，华北夏播生育期85～90d。幼苗绿色，主茎高130cm左右，棒状穗形，穗长22～25cm，出谷率80％～83％，出米率70％～80％，白谷黄米，品质极佳，色香味俱佳。该品种抗倒性、抗逆性、抗病性都较强，每667m²产量一般在300kg以上。

栽培要点：播种前拌种，预防白发病，5月中下旬播种，每667m²种植密度2.5万～3万株。旱地因追肥困难，应施足底肥。

适宜区域：适应性广，适宜我国西北谷子春播中熟区及华北夏播区种植。

2. 晋谷29 山西省农业科学院经济作物研究所选育。

该品种生育期112d左右，属中晚熟品种。幼苗绿色，株高130cm，主穗长20cm，单穗粒重15.5～18.0g，出谷率77.8%，穗长筒形，松紧度适中，白谷黄米，米色鲜黄，粳性，千粒重3g。小米含蛋白质13.39%，脂肪5.04%，赖氨酸0.37%，直链淀粉12.20%，胶稠度144mm，碱硝指数2.5。

栽培要点：5月中下旬春播，每667m²播量1kg左右，留苗2.2万株，中耕3次，谷子钻心虫严重地区应及时防治。

适宜区域：适宜山西省中晚熟区、甘肃、河北、北京等春谷区种植。

3. 晋谷40 山西省农业科学院经济作物研究所选育。

该品种属中晚熟品种，生育期120d左右。幼苗绿色，单秆不分蘖，平均株高140.6cm；平均穗长20.3cm，穗纺锤形，松紧度中等，短刚毛；单株粒重14.1g左右，白谷黄米，出谷率约80%。抗倒伏、抗白发病、耐旱。小米含粗蛋白质11.97%，粗脂肪5.69%，赖氨酸0.24%，胶稠度123mm，碱硝指数3.4。

栽培要点：忌重茬；拔节前不追肥；在3～5叶期及时间苗；苗期、拔节前后、抽穗开花期及时防治钻心虫；灌浆期注意防鸟害；每667m²留苗2.0万～2.5万株。

适宜区域：山西省谷子中晚熟区及无霜期150d的地区种植。

4. 晋谷41 山西省农业科学院作物遗传研究所选育。

该品种太原地区生育期120d。幼苗叶鞘紫色，株高130.9cm，穗长22.0cm，穗重19.6g，穗呈筒形，松紧适中，穗粒重15.9g，出谷率81.1%，千粒重2.77g，绿叶黄谷黄米。该品种抽穗整齐，成穗率高，综合性状表现良好，稳产性好，优质、高产、多抗、抗倒抗病，熟相好，适应性广。蛋白质含量14.5%，脂肪含量4.43%，直链淀粉17.17%，胶稠度117.5mm。超过国家二级优质米标准。

栽培要点：5月上、中旬播种，每667m²留苗2.5万～3万株，底肥一次施足深施，增施硝酸钾40kg，防鸟害。

适宜区域：山西省谷子中晚熟区种植。

5. 晋谷42 山西省农业科学院作物遗传研究所选育。

该品种幼苗绿色，株高140cm，穗长22cm，穗重17.3g，穗呈纺锤形，穗码松紧度适中，穗粒重14.39g，出谷率79.2%，千粒重2.89g，黄谷黄米，米色鲜黄。后期不早衰，绿叶成熟。耐旱抗倒、不秃尖、茎秆粗壮，高抗红叶病、黑穗病、白发病。太原地区生育期 120d。蛋白质含量 11.93%，脂肪含量 4.30%，直链淀粉 18.70%，胶稠度 117.5mm。超过国家二级优质米标准。

栽培要点：5 月上、中旬播种，每 667m² 留苗 2.5 万～3 万株，底肥一次施足深施，增施硝酸钾 40kg，防谷子钻心虫和鸟害。

适宜区域：山西省无霜期 150d 以上的谷子中晚熟区种植。

6. 晋谷 46 山西省农业科学院作物遗传研究所选育而成。

该品种太原地区生育期 120d 左右。幼苗绿色，无分蘖，生长较整齐，株高中等，主茎高 126cm，中秆大穗，穗长 21.5cm，穗纺锤形，短刚毛，黄谷黄米，穗粒重 21.5g，千粒重 2.8g，出谷率 84.3%，粗蛋白质含量 13.60%，脂肪含量 4.96%，直链淀粉 19.16%，胶稠度 117.5mm。超过国家二级优质米标准。耐旱，后期不早衰，综合农艺性状较好，抗倒性较强，田间有零星红叶病和白发病发生。

栽培要点：5 月上、中旬播种，每 667m² 留苗 2.5 万～3 万株，底肥一次施足深施，增施硝酸钾 40kg，防谷子钻心虫和鸟害。

适宜区域：山西省无霜期 150d 以上的谷子中晚熟区种植。

7. 长农 35 山西省农业科学院谷子研究所。

该品种生育期 125d，属春播晚熟种。幼苗、叶鞘绿色，主茎高 155cm，穗长 20.0cm，穗呈棒状，白谷黄米，单穗重 26.5g，单穗粒重 21.9g，千粒重 2.8g，出谷率 82.6%，米色金黄，粗蛋白质含量 13.10%，脂肪含量 3.62%，直链淀粉 14.18%，胶稠度 105mm。超过国家二级优质米标准。该品种较抗谷子白发病、红叶病、黑穗病、谷瘟病。

栽培要点：在长治地区 5 月中旬为适宜播期，每 667m² 播量为 1.5kg，每 667m² 留苗 2.5 万～3 万株。

适宜区域：适宜在无霜期 150d 以上丘陵旱地种植，可在山西省中南部春播或运城、临汾南部复播。

8. 晋谷 50 山西省农业科学院高粱研究所选育。

该品种生育期 126d 左右，属中熟杂交品种。生长整齐一致，生长势中等。根系发达，分蘖力强，抗倒性较好，抗旱性较强，株高 110.7cm，叶片绿色，花药黄色，穗长 25.2cm，穗粗大、棍棒形，穗码松紧度中等，刚毛长度中等，穗粒重 18.0g，千粒重 2.8g，粒饱满，黄谷黄米，米质为粳性。田间未发现明显病虫害。粗蛋白（干基）13.01%，粗脂肪（干基）4.36%，直链淀粉/样品量（干基）16.02%，胶稠度 124mm，碱消指数 5.0。

栽培要点：合理轮作，施足底肥，以农家肥中的羊粪最好，一般在 5 月中、下旬播种，每 667m² 播量 1kg，旱地每 667m² 留苗 1 万～1.5 万株，水肥地每 667m² 留苗 1.5 万株为宜。3～4 片叶时使用专用除草剂喷杀假杂种和杂草。防治鸟害，适时收获。

适宜区域：山西省谷子中熟区。

总之，品种的选用要根据当地的无霜期、土壤肥力、水肥管理、播种季节、病虫害发生情况等决定。

二、种子处理

"好种出好苗。"播前进行种子处理是重要的增产环节。

■ 任务实施

1. 晒种　播前进行曝晒，增强胚的生活力，消灭病虫害，提高发芽率。

2. 药剂拌种　播前用 35％瑞毒霉（甲霜灵）或 40％拌种双可湿性粉剂拌种，防白发病、黑穗病。

3. 使用包衣种子　促进出苗，提高成苗率，防治苗期病虫害。

任务二　土壤准备

■ 知识准备

一、谷子生长对土壤的要求

谷子耐瘠，抗旱，能比较经济地利用水分和养分，对土壤要求不严，虽然在其他作物不能很好生长的瘠薄旱坡地上，能正常生长有一定的产量，但高产的谷子仍需要土层深厚，结构良好，富含有机质，质地疏松的中性到微酸性的沙壤土或黏壤土上种植，不宜在低洼地和盐碱地上种植。谷子喜干燥、怕涝。

二、轮作（倒茬）

谷子最忌连作，农谚"谷上谷，气得哭"，就是指谷子不能重茬，谷子重茬有三大害处：一是病虫害如谷子白发病、黑穗病较多；二是谷莠子增多，草荒严重；三是会大量消耗土壤中的同一元素，造成营养缺乏，形成"竭地"而产量下降。"倒茬如上粪。"轮作倒茬可充分调节土壤中的营养元素，消除或减少病虫害，抑制或消灭杂草，调节土壤肥力。

因此种谷子必须年年调换茬口，"豆茬谷，享大福"，所以豆类、薯类、玉米、小麦是谷子最好的茬口。

三、土壤耕作整地

"秋天谷田划破皮，赛过春天犁出泥。"秋深耕是谷子保蓄雨雪水的重要措施。春谷多种植在旱地上，谷子播种出苗需要的水分主要来自上一年夏秋降雨的保蓄，山西省冬春降雨雪很少，十年九春旱，所以秋季深耕是保蓄夏秋降雨的最重要措施。春季整地以保墒为主。

■■ 任务实施

1. 秋深耕　前作收获后应灭茬，机械深耕 25～30cm，耕后立即耙、耱，既碎土块，又利于保墒。除此而外，秋深耕可以熟化土壤，改良土壤结构，增强蓄水保墒的能力，使土壤水、肥、气、热等条件得以改善，还可避免因春季耕翻土地造成跑墒。

2. 春季耕作　在秋深耕的基础上，第二年早春进行顶凌耙耱和镇压，防止土壤水分蒸发。据调查，镇压可使 5～10cm 土层水量增加 3％。土地全部解冻后，进行浅耕，随即耙耱。没有经过秋冬耕作或未施秋肥的田块，土壤全部解冻后，施基肥、浅耕、耙耱一次完成。

任务三　肥料准备

■■ 知识准备

一、谷子对养分的需求特点

谷子是耐瘠作物，但是须满足其生长发育所需养分，才能获得高产。据测定，每生产 100kg 籽粒，约需吸收氮素（N）2.71kg、磷素（P_2O_5）1kg，钾素（K_2O）4kg 左右。从优质、适口性讲最好施农家肥、人粪尿或羊粪。

谷子不同的生长发育阶段，对氮、磷、钾三要素的要求不同。

1. 氮　谷子一生中对氮素营养需要量较大。据试验，谷子拔节前生长缓慢，需氮较少，需氮素占一生需氮总量的 4％～6％，拔节后吸氮量增加，孕穗阶段吸氮量最多，为全生育期的 60％～70％。开花期需氮也较多，吸收强度大，吸收量占全生育期的 20％左右。开花以后吸收能力大为减弱，需氮量仅为全生育期的 2％～6％。籽粒灌浆期所需氮量减少。

2. 磷　磷是谷子生长发育的重要营养元素。谷子一生磷素的吸收因生育阶段不同而不同，一般是前期吸磷量较少，中后期较多，成熟期也较少。小穗分化期，是谷子需磷的高峰期，主要分配在幼穗；抽穗开花、乳熟期，磷素在植株各器官呈均匀状态分布。

3. 钾 谷子对钾素的吸收能力较强，体内含钾量也较高，这是谷子抗旱能力较高的主要原因之一。谷子幼苗期吸钾较少，占全生育期吸收量的5%左右，拔节到抽穗前是吸钾的高峰期，约占全生育期吸收量的60%，抽穗后又逐渐减少。成熟时植株体内钾素含量高于氮、磷。

谷子除需氮、磷、钾外，施用锌肥、钼肥、硼肥等均有增产作用。

二、施肥

1. 施足基肥 谷子多在旱薄地种植，追肥常常受到降雨条件的制约。因此施足基肥是谷子高产的物质基础。基肥以有机肥为主，配施一定量的磷钾肥，在秋深耕时一次性施入。据试验，秋施比春施效果好，可增产10.7%，秋深耕时肥料翻入底层，有充分的时间腐熟，提高了土壤肥力；二是变春施肥为秋施肥，解决了施肥与跑墒，肥料吸水与谷子需水的矛盾，效果更好。

2. 追肥 根据谷子生长过程的需要进行，一般追施尿素或腐熟的农家肥。

■ 任务实施

施底肥 谷子基肥的施用量与地力、产量指标、栽培技术水平等因素有关。根据各地的研究资料，在高产谷田最佳施肥量的情况下，每500kg农家肥可增产谷子40～60kg。高产田一般每667m²施有机肥5 000～7 500kg，中产田每667m²施1 500～4 000kg，每667m²施过磷酸钙40～50kg。在春季浅耕整地时，每667m²施入碳酸氢铵40kg（表5-1）。

表5-1 以地定产，以产定肥参考表

单位：kg/亩

计划产量	基础肥力	肥料		
		碳酸氢铵	磷肥	优质农家肥
200～250	100～150	30～35	25～30	1 500
250～300	150～200	35～40	30～35	2 000
300～350	200～250	40～45	35～40	2 500～3 000
350～400	250～300	45～50	40～45	3 000～3 500
400～450	300～350	50～60	45～50	3 000～4 000
450～500	350～400	60～75	50	4 000～5 000

表中：磷肥以含$P_2O_5$14%计，碳酸氢铵以含氮17%计。

■■ 能力转化

1. 谷子在生产上选育优良品种时需要注意什么？
2. 谷子生长需要什么样的土壤条件？
3. 为提高谷子品质，在肥料使用上有什么要求？
4. 农谚"谷上谷，气得哭"说明什么？

项目二 播种技术

■■ 学习目标

【知识目标】

1. 了解谷子生长发育所需的环境条件，确定适宜的播期。
2. 熟悉谷子播种所用的农具。
3. 了解谷子产量构成。

【技能目标】

1. 掌握谷子播种技术和方法。
2. 能根据生产情况正确指导播种工作。

【情感目标】

通过实操，使学生认识到播种质量关系到谷子丰产。

谷子生长发育的环境条件

影响谷子生长发育的环境条件主要有温度、水分、光照、养分。

1. 温度 谷子是喜温作物，对热量要求较高。全生育期要求平均气温 20℃左右，完成生长发育的有效积温（≥10℃的平均气温）要求：早熟品种（95~125d）1 900~2 600℃，晚熟品种（125d 以上）2 500~3 300℃。

谷子对积温的要求比较稳定，达不到生长发育的要求，会延缓生长发育的速度，使霜前不能成熟。总体来说在不同生育阶段，所需温度要求是两头低、中间高。

2. 水分 "旱谷涝豆。"谷子是耐旱作物，耐旱力在拔节前很强，拔节后到抽穗是谷子需水最多的时期，占全生育期的 50%~70%，灌浆到成熟需水量减少。

谷子一生不同的生长发育时期，对水分的需求与温度一样，两头低、中间高。

3. 光照 谷子是喜光作物，光照充足光合效率就高。谷子在苗期、灌浆期喜欢充足的光照，在生产上要注意谷子不耐荫的特性，避免与其他高秆作物间作。

谷子又是短光照作物，日照缩短促进发育，提早抽穗；日照延长延缓发育，抽穗期推迟。一般出苗后 5~7d 进入光照阶段，在 8~10h 的短日照条件下，经过 10d 就可完成光照阶段。谷子不同品种对日照反应不同，一般春播品种较夏播品种反应敏感；红绿苗品种较黄绿苗品种反应敏感。在引种时必须考虑到原品种产地纬度、海拔等影响光照的条件，避免因光照不能满足生育所需而造成减产。

根据谷子的短日照特性，低纬度地区品种引到高纬度地区或低海拔地区的品种引到高海拔地区种植，由于日照延长，气温降低，抽穗期延迟。相反，生长发育加快，生育期缩短，成熟提早。

任务一　确定播种期

▇ 知 识 准 备

"早种一把糠，晚种一把米"，说明谷子播种期的选择非常重要。适期播种，是谷子高产稳产的重要措施。确定适宜的播种期，必须根据谷子品种的生长发育特性和当地自然气候规律，使谷子生育期能充分利用自然条件（气温、光照、降水等），使谷子的需水规律与当地的自然降水规律一致。苗期处在干旱少雨季节，利于根系生长；拔节期在雨季来临初期，利于穗分化；孕穗期在雨季中期，防止"胎里旱"；抽穗期在雨季高峰期，防"卡脖旱"，达到穗大花多；开花灌浆期在雨季之后，光照足，昼夜温差大，有利于灌浆，籽粒饱满；成熟期在霜冻之前。

谷子种子发芽的最低温度是 6~7℃，以 15~25℃ 发芽最快，所以当田间 10cm 土层温度达 10℃ 时即可播种。

▇ 任 务 实 施

山西省春播中晚熟区播期在 4 月底至 5 月上、中旬。采用地膜覆盖时，可根据降水和墒情将播期延长 5~7d。

任务二　播　　种

■ 知识准备

一、播种方法

播种方法因耕作制度和播种工具而异，分为耧播、机播。

1. 耧播　主要用于露地种植，耧播下籽均匀，覆土深浅一致，开沟不翻土，跑墒少，在墒情较差时有利于保全苗，省工方便。行距以 20～40cm 为宜。

2. 机播　适宜在地势较平坦，土地面积较大的地块。机播具有下籽均匀，工效高，出苗齐、匀的特点。机播法可将开沟、施肥、下种、覆土镇压 1 次完成，省工、省时，利于培育壮苗，缩短播期，保证适期质量。

二、合理密植

1. 谷子的产量构成　谷子单位面积产量的高低，决定于每单位面积穗数、每穗粒数和粒重三个因素的乘积。在产量形成的三因素中，单位面积穗数和每穗粒数起主导作用，粒重比较稳定。谷子少分蘖或分蘖多数不能成穗，单位面积穗数主要由留苗密度决定。这样，每穗粒数就成为决定产量高低的主要因素。

据试验研究，谷子穗粒数是从拔节到抽穗后的 41d 形成的，并且穗粒数和穗粒重的形成是同步的。谷子穗粒数的形成和秕粒的形成有两个关键期，一是抽穗前 8d 到抽穗期，此期是谷子小花分化到花粉母细胞减数分裂时期，环境条件不良直接会影响到花粉粒的形成及其生活力，形成大量秕粒，造成减产；二是抽穗后 20～34d，此期正是谷子灌浆高峰期，水分、养分供应不足就会影响灌浆，粒重下降。

2. 种植密度　谷子种植密度与品种特性、气候条件、土壤肥力、播种早晚和留苗方式等因素有关，一般晚熟品种生育期长，宜稀，早熟品种生育期短，宜密；分蘖强的品种，宜稀，分蘖弱品种宜密；春谷品种宜稀，夏谷品种宜密；在土壤肥力较高，水肥充足地块宜密，干旱瘠地宜稀。

三、播种量

谷籽太小，顶土力弱。"稀不长，稠全上"，说的是谷子出苗依靠群体力量顶出地面。

四、播种深度

谷粒小，覆土宜浅。播种过深，幼苗出土慢，芽鞘细长，生长瘦弱，或在土中"卷黄"，不利于培育壮苗，而且幼芽易受病虫侵染。播种过浅，表土水分蒸发不能满足发芽需要，出不了苗。

五、施用种肥

谷粒小，胚乳中贮藏的养分较少，只能供发芽出苗后短期生长，而幼苗又较弱小，根系少，吸收能力较弱，施用少量速效氮肥做种肥就可及时满足其需要。种肥的作用甚至可延续到籽粒灌浆期，使灌浆过程加快，增加穗数，减少粒数。

六、播后镇压

播后镇压是谷子保苗的一项重要措施。"谷子不发芽，猛使砘子砸""播后砘三砘，无雨垄也青。"谷子比一般作物播种晚，又籽粒小，播种浅，而谷子产区春季干旱多风，播种层容易风干；有时整地质量不好，土中有坷垃、大孔隙，播种后谷粒不能与土壤紧密接触，对出苗不利。镇压既可减少干土层的厚度，提墒保墒，又使种子与土壤紧密接触，有利于吸水、发芽和出苗。

■ 任务实施

1. 播种方法 在坡梁地，面积较小的地块采用耧播方法；在平地、较大面积的地块采用机播方法。地膜覆盖播种，用 80cm 宽的微膜，先播种后覆盖，1.2m 一带，每幅地膜播种三行，放苗时株距 7～8cm。也可采用宽窄行，宽行 40～47cm，窄行 16～23cm，这种方式有利于高培土，防倒伏，后期通风透光较好，可减轻病害和避免腾伤。

2. 种植密度 在一般栽培条件下，种植密度中等旱地和水浇地每 667m² 2.5 万～3 万株，肥力较高的地块每 667m² 3 万～3.5 万株，肥力较差的旱地每 667m² 1.5 万～2 万株，每 667m² 坡地 1 万株。

3. 播种量 一般播量为留苗密度的 5～6 倍，通常每 667m² 播量为 0.75kg。

4. 播种深度 在土壤墒情好时播种深度以 3～5cm 为宜，墒情差的可适当深些。早播可深些，迟播的可浅些。

5. 种肥用量 每 667m² 用 3kg 磷酸二铵或尿素做种肥，用施肥耧将种肥施入播种沟，随后顺耧沟播入种子。

6. 播后镇压 一般用镇压器镇压。

能 力 转 化

1. 谷子生长发育对光照有什么要求？
2. 如何确定谷子适宜的播期？
3. 为保证谷子全苗，怎样提高谷子的播种质量？
4. 谷粒较小，播后覆土较浅，播种后为什么又要镇压？
5. 谷子的产量形成特点是什么？

项目三　田间管理

学 习 目 标

【知识目标】

1. 了解谷子生育阶段的划分。
2. 了解谷子各生育阶段的生长发育特点、主攻目标。
3. 熟悉谷子各生育阶段所需环境条件。

【技能目标】

1. 正确掌握谷子各生育阶段的田间管理技术。
2. 培养学生理论联系实际的能力。

【情感目标】

培养学生根据生产实际情况指导生产的能力。

根据谷子的生长发育特点，将谷子一生划分为苗期、穗期、粒期3个生育阶段，即营养生长阶段、营养生长与生殖生长并进阶段、生殖生长阶段。生产上基本按照这三个阶段的生育特点进行田间管理。

任务一　苗期管理

知 识 准 备

一、苗期生育特点、主攻目标

生育特点：根、茎、叶生长，以地下根系生长为主，地上部分生长缓慢。

主攻目标：在保证全苗的基础上，控制地上部生长，促进地下根系生长发育，即"控上促下"，形成壮苗。

壮苗长势长相：根系发育好，幼苗短粗苗壮，苗色浓绿，全苗无病虫。

主要措施：蹲苗、间定苗、中耕除草。

二、谷子苗期对环境条件的要求

1. 温度　谷子幼苗生长最适宜温度是 20～22℃。以较低温度为宜，低温能促进根系下扎和蹲苗，培育壮苗。但 5℃左右停止生长，1～2℃容易受冻害，甚至死亡。

2. 水分　苗期耐旱性很强，需水量占全生育期 1.5%左右。

3. 光照　谷子不耐荫，苗期喜充足的光照。

4. 养分　幼苗期吸收氮多，吸钾素较少。

■ 任务实施

1. 保全苗　"见苗一半收。"在谷子生产过程中普遍存在的问题是缺苗断垄，为保证全苗，除做好播前准备工作外，一般在播后苗前进行镇压，称为黄芽砘，使种子与土壤紧密，促进下层水分上升，利于种子萌发和幼苗出土。

2. 蹲苗　蹲苗就是通过一些促控技术措施促进根系深扎，控制地上部分生长，使幼苗健壮敦实。蹲苗采取的措施，一般在谷子出苗后，不浇水，不施肥，多次中耕，创造上干下湿的土层，促进根系发育，达到早生根、多生根、深扎根，形成粗壮而强大根系，培育壮苗。如果土壤条件好，幼苗生长旺盛，在谷苗 2～3 叶时，午后气温较高时压青砘，这时谷苗较柔软，砘苗不易伤苗。农谚"小苗旱个死，老来一肚子"。说明谷子苗期耐旱力强，干旱促进其根系生长。

3. 间、定苗　谷子播种量往往是所需留苗数的 5～6 倍，幼苗出土后生长拥挤，彼此争光、争肥、争水，特别是争光对其生长影响最严重，农谚"谷间寸，顶上粪"，说明谷子幼苗喜光不耐荫、忌草荒的特性。谷子间苗的时间在 3 叶 1 心效果最好，但操作困难，所以一般在 4～5 叶期间苗，6～7 叶定苗。留苗密度每 667m² 3 万株。

目前制约谷子大面积种植的原因主要是间苗的劳动量大、用工多，成本高。解决办法有两种，一是采用化控间苗技术，二是种植抗除草剂品种。

（1）化控间苗技术（图 5-1）。谷子化控间苗技术是根据谷子籽粒太小，顶土力差，单粒种子难以保障顶土出苗，要靠群体萌芽顶土才能出苗的特点，研制出的一种既能保证谷子正常发芽出苗发挥群体顶土作用，又能在出苗后自行死亡的 MND 制剂。用 MND 制剂处理种子，然后和正常种子按一定比例混匀同时播种，出苗后处理过的种子幼苗在自养阶段（2～5叶）结束后死亡，而未处理过的种苗继续正常生长，从而达到共同出苗和免间苗或少间苗的目的。大大减轻了谷农的劳动强度，提高了劳动效率。在不同生产地区，谷农可根据当地的栽培密度、墒情、播量等选择适宜配比的化控间苗谷种。如NS30％（正常谷种占混播种量的30％）、NS35％、NS40％。

图5-1　谷子化控间苗

【注意事项】

（1）使用化控间苗技术，整地质量要好、播种技术要高、播种后要镇压。

（2）谷子化控间苗技术应用的MND制剂的残效期为30～50d，对下茬作物的生长不会造成影响。

（3）使用谷子化控间苗技术，谷农必须购买化控间苗谷种。

这项技术由山西省农业科学院谷子研究所发明，并获得专利。

（2）种植抗除草剂品种。利用抗除草剂品种，就是在播种时把抗除草剂品种与不抗除草剂品种按一定比例混合播种，通过加大播种量来保证全苗，出苗后通过喷施除草剂，达到除草与间苗的双重目的。

河北省农业科学院谷子研究所已经培养出抗除草剂品种，并在华北夏谷区推广。

4. 中耕除草　中耕除草是谷子苗期管理的一项重要措施。谷子幼苗生长较慢，易受杂草危害，应及早进行。结合间苗中耕一次，定苗再中耕一次。

苗期中耕有除草、松土、旱地保墒、湿地提温的作用。中耕时要做到除草、松土、围苗相结合。据调查，围苗埋根的谷子根重量可增加16％。

任务二 穗期管理

▣ 知识准备

一、谷子穗期的生育特点、主攻目标

生育特点：茎叶旺盛生长，根系生长进入第二高峰；同时幼穗分化与发育，是决定谷穗大小和穗粒数的关键期，是谷子一生生长发育的高峰，也是管理的关键期。

主攻目标：协调地上与地下的生长关系，达到根多、秆壮、大穗。

壮株长势长相：拔节期秆扁圆、叶宽挺、色墨绿、生长整齐；抽穗时秆圆敦实、顶叶宽厚、色墨绿、抽穗整齐。

主要措施：清垄、中耕追肥、浇水、根外喷肥。

二、谷子穗期对环境条件的要求

1. 温度 适宜温度为 22～25℃，温度低于 13℃不能抽穗。

2. 水分 拔节至抽穗是谷子需水量最多的时期，耗水量占全生育期 65%，占全生育期 50%～70%，谷子拔节后耐旱力减弱，干旱易造成"胎里旱"；特别是孕穗期是谷子的需水临界期，此时干旱叫"卡脖旱"，使花粉发育不良或抽不出穗，造成严重干码，产生大量空壳、砒谷。

3. 光照 谷子穗期需要较长时间的光照，增加枝梗和小穗数。

4. 养分 枝梗分化与小穗分化期是需磷的高峰期，主要分配在幼穗。拔节到抽穗前是吸钾高峰期。

▣ 任务实施

1. 清垄 谷子进入拔节后，生长旺盛，将垄上的杂草、残、弱、病、虫、分蘖株彻底拔除，减少养分、水分消耗，使幼苗生长整齐，苗脚清爽，通风透光，促进植株良好发育。

2. 合理追肥 拔节孕穗期追肥对穗分化有重要作用。追肥增产作用最大的时期是抽穗前 15～20d 的孕穗阶段，以每 667m² 纯氮 5kg 左右为宜。追肥结合中耕进行，旱薄地或苗情较差的地块，在拔节至孕穗期，遇雨及时追肥一次，多追，以后一般不追；水浇地追肥两次，第一次拔节期，称为"座胎"肥，每 667m² 一般追 10～15kg 尿素；第二次在孕穗期，称为"攻粒肥"。每 667m² 追尿素 10kg，最迟应在抽穗前 10d 施入。据试验，同样数量氮肥，分期追比集中在

拔节始期一次追，增产 5.95％～22.6％，比孕穗期一次追增产 11.3％。

追肥原则：掌握"湿、深、少、小"的原则，"湿"是土墒好，"深"是开沟或结合中耕盖土，"少"是看墒情定数量；"小"是尽可能在谷苗不太大的时候进行，有利于根系吸收利用。

追肥方法：旱地，把肥料撒入行间，结合中耕埋入土中；水地，顺垄撒肥，随后浇水。追肥时需要看天、看地、看天气。

3. 浇水　谷子一生需水较少，但是进入拔节后，生长旺盛，需水增多，如干旱造成"胎里旱"，进入抽穗期，对水分尤为敏感，为谷子需水临界期，干旱造成"卡脖旱"，将出现大量干码、空壳、秕粒。有条件浇水的地区，如浇水一次，在抽穗期浇透，效果好；如浇水两次，一次在孕穗期，另一次在抽穗期。农谚说"伏天无雨，锅里无米"，说明抽穗期一定浇水。

4. 中耕培土　谷子是中耕性作物，中耕对谷子增产有明显的作用。在谷苗 8～9 片真叶时，在清垄的基础上，结合追肥灌水进行深中耕，深度 7～10cm，既可以疏松土壤，接纳雨水，又可以切断老根，促进新根生长，达到控上促下的目的。如土壤过于干旱，则应浅锄，以保墒为主。孕穗期根系已基本形成，宜浅中耕 4～5cm，使谷田行中成垄，行间成沟。作用是松土除草，高培土，促进气生根形成，增加根层，增强吸收能力，防止后期倒伏。

5. 根外喷肥　拔节期喷肥 0.3％～0.5％的磷酸二氢钾，有明显的壮穗、壮秆的效果。

任务三　粒期管理

■ 知识准备

一、粒期的生育特点、主攻目标

生育特点：根、茎、叶停止生长，以抽穗、开花、受精、灌浆为重点，是籽粒形成阶段，决定结实率的关键期。

主攻目标：保持根系活力，防止叶片早衰，争取穗大、粒多、粒重。

粒期的高产长相：开花灌浆期是苗脚清爽，叶色浓绿，株齐穗均；成熟期是绿叶黄谷穗，见叶不见穗。

主要措施：叶面喷肥、防旱防涝、防倒伏防腾伤。

二、谷穗结构

谷穗有主轴、一级、二级、三级分枝及小穗组成，小穗着生在三级分枝上，小穗有刚毛，起到防虫害和鸟兽的作用。

三、谷子灌浆

谷子开花受精后，进入籽粒灌浆期。籽粒灌浆分为三个时期：

1. 缓慢增长期 开花后 1 周之内，干物质积累量占全穗总重量的 20% 左右。

2. 灌浆高峰期 开花后 7~25d，干物质积累量占全穗总重量的 65%~70%。

3. 灌浆下降期 开花 25d 后，干物质积累量仅占全穗总重量的 10%~15%。

四、谷子粒期对环境条件的要求

1. 温度 适宜温度为 20~22℃，低于 20℃ 或高于 23℃，对灌浆不利。

2. 水分 需水量占全生育期的 30%~40%，是决定穗重和粒重的关键时期，如遇干旱则影响灌浆，秕谷增多，严重减产。

3. 光照 灌浆期需要光照充足，否则，灌浆速度减缓，籽粒不充实，秕粒增多。

4. 养分 植株吸钾减少，磷素在植株体内向籽粒转移，供籽粒建成。

■ 任务实施

1. 叶面喷肥 抽穗至灌浆初期，谷子对养分的需求仍然迫切。叶面喷肥是防秕粒、增粒重的有效措施。

（1）每 667m^2 用 150~200g 的磷酸二氢钾加 50kg 水喷湿叶片；

（2）每 667m^2 用 0.5kg 过磷酸钙加水 5kg，浸泡 24h 并不时搅拌，然后滤出澄清液，再加清水 50kg，均匀喷洒到叶面上。

2. 防旱、防涝 灌浆期是谷子需水的第二高峰期，有条件地区应轻浇水，预防"夹秋旱"。灌浆期干旱又无灌溉条件的谷地可在谷穗上喷水 3~4 次，达到增产的目的。如遇大雨，雨后及时排涝，并浅中耕松土，改善土壤通气状况，以利根部呼吸，保持根系活力，防止早衰。

3. 防倒伏、防腾伤

（1）倒伏是谷子生产中普遍存在的现象，在生长发育期间都会发生，尤其是谷子生育后期倒伏减产严重，"谷倒一把糠"。倒伏可减产 20%~30%，甚至 50%。

防倒伏的措施：要选用高产抗倒伏品种，合理密植，加强前期田间管理，早间苗，蹲好苗，合理施肥灌溉，增施有机肥，培育壮苗，提高茎秆的韧性，深中耕，高培土。

（2）谷子灌浆期茎叶骤然萎蔫，并逐渐干枯呈灰白色，俗称"腾伤"。"腾伤"使得灌浆中断，造成穗轻籽秕而严重减产。"腾伤"多发生在窝风地或平川大片谷地上，后期生长过旺。发生"腾伤"的原因是土壤水分过多，田间湿度大，加之温度高，通风透光不好。

防腾伤措施：宽窄行种植，改善田间通风透光条件，雨后及时浅中耕散墒，高培土，防涝。

任务四　适时收获

■ 知识准备

一、谷子种子的形态结构

谷子的籽粒是一个假颖果，是由子房和受精胚珠、连同内外稃一起发育而成的。去掉内外稃后，俗称小米。籽实结构包括皮层、胚和胚乳三部分。皮层由不易分离的种皮和果皮组成。胚乳是种子中贮藏养分的部分，由糊粉层和含有淀粉粒的薄壁细胞组成，按照胚乳性质可分为糯性和粳性两种。胚由胚芽、胚轴和胚根组成。

二、适时收获、贮藏

1. 适时收获是保证谷子丰产丰收的重要环节　谷子成熟时籽粒颖壳变黄，背面颖壳"挂灰"，谷穗"断青"，籽粒变硬。此时谷粒显现该品种固有颜色是谷子最适宜的收获期。收获过早，影响籽粒饱满，招致减产。收获太晚，容易落粒，遇上阴雨连绵，还可能发生霉籽及穗上发芽等现象，影响产量和品质。

2. 谷子籽粒小，有坚硬的外壳保护，虫霉不易侵蚀　因此认为谷子较耐贮藏。

■ 任务实施

1. 收获　用镰刀将谷穗连带谷秆一起收获，谷子有明显的后熟作用，收获后适当堆放，谷穗向外，堆放 3～5d 后即可切穗，晾晒脱粒。

2. 贮藏　将谷子的籽粒晾晒后再贮藏，一般以籽粒贮藏在粮库里，籽粒含水量 12.5% 以下，粮温不超过 25℃，即可安全贮藏。

■ 能力转化

1. 谷子蹲苗的作用是什么？蹲苗的方法有哪些？

2. 如何防止谷子的缺苗断垄？

3. 谷子的化控间苗技术是什么？

4. 简述谷子穗期的生育特点、主攻目标、主要管理措施各是什么。

5. 何为"腾伤"？

项目四　病虫草害防治

■ 学习目标

【知识目标】

　　了解谷子病虫草害发生的种类、症状和规律。

【技能目标】

　　1. 掌握防治病虫草害的方法和技术。

　　2. 根据病虫为害的症状，判断病虫害发生的类型。

【情感目标】

　　1. 通过学习，使学生有能力判断病虫害发生种类，并及时防治。

　　2. 认识杂草种类，并及时防除。

任务一　病害防治

■ 知识准备

　　谷子的主要病害：白发病、谷瘟病、粒黑穗病、叶锈病。

■ 任务实施

一、白发病

　　发病条件：病原菌以卵孢子混杂在土壤中、粪肥里或黏附在种子表面越冬。卵孢子在土壤中可存活2～3年。用混有病株的谷草饲喂牲畜，排出的粪便中仍有多数存活的卵孢子。

　　传播途径：土壤带菌是主要越冬菌源，其次是带菌厩肥和带菌种子。

　　发病部位：叶、穗。

　　症状：白发病是系统性侵染病害，从谷子出苗到抽穗的不同时期表现不同症状，如灰背、白尖、白发、看谷老等。

　　1. 灰背　谷苗3～4片叶时，病叶肥厚，叶正面黄白色条纹。田间湿度大时，叶背面密布灰白色霉层，叫"灰背"（图5-2）。

2. 白尖和枪杆 当叶片出现灰背后，叶片干枯，但心叶仍能继续抽出，只是心叶抽出后不能正常展开，而是呈卷筒状直立，呈黄白色——白尖，以后逐渐变褐色枪杆状（图5-3）。

图5-2 谷子白发病苗期灰背症状 图5-3 谷子白发病枪杆症状图

3. 白发 变褐色的心叶受病菌危害，叶肉部分被破坏成黄褐色粉末，仅留维管束组织呈丝状，植株死亡（图5-4）。

图5-4 谷子白发病的白发症状 图5-5 谷子白发病的看谷老症状

4. 看谷老 部分病株发展迟缓，能抽穗，或抽半穗，但穗变形，小穗受刺激呈小叶状，整个穗子像刺猬头（图5-5），故又称刺猬头，不结籽粒，内里有大量黄褐色粉末。

防治方法：

1. 土壤处理 每667m^{2}用40％敌克松0.25kg加细干土15kg，播种时一块播下。

2. 合理轮作　由于致病菌的寄主范围较窄，实行 3 年以上的轮作。

3. 拔除病株　在田间及时拔除病株，减少菌源，早期，即灰背阶段到白尖期一旦发现，连续拔除，一旦形成白发，卵孢子散落即无作用。

4. 药剂处理　用 35％瑞毒霉按种子量的 0.3％或用 35％阿普隆按种子量的 0.27％拌种，拌种时先用种子量的 1％的清水拌湿种子，再加药拌匀。也可用 40％萎锈灵粉剂按种子量的 0.7％拌种。

二、谷瘟病

谷瘟病是谷子重要病害，在各个生育阶段均可发病。

发病条件：谷子生长期间，高湿、多雨、寡照天气有利于谷瘟病发生。山西省 7～8 月为降雨集中阶段，发病严重。

传播途径：带菌种子和病株残体是初侵染菌源。

发病部位：主要在叶片、叶鞘、穗颈、小穗柄及籽粒上危害，其中叶片和穗危害最大。

症状：苗期发病在叶片和叶鞘上形成褐色小病斑，严重时叶片枯黄。拔节严重发生时，4～5 节病斑密集，互相会合，叶片枯死。穗部主要侵害小穗柄和穗主轴，病部灰褐色，小穗随之变白枯死，引起"死码子"。严重时半穗或全穗枯死（图 5-6）。

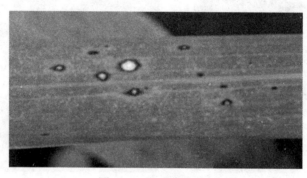

图 5-6　谷瘟病症状

防治方法：

1. 选用抗病品种　选择适宜的抗病品种。

2. 种子处理　用 55～57℃温水浸种 10min，取出后放入冷水中翻动 2～3min，晾干播种。或用 70％甲基托布津可湿性粉剂 0.5kg，或 50％多菌灵可湿性粉剂 0.2kg 拌种 100kg。可兼治谷子黑穗等其他病害。

3. **轮作**　可与大豆、小麦等轮作。

4. **药剂防治**　在 7～8 月谷瘟病易发生期防治，常用药剂有：50％多菌灵、70％甲基托布津、70％代森锰锌 500～800 倍液喷雾，隔 7d 再喷一次。

三、粒黑穗病

发病条件：是真菌引起的病害，病菌黏附在种子表面越冬。病菌厚垣孢子存活力很强，在室内干燥条件下可存活 10 年以上。

传播途径：主要由种子带菌传播，土壤也传播。

发病部位：穗部。

症状：是芽期侵入的病害，为系统病害。病穗抽穗较晚，病穗短小，常直立不下垂，呈灰绿色，一般全穗受害，也有部分籽粒受害，病籽稍大，外有灰白色薄膜包被，坚硬，内充满黑褐色粉末即病菌的厚垣孢子。

防治方法：

1. **选用抗病品种**　抗病品种较多，如晋谷 36、大同 29 等。

2. **建立无病留种田**　使用无病种子。

3. **轮作**　实行 3～4 年的轮作。

4. **种子处理**　用 50％福美双可湿性粉，或 50％多菌灵可湿性粉，按种子重量的 0.3％拌种，或用 40％拌种双可湿性粉以 0.1％～0.3％剂量拌种，粉锈宁以 0.3％剂量拌种效果也很好。

四、叶锈病

发病条件：高温多雨有利于病害发生。7～8 月降雨多，发病重。氮肥过多，密度过大发病重。

传播途径：以夏孢子和冬孢子越冬、越夏，成为初侵染源，病菌借气流传播。

发病部位：主要是叶片，其次是叶鞘。

症状：侵染初期发病部位为长圆形黄褐色隆起小点，破裂，散出红褐色粉末（病菌夏孢子）。严重时叶片布满病斑，以致枯死。后期黑色病斑出现，圆形或长圆形，最后露出黑色粉末，在病斑以叶鞘上较多（图 5-7）。

防治方法：

1. **选用抗病品种**　可选晋谷 21、大同 29 等谷子品种。

2. **拔除病株**　清除田间病残体，适期早播避病，不宜过密。

3. **药剂防治**　用波美度 0.4～0.5 石硫合剂喷雾，或用 65％代森锌可湿性粉剂 700～1 000 倍液喷雾或与磷酸二氢钾混合喷雾。

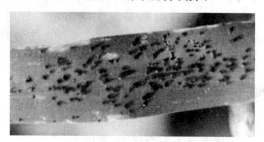

图 5-7　谷子叶锈病症状

任务二　虫害防治

■ 知 识 准 备

谷子的主要虫害：粟鳞斑叶甲、粟茎跳甲、粟灰螟。

■ 任 务 实 施

一、粟鳞斑叶甲（粟灰褐叶甲）

粟鳞斑叶甲别名"土蛋蛋"（图 5-8）。

发生特点：幼虫、成虫均为害，有假死性。潜于地表，是危害谷子的主要害虫。一般在 4 月到 5 月为害谷苗，10 月后成虫在土块下、土缝里、烂叶下面和杂草的根际越冬。故耕作粗放、杂草多的地块、干旱少雨年份发生严重，一般坡地重于平地，旱地重于灌地，沙壤地重于黏土地。

图 5-8　粟鳞斑叶甲成虫

为害部位：谷子幼茎、芽。

为害症状：主要以成虫在谷子出土时咬食嫩芽顶心和茎基部，称"咬白"，出苗后"咬青"，幼苗叶片出现白点。造成缺苗断垄，严重时全田毁种。

防治方法：

1. 播种深度适宜　出苗前压青，促苗早发。

2. 清除杂草　精耕细作，蓄水保墒。

3. 适时早播　虫害较重地块，避过幼虫的主要危害期。

4. 拌种　播前用50％辛硫磷乳油以种子重量的0.3％的药剂拌种，晾干后再播种。

5. 药剂防治　幼苗出土到三叶期用10％吡虫啉可湿性粉剂1 000～1 500倍液喷雾。

二、粟茎跳甲

粟茎跳甲俗称"地蹦子""地格蛋"。

发生特点：幼虫及成虫为害幼苗，在6月中旬至7月上旬为害严重，一般春谷早播重于迟播，重茬谷比轮作田重，荒草丛生田受害重，干旱少雨年份发生严重。

为害部位：幼苗嫩茎。

为害症状：幼虫钻蛀幼苗基部蛀食，使心叶干枯死亡，形成枯心苗。成虫白天活动，善跳会飞，取食叶片的叶肉，咬成白色条纹，严重造成缺苗断垄，甚至毁种。幼虫孵化后从苗茎基部蛀入，3d后使心叶卷扭渐变干枯。在谷苗高6.5～30cm时，大部枯心苗是由粟茎跳甲造成。

防治方法：关键在成虫入土后，幼虫还没有钻入茎之前防治，效果好。

(1) 合理轮作，避免重茬，适时晚播，错过成虫发生盛期以减轻为害。

(2) 谷子间苗和定苗前后，用10％吡虫啉可湿性粉剂1 000～1 500倍液喷雾，也可在谷子"仰脸"时用2.5％溴氰菊酯1 500～2 000倍液喷雾。

三、粟灰螟

粟灰螟也叫谷子钻心虫（图5-9）。

图5-9　粟灰螟

发生特点：以老熟幼虫在谷茬内或谷草、玉米茬及玉米秆里越冬，常和玉米螟混合发生危害谷子。幼虫于5月下旬化蛹，6月初羽化，6月中旬为成虫盛发期，随后进入产卵盛期。

为害部位：钻蛀心叶、茎秆。

为害症状：苗期受害形成枯心苗，穗期受害遇风易折倒，并使谷粒空秕形成白穗。

防治方法：防治关键是掌握产卵盛期。

1. 拔除病株 及时拔除谷子田间的虫株、枯心苗，以防幼虫转株危害。

2. 药剂防治 在谷子拔节抽穗期间用50％辛硫磷乳油0.3～0.5kg加细土300～500kg，拌匀后顺垄撒在谷苗基部。或用5％来福灵乳油2 000～3 000倍液喷雾，或用2.5％溴氰菊酯，或20％氰戊菊酯3 000倍液喷雾；用苏云金杆菌粉500g加10～15kg滑石粉，或其他细粉混匀配成500倍液喷雾。

任务三　草害防治

■ 知 识 准 备

谷子的主要草害有谷莠草，俗名狗尾巴草。

一、谷莠草

谷田中的杂草种类很多，数量大，谷莠草是一种谷田中常见的伴生性杂草，顶土力强出苗早，苗期很难与谷苗分清，特别是在低温、多雨条件下不利于谷子出苗时谷莠草长得更好，而被误认为是谷苗。谷莠草严重的地块与谷苗争肥、争水、争光，影响谷苗的正常生长及谷子质量和产量，是严重的草害。另外草苗一起长，严重时会耽误农事，有时候荒芜了农田。

二、谷田中谷莠草的来源

谷莠草成熟早，易落粒，传播能力强，种子在土壤中保存多年而不会丧失发芽能力。谷莠草又是许多牲口的好饲料。所以来源有：

（1）人畜或风带入。

（2）前茬土壤中有上年的落粒，特别是连作茬。

（3）粪肥中有谷莠草籽粒。

三、常用谷田除草剂的使用方法

1. 谷子播后苗前 用44％"谷友"可湿性粉剂，每667m²用140g兑水50g，选择无风时倒退封闭喷药。防除效果达85％左右。

2. 谷子3叶1心期 在谷田双子叶杂草严重的地块，每667m²用56％的2

甲 4 氯钠（化学名 4 - 氯 - 2 - 甲基苯氧乙酸钠）可湿性粉剂 140g 兑水 50g，对杂草茎叶喷药，防除效果达 92% 左右。

注意：

（1）2 甲 4 氯钠对棉花、大豆、瓜类、果林等阔叶作物很敏感，使用时尽量避开敏感作物地块。

（2）用过 2 甲 4 氯钠的喷雾器，要彻底清洗。否则易产生药害。

任务实施

1. 轮作倒茬 当年种植谷子的地块 2～3 年内改种其他作物如玉米、甘薯、高粱等。

2. 深耕 谷莠草籽埋在土壤里，多年仍保持发芽力，只要翻到土壤表层就可发芽出苗，所以要深耕，把地表的大部分种子翻到 15～20cm 的土层中，使它们不能发芽出土。

3. 及时拔除谷莠草 谷莠草的特征是叶片细长，茎较细，茎节突出，苗色多为深绿或浅红色，根系较浅，茎多露在地表。间苗时应认真识别，把谷莠草的幼苗剔除干净，当谷莠草抽穗时应及时拔除，以防下年留下大量的谷莠草种子。

4. 高温堆肥 用秸秆、杂草为原料堆沤而成的有机肥，要经过夏季高温充分腐熟，杀死杂草种子后再施入农田。

5. 田园清洁防止外来侵入 要及时清除田边、地头、道旁的杂草，从而减少下年谷地的谷莠草来源。

6. 化学药剂防治 在播种前，喷洒"谷友"等苗前除草剂，杀死谷莠的幼芽，减少其危害。

能力转化

1. 列举说出谷子的主要病虫害，并指明各种病虫害的危害。
2. 谷子白发病是系统性侵染病害，怎样防治？
3. 在什么时期防治粟茎跳甲效果好？防治的方法有哪些？
4. 为什么在谷田中要重视防除谷莠草？防除的措施有哪些？

任务拓展

无公害谷子生产技术

谷子抗旱，耐瘠薄，适应性广，是山西省的主要杂粮作物。谷子无公害生产应符合 DB14/T 530—2009 的规定。

一、选地

谷子适应性广，坡梁旱地和水地均可种植。应选择远离工矿区和铁路干线，没有污染源，空气清新，地势高燥，土层深厚，肥力中等以上，有机质含量 1.5% 以上的中性土壤。前茬以豆类、瓜类、马铃薯、小麦为好，玉米次之，实行 3 年以上轮作。

二、整地施肥

秋收后立即灭茬，结合施基肥进行早秋翻，秋翻深度 25～30cm，随即每 667m² 施入腐熟农家肥 3 000～4 000kg，过磷酸钙 30～40kg，硫酸钾 10～15kg 做底肥，翻后立即耙耱保墒。第二年春天顶凌耙耱和镇压，防止水分蒸发。

三、选品种

选择抗病、抗逆、优质、高产的中晚熟品种，如晋谷 21、晋谷 29、长农 35 等优良品种。

四、播种

(一) 播前种子处理

1. 晒种　播种前选晴天将谷种薄薄摊开 2～3cm 厚，暴晒 2 天左右。

2. 精选种子　在播前用 10% 的盐水漂洗晾晒过的种子，去除秕粒和杂质，再用清水洗去饱满种子上的盐水，然后捞出晒干待播。

3. 药剂拌种　对白发病、谷瘟病多发地块，用种子量 0.3% 的瑞毒霉拌种，起到良好的预防效果。

(二) 播种

1. 适期播种　根据品种生育期、气候条件合理确定播期，使孕穗期正好处于 7 月下旬，避免"卡脖旱"。立夏至小满，当土温稳定在 10℃ 以上时即可播种。当土壤 5～10cm 耕层温度稳定通过 10℃ 时，为最佳时期。山西省播种期一般为 4 月 25 日至 5 月 10 日。

2. 播种方式　耧播或机播，等行距播种，行距 23cm。

3. 播种量　播种量每 667m² 以 0.75kg 为宜。

4. 播种深度　一般播深 3～5cm，土壤干旱时，可适当深播，但不宜超过 6cm。

5. 合理密植 合理密植是谷子增产的关键措施之一，一般留苗密度为每667m² 2.5万～3万株。

6. 播后镇压 播种后随耧镇压，能增加土表含水量，有利于种子发芽和出苗。

五、田间管理

1. 砘压 播后4～5d，当种子发芽后还未出苗时，午后顺垄砘压，防止烧芽；当谷子长到一叶一心时，在上午11时至下午4时再顺垄砘压1次，可控上促下，使小苗敦实苗壮，根系发达，增强抗倒能力。但土壤过湿时应晾墒后再镇压。

2. 间苗定苗 4～5叶时间苗，6～7叶时定苗，株距8～10cm，留苗密度以每667m² 2.5万～3.0万株。中等地宜稠，肥地宜稀。

3. 清垄 拔节后要清垄，清除病株、虫株、杂草，去掉分蘖，减少水肥的无谓消耗，使植株整齐一致，苗脚清爽，通风透光。

4. 中耕除草 谷子是中耕作物。谷子一生需中耕3～4次。在间苗、定苗时各中耕一次，浅锄2～3cm，破碎土块，围实苗根，使幼苗立正，并除净垄间垄眼里的杂草；第3次中耕在拔节后，结合清垄、追肥进行，深锄8～12cm；第4次中耕在孕穗中后期，此时根系已基本形成，应浅锄防止伤根。同时高培土，增强作物后期的抗倒性。

5. 追肥 拔节期每667m² 追尿素5kg，孕穗期每667m² 追尿素10kg。有灌溉条件的谷田，追肥结合浇水，拔节期轻浇，孕穗期重浇。灌浆期每667m² 用2%的尿素溶液或0.2%的磷酸二氢钾溶液50～60kg叶面喷施；齐穗前7d用300～400mg/kg浓度的硼酸溶液100kg叶面喷施，间隔10d再喷一次。高产田不喷尿素，只喷磷、硼肥液。

6. 防涝、防倒、防秕谷 这是抽穗开花期以后管理的重点。谷子后期最怕雨涝积水，雨后要及时排除积水并浅中耕松土，改善土壤通气条件。进入灌浆期后，穗部逐渐加重，如遇刮风下雨，很容易发生倒伏。倒伏后及时扶起，避免互相挤压和遮阴，减少秕谷，提高千粒重。

六、病虫害防治

病虫害的防治坚持"预防为主，综合防治"的植保方针。无公害谷子生产应采用"农业防治、物理防治、生物防治为主，化学防治为辅"的绿色食品综合防治措施。

1. 选用抗病品种 晋谷29、长农35等。

2. 农业防治 加强栽培管理，秋季深翻晒土，轮作倒茬，拔除病株，中耕除草。

3. 物理防治 利用灯光、糖醋液、色彩诱杀害虫，机械捕捉害虫。

4. 生物防治 释放寄生性捕食性天敌动物，昆虫、捕食螨、蜘蛛及昆虫病原线虫防治病虫害。

5. 药剂防治 药剂的使用要严格按照国家绿色食品农药使用准则 NY/T 393—2000 的标准执行。选用允许使用的高效低毒农药，做到对症、适时、限量、轮换，严格控制安全间隔期，生长期内一种药只用 1 次。

（1）防治地下害虫。用氯氰菊酯防治。

（2）防治白发病。白发病是谷子常见病害。定苗时拔除"灰背""白尖"病株，齐穗后拔除"枪杆""刺猬头"，防止病害蔓延；适期播种，促早出苗、出壮苗，实行 3 年以上轮作；用种子量 0.3% 的瑞毒霉拌种。用种子量 0.2%～0.3% 的立克锈进行种子处理。

（3）防治黑穗病。用种子重量 0.2%～0.3% 的 75% 粉锈宁可湿性粉剂或 50% 多菌灵可湿性粉剂拌种。

（4）防治粟灰螟。在拔节至抽穗期间，用 2.5% 溴氰菊酯或 20% 氰戊菊酯 3 000 倍液喷雾；用苏云金杆菌粉 500g 加 10～15kg 滑石粉或其他细粉混匀配成 500 倍液喷雾。

（5）防治黏虫。在幼虫 2～3 龄期，谷田每平方米有虫 20～30 头时，用 Bt 乳剂 200 倍液或 90% 晶体敌百虫 500～1 000 倍液喷雾，或用 2.5% 敌百虫粉喷粉。也可利用黏虫成虫的趋化性，用糖醋液诱杀黏虫成虫，或在 7 月中旬至 8 月下旬二代成虫数量上升时，用杨树枝把、谷草把诱蛾产卵，每天日出前用捕虫网套住树枝将虫震落于网内杀死。每 667m² 插设 2～3 个杨树枝把或谷草把，5d 更换一次。

七、收获贮藏

1. 适时收获 当谷穗背面没有青粒，谷粒全部变黄、硬化后及时收割。连秆割倒。收获后在场上堆积 3～5d，使谷子充分后熟后，再切穗脱粒，可增加粒重。

2. 清选贮藏 脱粒后及时筛选、晾晒，在含水量降至 13% 时入库贮藏。在避光、低温、干燥、无污染条件下保存，严禁与有毒、有害、有异味的物品混存。

单元六

小杂粮生产技术

　　小杂粮是指水稻、小麦、大豆、玉米、薯类之外的生长期短、种植面积相对较小、种植地区特殊、产量较低，一般都含有丰富营养成分的粮豆作物。包括豆、麦、粟、黍四大类 17 种，分别为粟类中的谷子、糜黍，麦类中的荞麦（甜荞、苦荞），莜麦（燕麦）、大麦、专用小麦，豆类中的绿豆、豌豆、蚕豆、芸豆、红小豆、黑豆、青大豆、豇豆、扁豆等，黍类中的高粱、甜糯玉米等，其中以谷子、荞麦、燕麦、杂豆和高粱作为山西省杂粮产业化开发的重点作物。

　　山西是我国小杂粮的主产区之一，拥有高粱、谷子、薯类、大豆、荞麦、莜麦、青稞、绿豆、小豆、豌豆、蚕豆、芸豆等上百个特色农产品，种植的小杂粮作物有 30 多个品种。相对集中在晋北、晋西北、太行和吕梁山的丘陵山区。由于山西光照充足，海拔高及地理条件的复杂差异等气候资源孕育了众多的小杂粮名、优、特品种，被称为"小杂粮王国中的王国"。具有浓郁黄土高原特色的小米、荞麦、糜黍、绿豆、红小豆等小杂粮日益受到人们青睐。其次，小杂粮大都种植在边远地区，山高水清，土质、空气无污染，又很少使用农药与化肥。所以小杂粮产品是一种天然无公害、绿色食品，是山西省的特色产业。

项目一　莜麦生产技术

■■ 学习目标

【知识目标】

　　1. 了解山西省莜麦的生产情况，品种特性。

　　2. 掌握莜麦生长发育需要的环境条件。

【技能目标】

掌握莜麦生产的关键技术措施。

【情感目标】

通过学习，培养学生主动学习的能力和实操能力。

莜麦是禾本科燕麦属的一个亚种，籽粒带颖壳的为燕麦，常称为皮燕麦，不带颖壳的为莜麦即裸燕麦。我国栽培的燕麦主要是普通燕麦种中的裸粒类型，裸燕麦别名很多，华北地区称为莜麦；西北地区称为玉麦；西南地区称为燕麦，有时也称莜麦；东北地区称为铃铛麦。而世界各国栽培的燕麦主要是带颖壳型。

一、莜麦生产的意义

（一）营养价值

莜麦是营养丰富的粮食作物，籽粒中含蛋白质 15.6%、脂肪 8.8%，及各种营养元素。蛋白质含量在禾谷类作物中最高，人体必需的 8 种氨基酸含量多而且平衡，尤其是赖氨酸的含量是小麦粉、大米等 8 种主要粮食的 1.5～3 倍。维生素 B_1、维生素 B_2 及维生素 E、矿物质元素（钙、磷、铁和核黄素）、纤维素等含量是各种谷物之冠，脂肪中含有较多的亚油酸，糖分含量又低，因此是糖尿病、高血脂患者的理想食品，是老年人常用的疗效食品。

（二）饲用价值

莜麦茎叶、秸秆多汁、柔嫩，适口性好。其蛋白质、脂肪、可消化纤维高于小麦、大麦、黑麦、谷子、玉米，而难以消化的粗纤维较少，是最好的饲草之一。

二、莜麦生产

莜麦喜凉爽，温润的气候，适宜生长在海拔 1 000～2 700m，年平均温度 5.1～6.0℃，无霜期 90～110d，生长季节＞0℃积温 3 300℃左右的地区。山西省的大同、朔州、忻州、吕梁的高寒山区特殊的自然条件，为莜麦生长创造了得天独厚的条件，生产的莜麦品质较好，营养成分较高，已成为当地农村经济发展的主导产业。

根据莜麦播种和收获时间的不同，山西省莜麦可划分为下列 3 区：

（一）夏播秋收区（秋莜麦区）

主要包括晋西北娄烦、静乐、岚县等地，海拔 1 200～2 000m，最热月的平均温度 20℃左右的地区。该区降雨主要集中在 6、7、8 三个月。一般生产

上采用 立夏至芒种之间播种，白露后收获，主要生育期正好处在雨季。基本上满足了莜麦生长发育对水分的需求。这类地区无霜期短，播种过晚有遭受早霜冻害的危险。所以调节播种期，达到既可以充分利用降雨，又能保证成熟，是该区争取莜麦高产稳产的关键措施之一。

（二）春播夏收区（夏莜麦区）

包括大同和忻州两盆地。该区海拔 1 000～1 400m，无霜期 110～120d。6月下旬气温升高到 21℃以上，最高温达 37～38℃，对正在拔节抽穗的莜麦生长发育极为不利。生产上一般采用早播早收躲避高温危害的办法。清明前后播种，7 月中下旬收获。但莜麦抽穗前正值生长发育最旺盛、需水最迫切时，恰遇该地区的干旱季节。因此加强保墒，扩大浇灌面积，是该区夺取莜麦高产的关键措施。

（三）交错区（二秋莜麦区）

该区处在夏播秋收和春播夏收区交错的边山峪口地带。为充分利用降雨季节，莜麦的播种期一般安排在谷雨后，收获期介于上述两区之间。本区耕作较精细，大部分莜麦与豆类间作，单产水平较高。

三、莜麦的生长发育

（一）莜麦的生育时期

莜麦一生根据生育进程可分为发芽出苗期、分蘖扎根期、拔节期、抽穗期、开花期、成熟期 6 个阶段。

1. 发芽出苗期 50％以上的幼苗第一片绿叶长到 2～3cm 时即为出苗期。

2. 分蘖扎根期 50％以上的植株第一个分蘖由主茎叶腋间长出 1～2cm，同时从分蘖节基部长出次生根的日期。

3. 拔节期 50％以上的植株主茎基部第一节伸长，高出地面 1.5cm，用手摸可感觉出第一节时的日期。

4. 抽穗期 50％以上的植株穗顶部小穗露出旗叶叶鞘的日期。

5. 开花期 50％以上的植株顶端小穗小花开花的日期。

6. 成熟期 50％以上植株的下部籽粒进入蜡熟期，呈现品种固有特征的日期。

（二）莜麦的生育期

莜麦的生育期因地区、品种、播期而不同，北方春播地区一般 80～125d，南方秋播地区一般 230～250d。

（三）莜麦的生育阶段

莜麦的生长发育过程可分为 3 个阶段，营养生长阶段、营养生长与生殖生长并进阶段、生殖生长阶段。

1. 营养生长阶段 出苗到拔节，主要是根、茎、叶的营养器官形成。

2. 并进生长阶段 拔节到抽穗，是莜麦生长发育的重要时期，经过拔节、孕穗、抽穗三个不同时期。生育特点是根、茎、叶生长和幼穗分化发育同时进行，地上部分与地下部分，营养器官与生殖器官的生长进入旺盛生长阶段。田间管理的重点，在生产上采用促控相结合的方法满足植株生长发育的需要。

3. 生殖生长阶段 抽穗到开花，是籽粒形成的重要时期。

(四) 阶段发育

莜麦春化阶段短，一般在 2～5℃的温度下 10～16d 完成春化。

四、莜麦对环境条件的要求

1. 温度 莜麦喜凉爽湿润气候，生育期间需≥5℃的积温 1 300～1 900℃，在整个生育期间，对温度的要求是：前期低、中期高、后期低。种子在 2～3℃就完成春化阶段即可缓慢发芽，通常地温在 3～4℃即开始播种。春性莜麦幼苗能耐−4～−2℃的低温，在麦类作物中抗寒性较弱。出苗至分蘖，适宜生长的温度为 13～15℃。拔节至抽穗适温为 20℃，若日均温＞20℃，会引起小穗不育，说明莜麦的耐高温能力较差。抽穗开花期适温为 18℃左右。开花期适温为 20～24℃，此时若气温下降 2℃，植株就会死亡，若遇 30℃以上的高温，经 4～5h 气孔就不能自由开闭。灌浆期最适温度为 14～15℃，此时较大的昼夜温差有利于干物质积累。如是遇高温干旱，即使时间短，也会造成秕粒，导致减产。

总之，莜麦一生对温度十分敏感，满足各生育阶段对温度的要求，是获得丰产的重要措施之一。在生产上常通过调节播种期来实现。

2. 光照 莜麦是长日照生育期短的作物，对日长反应敏感，每天需 16 小时的光照，同时是强光照，尤其在抽穗前 12d 左右的四分体时期，光照强度不足往往会造成花粉发育不良，受精能力降低，结实率下降。

3. 水分 莜麦是喜湿作物，一生中以分蘖至抽穗阶段耗水最多，占全生育期总耗水量的 70%，特别是拔节到抽穗是莜麦一生中需水最为迫切，需水量最多的时期，这时正是莜麦结实器官形成期，缺水干旱将导致穗数和结实粒数大幅度下降。苗期和灌浆期需水量较少，分别为 9%、20%，如果灌浆期缺水干旱，产量和品质就会降低，尤其是 7 月的干旱对莜麦产量影响最大。种子吸水达本身重要的 65%才能萌发，比小麦和大麦多。因此保证土壤足够的水分含量是莜麦全苗的主要因素。

4. 养分 莜麦是喜氮作物，从分蘖到抽穗是需氮最多的时期。据测定，每生产100kg籽粒约需吸收氮素3kg，磷素1kg，钾素3kg。氮肥能使莜麦穗多，穗大，小穗多，籽粒大。磷素能促进莜麦根系生长，增加分蘖，促进灌浆和成熟，磷还能促进植株对氮的吸收作用。氮磷配合施用增产显著。莜麦对钾的要求也很迫切，缺钾时表现植株低矮，叶发黄，茎秆细弱，抗病、抗倒性降低。所以在生产上注意氮、磷、钾平衡配施，磷钾肥应于播前施足。

5. 土壤 莜麦对土壤要求不严格，但以富含有机质的黏壤土、壤土最好，在 pH5.6～6.5 的酸性土壤上和中度的盐渍土也能种植，但不能在干燥的沙土地上种植。

任务一 播前准备

■ 任务实施

一、轮作倒茬

莜麦不能连作，连作杂草多（尤其是野燕麦）、病害重（尤其是坚黑穗病）、消耗同一种养分，造成土壤营养失衡，尤其是氮素严重缺乏。轮作倒茬不仅可以消灭杂草和病害，而且不同作物对养分的吸收利用不同，便于养分充分发挥增产作用。适宜前茬是豌豆、马铃薯、胡麻、玉米。据资料介绍，通过轮作倒茬，豌豆茬比小麦茬增产16.3%，豌豆茬比连作茬增产58.2%。豌豆茬比谷茬增产23.1%，马铃薯茬比小麦茬增产20.4%，马铃薯茬比胡麻茬增产74.4%，小麦茬比亚麻茬增产11.9%。

二、土壤耕作

莜麦多为旱作，为了土壤蓄水保墒，增加肥力，在前作收获后及早秋深耕并耙耱。莜麦是须根系作物，根系又发达，大多分布在 20～30cm 的土壤中。所以一般耕深在 25cm 以上，坡梁地耕深以 15～18cm 为宜。第二年早春以浅耕耙耱保墒为主。

三、施足底肥

底肥是莜麦产量形成的物质基础，秋深耕应结合施肥进行，肥料以腐熟的农家肥为主，化肥为辅。基肥为主，追肥为辅。据各地高产经验证明，产量为每 667m² 200～250kg 的麦田，施有机肥每 667m² 2 000～2 500kg，适当配施氮磷肥。在土壤缺磷的情况下，施有效磷肥每 667m² 5～7kg，再配施氮素每 667m² 3kg。随犁深翻入土。

四、选用良种

选用优良品种是增产增收的重要途径。优良品种是与当地的生产水平、生态条件相适应的品种。所选品种必须是通过国家、省级审定的或种子部门推荐推广的品种。莜麦多种在旱地上，根据旱地的特点，选用有较强的耐旱性，且能抗病、抗寒、增产潜力大，稳产性能好的品种。山西省生产中推广的品种有：

1. 晋燕 8 号 山西省农业科学院高寒区作物研究所选育成。

该品种在山西省秋燕麦区生育期 90d 左右，夏燕麦区 85d 左右。幼苗浅绿色，半匍匐。叶片细窄，分蘖力适中。株高 90cm 左右，周散型穗，穗长 17cm，平均小穗数 21.7 个，穗粒数 54.8 粒，千粒重 25.2g，籽粒纺锤形、白色、有光泽。籽粒含蛋白质 18.47%，含脂肪 5.75%，亚油酸占 41.275%。该品种前期生长缓慢，后期生长快。抗旱性强，较抗红叶病。平均产量每 667m² 130.2kg。

栽培要点：种子发芽顶土力弱，需适当增加播种量，留苗密度每 667m² 30 万～35 万株。

适宜区域：适宜在山西、河北、内蒙古等地莜麦产区种植。

2. 晋燕 9 号 山西省农业科学院高寒区作物研究所选育成。

该品种生育期 88d 左右，株高 100cm 左右。幼苗直立、深绿色，叶片短宽上冲，分蘖力较弱，成穗率高，茎秆粗壮，抗倒性强。周散型圆锥花序，穗 15～18cm，小穗数 25 个，主穗粒数 60 个左右，穗粒重 1.16g，千粒重 23g，籽粒长圆形、白色。品质优良，籽粒粗蛋白质含量 21.22%，粗心脂肪 6.33%，赖氨酸 0.65%。

栽培要点：一般播种期在 5 月中下旬，一般旱地合理密度每 667m² 30 万株，高肥力旱滩地合理密度每 667m² 40 万株。施足底肥，一般施农肥每 667m² 1 500kg 做基肥，每 667m² 硝酸铵 10kg 做种肥。在分蘖后期至拔节阶段，结合降雨每 667m² 追施尿素 20kg。

适宜区域：适宜种植在滩地或水地。

3. 品燕 1 号 山西省农业科学院农作物品种资源研究所育成。

该品种生育期 102d 左右，中熟品种。幼苗半匍匐、绿色，株高 130.0cm，叶片适中、上披，分蘖力较强，成穗率高，周散型圆锥花序，穗长 23cm 左右，轮层数 6.5，主穗小穗数 32 个，穗粒数 48.4 粒，千粒重 25.9g，籽粒长形、白色。抗旱性较好，耐瘠性较强，田间有轻度倒伏现象。籽粒含粗蛋白（干基）18.70%，粗脂肪（干基）6.34%。平均产量每 667m² 151.8kg。

栽培要点：合理轮作，5 月中下旬播种，旱地合理密度每 667m² 30 万株，高肥力旱滩地每 667m² 40 万株。底肥施农家肥每 667m² 1 500kg。

适宜区域：山西省莜麦中熟区的一般旱地、旱坡地种植。

4. 晋燕 13　山西省农业科学院右玉农业试验站育成。

该品种生育期 105d 左右，属中熟品种。幼苗直立、绿色，株高 126.5cm，周散型圆锥花序，穗长 15.18cm，单株小穗数 25 个左右，穗粒数 64.2 粒，千粒重 23.0g，种皮黄色，长椭圆形硬粒。抗寒性较强，抗旱性较好，田间调查有点片倒伏现象，未发现黑穗病、红叶病等病虫害。籽粒含粗蛋白（干基）16.37%，粗脂肪（干基）7.17%。平均产量每 667m² 148.7kg。

栽培要点：夏莜麦区一般应在春分到清明前后，最迟不宜超过谷雨，秋莜麦区 5 月中下旬播种。每 667m² 播量 8～10kg，行距 20～25cm，留苗密度每 667m² 15.5 万～16.8 万株。

适宜区域：山西省莜麦中熟区种植。

5. 晋燕 14　山西省农业科学院高寒区作物研究所育成。

该品种生育期与晋燕 8 号相当，秋莜麦区 90d，夏莜麦区 85d。幼苗半匍匐、深绿色，有效分蘖 2 个，株高 96cm，叶姿短宽上举，蜡质层较厚，穗长 17cm，穗周散形，小穗串铃形，无芒，主穗小穗数 31 个，轮层数 5 层，内稃白色，外稃黄色，主穗粒数 62 粒，主穗粒重 1.7g，籽粒长筒形、黄色，千粒重 23.2g。抗旱、抗寒、较抗红叶病。含 β 葡聚糖 5.68%。平均产量为每 667m² 148.7kg。

栽培要点：夏莜麦区 3 月 25 日至 4 月 5 日播种，秋莜麦区 5 月 15～25 日播种。留苗密度每 667m² 30 万株。

适宜区域：山西省莜麦产区种植。

6. 晋燕 15　山西省农业科学院五寨农业试验站育成。

该品种生育期 90d，比对照品种晋燕 8 号早 3d。根系发达，幼苗直立、深绿色，有效分蘖 1.3 个，株高 95.5cm，叶姿上举，蜡质层中等厚度，主穗长 20.7cm，无芒，穗周散形，小穗串铃形，小穗数 34.8 个，轮层数 4～5 层，内稃白色、外稃浅黄色，主穗粒数 56 粒，主穗粒重 0.98 克，籽粒椭圆形、黄色，千粒重 24.5g。抗旱性、抗寒性强，抗燕麦坚黑穗病、秆锈病，轻感红叶病，抗倒性强。籽粒含粗蛋白（干基）18.32%，粗脂肪（干基）5.21%，粗淀粉（干基）59.27%。平均产量每 667m² 144.2kg。

栽培要点：播期为 5 月 30 日前后，播量每 667m² 8～10kg，留苗密度每 667m² 28 万～30 万株。蚜虫危害严重的区域注意防治红叶病。

适宜区域：山西省秋莜麦产区旱平地、沟坝地种植。

7. 同燕 1 号　山西省农业科学院高寒区作物研究所选育。

该品种生育期 98d 左右，比对照品种晋燕 8 号晚熟 4d。幼苗直立、深绿色，有效分蘖 64.4％。株高 111.0cm，茎秆节数 6 个，叶姿上举，蜡质层较厚，穗长 29.6cm，短芒，穗型侧散，小穗串铃形，小穗数 35 个，轮层数 5 层，穗粒数 59 粒，穗粒重 2.1g，千粒重 22.7g，籽粒卵圆形，白色。抗旱性较强，耐寒性强。籽粒粗蛋白（干基）含量 17.79％，粗脂肪（干基）含量 6.75％。

栽培要点：以谷子、马铃薯、豆类、胡麻为前茬，基肥施农家肥每 667m² 1 500kg，种肥施硝酸铵每 667m² 10kg，5 月中下旬播种，旱地合理密度每 667m² 30 万株，高肥力旱坡地每 667m² 40 万株。

适宜区域：山西省秋莜麦产区旱坡地。高肥地注意防倒伏。

8. 坝莜 1 号　河北张家口农业科学院育成。

该品系幼苗直立，苗色深绿，生育期 90～95d，属中熟品种。株型紧凑，叶片上举，株高 100～110cm。周散型穗，短串铃，主穗小穗数 20.7 个，穗粒数 57.5 粒，穗粒重高达 1.45g，籽粒椭圆形，浅黄色，千粒重 24g，籽粒整齐，籽粒蛋白质含量为 6％，脂肪含量为 5.53％。该品种稳产性好，适应性强，抗旱、抗倒性强，轻感黄矮病，坚黑穗病，口紧不落粒，一般产量为每 667m² 150kg 以上。

栽培要点：播种以 3 月 20～25 日为宜。瘠薄旱坡地播种量每 667m² 78kg，保苗 20 万株；较肥旱坡地和旱滩地播种量每 667m² 9～10kg，保苗 23 万株；二阴滩地和坝头区播种量每 667m² 10～11kg，保苗 25 万株。

适宜区域：宜在旱坡地、旱平地种植。

五、种子处理

1. 晒种　播种前选择籽粒饱满，整齐一致的优质种子，在无风晴天将种子摊晒 3～5d，增强种皮的透气性，可提高种子的发芽率和发芽势，可提早出苗 3～4d，同时能够杀死种子表面病菌，减轻病害发生。

2. 药剂拌种

（1）在坚黑穗病、锈病、病毒病和地下害虫严重的地区，可用 0.2％～0.3％的甲基托布津进行药剂拌种，防治病虫害。

（2）用 0.3％拌种双拌种防治坚黑穗病。

任务二 播种技术

■ 知 识 准 备

一、播期确定

播种期是影响莜麦产量的一项重要因素之一。适宜的播种期能满足莜麦"喜凉怕热"的特点。具体应根据当地降雨规律进行调节，尽量使莜麦的拔节、孕穗、抽穗等主要需水阶段与当地降雨高峰相吻合。

二、合理密植

合理密植是充分利用光能、地力、肥水条件达到高产稳产的主要措施。莜麦种植密度是否合理，一般根据莜麦收获时籽粒和秸秆比例判断，理想的密度粒秆比为1∶1。如果粒多秆少，说明种植密度偏稀，如果粒少秆多，表明种植密度过稠。

三、播种方式

莜麦的播种方式有犁播、机播、耧播等。

■ 任 务 实 施

一、适期播种

一般夏莜麦区以清明前后播种为宜。这时播种墒情好，有利于出苗，加之气温较低，根系扎得深，提高了莜麦的抗旱和抗倒能力，保证莜麦正常成熟，提高产量。

秋莜麦区一般在小满至芒种之间播种为宜。这时播种能使莜麦拔节到抽穗期正好处于7月下旬到8月中旬，此时，气温达到20℃左右，雨量也较多，满足了莜麦抽穗前后对温度和水分的要求，穗铃数和穗粒数较多，产量较高。

二、播种量

单产50～75kg籽粒的旱地上，播种量为6.5～7.5kg，保穗数20万左右；单产100～125kg籽粒的中等肥力的水、旱地上，播种量为9～10kg，保穗数30万左右；单产150～175kg籽粒的肥力较高的水地上，播种量为10～11kg，保穗数为 32 万～35 万。

三、播种方式与深度

犁播播幅宽，行距 23cm，便于集中施肥；机播、耧播行距一般为 23～25cm，具有播种深浅一致，下籽均匀，出苗整齐的特点，机播比耧播速度快，质量高。

莜麦的适宜播深为 4～5cm，旱地深度可达 5～6cm，下湿地浅播 3cm左右。

四、播后镇压

莜麦大多数种植在旱地，播种后常遇干旱，因此播后要及时镇压，增强土壤水分，使籽粒与土壤紧密结合，促进种子发芽和幼苗生长，早出苗，出全苗，出壮苗。

任务三　田间管理

■■ 知识准备

莜麦分蘖的发生规律：莜麦的分蘖强。当幼苗第三片叶展开时由第一叶鞘间长出分蘖，同时从分蘖节基部长出次生根，次生根发生顺序是由下向上，每节发根数为 1～3 条，分蘖发生的顺序也是从分蘖节上由下向上逐个进行，由主茎叶腋间长出一级分蘖，由一级分蘖的叶腋间长出的二级分蘖……一般在水肥条件较好时，早先长出的一级、二级分蘖能成穗，称为有效分蘖，不能成穗和生育期间死亡的分蘖叫作无效分蘖，莜麦的分蘖力较强，通常产生 4～5 个分蘖，有效分蘖 1.8～2.3 个。

分蘖数目与次生根的关系密切，每生出一个分蘖相应产生 1～3 条次生根。同一品种幼苗产生的分蘖越多，次生根越多，植株从土壤吸收水分和养分的能力越强，植株生长发育越健壮。

影响莜麦产生分蘖的因素很多，主要是品种、播种期、种植密度和土壤水分供应状况。在品种和种植密度确定时，土壤水分和养分的供应是决定分蘖多少和成穗率高低的主要因素。因此在农业生产上，保证分蘖期间水肥充足供应是提高莜麦产量的基础。

莜麦的田间管理分为 3 个不同时期：前期、中期、后期。

■ **任务实施**

一、前期管理

前期是指莜麦出苗后至拔节前。此期植株生长的中心是根系，管理的主要任务是促进根系生长，确保全苗、壮苗。具体管理措施：

1. 及早中耕　莜麦苗期生长迅速，耗水量大，为防止杂草与莜麦争夺早期养分和水分，促进根系生长，应及早中耕。当幼苗长到 4 叶时进行第一次中耕，深度为 3.3cm 左右，中耕不仅可以除草，兼有保墒防旱和下湿地的散墒提温作用，从出苗到拔节初期根据苗情进行 2～3 次，深度可根据土壤墒情而定，遵循的原则是干锄浅，湿锄深。

2. 巧施苗肥、分蘖肥　莜麦分蘖早，分蘖力强，生长快，根据基肥和种肥施用量，从 4 叶期开始酌情施苗肥、分蘖肥 1～2 次，促进分蘖早生壮发，提高分蘖成穗率。苗肥以氮肥为主，结合中耕每 $667m^2$ 施尿素 5～7.5kg，或追施氮磷复合肥每 $667m^2$ 10～12.5kg。

在旱地或播种时施肥量较少时，追肥可在分蘖期结合中耕一次完成。在雨前追施尿素以每 $667m^2$ 10～12.5kg 为宜。

二、中期管理

中期是指莜麦拔节至抽穗期。是莜麦营养生长和生殖生长的并进时期，莜麦生长发育处于旺盛生长阶段，因此对水肥要求迫切，也是田间管理的重要时期。田间管理的中心任务是促进分蘖成穗，攻壮株，抽大穗。具体措施：

1. 中耕培土　莜麦根系有前期深扎后期浅辅的特点。为促进根系深扎，在分蘖至拔节前进行第二次深中耕，此次中耕，有利于消灭田间杂草，提高地温，增加抗旱能力。第三次深中耕，在拔节后到封垄前，中耕结合培土，既能减轻水分蒸发，又能起到抗倒的作用。

2. 酌施拔节孕穗肥　拔节孕穗肥的次数和数量根据苗情而定，壮苗施一次，弱苗在拔节期和孕穗期分两次施入。追肥量应掌握"前重后轻"的原则，第一次每 $667m^2$ 10～15kg，第二次每 $667m^2$ 7.5～10kg，在坝地生长良好的莜麦，拔节孕穗肥以控为主，促控结合，如果氮肥施用过量就会造成后期贪青倒伏。

3. 浇水　根据莜麦拔节孕穗期生长的特点，浇水与追肥结合进行。在有条件的地区可在分蘖期、拔节期、孕穗期浇水。

（1）饱浇分蘖水。在莜麦 3～4 片叶，此时莜麦开始分蘖，同时生长次生根，主穗顶部的小穗开始分化，结合浇水追施尿素。

（2）晚浇拔节水。莜麦从拔节开始，根茎叶生长迅速，同时主穗小花进入分化阶段，需水分养分比较多，浇水量大于分蘖水量。

（3）早浇孕穗水。孕穗期浇水提前到旗叶刚出现时进行，水量不宜过大。

三、后期管理

后期是指莜麦抽穗至成熟期，经历籽粒形成和灌浆成熟。田间管理的目的是延长功能叶，促进莜麦多成粒、成大粒。

1. 浇好灌浆水　莜麦在抽穗至灌浆阶段，由于气温高，植株耗水量大，因此对水分要求迫切。灌浆期浇水对延长叶片功能期，促进光合产物向籽粒运输，争取粒多粒大有决定作用。但水量不宜过大。

2. 根外喷肥　磷钾肥对活跃代谢促进营养物质向籽粒运转和提早成熟有重要作用。在抽穗前或开花后每 $667m^2$ 用 $0.2\%\sim0.3\%$ 的磷酸二氢钾水溶液或 2% 的过磷酸钙澄清的水溶液 $50\sim75kg$ 根外喷雾，为延长叶片功能期，提高粒重，可同时加入尿素 $0.5\sim1kg$。一般喷施以每天下午或傍晚为宜。

任务四　病虫害防治

■■ 知识准备

莜麦的主要病害有坚黑穗病、锈病、病毒病等。虫害有地老虎、金针虫、黏虫等。

■■ 任务实施

一、莜麦病害的防治方法

1. 坚黑穗病

发病条件：高温、高湿利于发病。

传播途径：病菌孢子附在种子表面或落入土壤及混在肥料中越冬或越夏，使种子带菌传播或土壤传播。

发病部位：籽粒。病菌孢子与莜麦种子一起发芽，侵入生长点，而后侵入结实部位，形成黑穗。

症状：穗部成黑粉。

防治方法：

（1）选用抗病品种。

（2）轮作倒茬。

（3）药剂防治。播前药剂拌种，可用种子重量的 0.2％拌种双或 50％多菌灵拌种。

2. 红叶病　红叶病为病毒性病害。

发病条件：气候干燥、点播稀薄、地势向阳发病严重。

传播途径：少有土壤传播，大多由大麦黄矮病毒引起，是由蚜虫、蓟马、条斑蝉等传毒媒介传播的一种病毒病。

发病部位：叶片。

症状：幼叶叶尖或叶缘染病，呈现紫红色，逐渐扩展成红绿相间的条斑或斑纹，后期呈橘红色。病株表现有不同程度的矮化、早熟、枯死现象，造成结实率减少，产量下降。

防治方法：

（1）选用耐病品种。

（2）在莜麦生长期间及时消灭田间及周围杂草，控制寄主和病毒来源。

（3）用内吸剂浸种或拌种。

（4）用 80％敌敌畏乳油 3 000 倍液或 50％的辛硫磷乳油 2 000～3 000 倍液等喷雾灭蚜或喷洒其他灭蚜药剂灭蚜，控制传毒。

3. 锈病　莜麦叶锈病又名黄疸，多为叶锈。

发病条件：低洼下湿，密度大，通风不良，氮肥施用多，植株徒长发病严重。

传播途径：莜麦开花时发生，由地块杂草寄主上产生的锈孢子传染而发病。病菌夏孢子借助雨水、风、昆虫传播。

发病部位：叶片的正反面，严重时在叶鞘、茎秆、穗部。

症状：发病后期叶片上出现灰黑色圆形或长圆形病斑，病斑破裂后散出黑色粉末。

防治方法：

（1）选用抗锈病品种。

（2）实行轮作倒茬，避免连作。

（3）及时消灭田间病株残体，清除田间杂草寄主。

（4）药剂防治。用 25％唑酮可湿性粉剂或其他药剂兑水喷雾。

二、莜麦虫害防治方法

1. 黏虫　黏虫又称为行军虫。

发生特点：迁移性害虫。黏虫一年发生多代，成虫有很强的迁移能力，昼伏夜出，是毁灭性虫害。

为害部位：整个植株。

为害症状：严重时把植株吃成光秆。

防治方法：

（1）首先做好预测预报工作，最大限度消灭成虫。

（2）在幼虫 3 龄前用 4 000 倍溴氰菊酯等菊酯类农药喷雾，3 龄后黏虫，在清晨有露水时用乙敌粉剂喷粉。

2. 草地螟

发生特点：一年发生 2～3 代，以一代幼虫为害，属杂食性、暴食性害虫，4～5 龄幼虫进入暴食期，可昼夜取食。老熟幼虫入土作茧成蛹越冬。成虫飞翔能力较强，且有较强的趋光性和群聚性。多昼伏夜出。

为害部位：茎、叶，部分果实。

为害症状：草地螟啃食叶片，只剩叶脉，蛀食果实，成孔洞。

防治方法：

（1）农业防治。秋季深耕耙耱，破坏草地螟越冬环境，春季铲除田间及周围杂草，杀死虫卵。

（2）药剂防治。对 3 龄前的草地螟，用 80％敌敌畏乳油 1 000 倍液，或 800 倍的 90％敌百虫粉剂，或 20％速灭杀丁乳油 5 000 倍液喷雾防治。

任务五　适时收获

■■ 知识准备

一、莜麦的穗

莜麦的穗为圆锥花序，有穗轴和各级穗分枝组成，分为周散型和侧散型。穗分枝环绕穗轴向四周均衡散开，称周散型，穗分枝倒向穗轴一侧，称侧散型。穗型是区分于其他麦类作物的重要特征。

二、莜麦的果实

莜麦的果实为颖果，籽粒表面有茸毛，冠毛发达，籽粒形状因品种不同而呈筒形、卵圆形和纺锤形，籽粒色有白、浅黄、土黄之分，千粒重为16～25g。

三、收获时间

莜麦穗部不同部位的小穗间、同一小穗不同粒位间的籽粒成熟极不一致。穗上部的籽粒成熟时穗下部的籽粒正在灌浆，同一小穗，基部籽粒先成熟，上部籽粒后成熟。因此适时收获可减少产量损失。

■ 任务实施

当莜麦穗上部 3/4 的籽粒达到完熟，下部籽粒达到蜡熟，籽粒大小和色泽正常时收获。全田收获应成熟一片收获一片，减少产量损失。

■ 能力转化

1. 杂粮一般包括哪些作物？
2. 莜麦生长发育对温度有什么要求？
3. 莜麦为什么不能连作？
4. 为什么莜麦适期播种很重要？
5. 如何确定莜麦适宜的收获期？

项目二 荞麦生产技术

■ 学习目标

【知识目标】

1. 了解荞麦生产的意义。
2. 熟悉山西省荞麦生产常用的优良品种。
3. 掌握荞麦生长发育需要的环境条件。

【技能目标】

掌握荞麦生产的技术措施。

【情感目标】

培养学生为农民增加收入的积极态度和理论与实践相结合的能力。

一、荞麦生产的意义

荞麦只有两个栽培种，即甜荞和苦荞。甜荞和苦荞都是一年生草本植物，生育期 60～90d。

（一）营养价值

荞麦籽粒营养丰富，面粉中含蛋白质甜荞 6.5%～16.6%，苦荞 11.5%，脂肪 2.1%～2.4%，淀粉 60%～75%，还含有维生素 B_1、维生素 B_2 和铁、磷、钙等矿质元素，另外富含有其他作物所缺乏的硒以及其他禾谷类作物所没有的维生素 P（芦丁）。荞麦食品尤其是苦荞食品具有明显的降血脂、血糖、尿糖的作用，是防治高血压、糖尿病、心脑血管疾病的理想食品。

（二）饲料作物

荞麦茎、叶、花也具有较高的营养价值，是牲畜的优质饲料。

（三）蜜源作物（甜荞）

甜荞花朵大而多，花期又长，可达 45～60d，蜜腺发达，具有香味，是我国三大蜜源作物之一，荞麦蜜有较多的蛋白质，有 40% 的葡萄糖，对治疗肺病、肝病、糖尿病、痢疾特别有效。

荞麦耐旱、耐瘠，适应性强，生育期短，除了作为山西省广大旱作区和高寒山区的主栽作物外，是填闲、备荒救灾作物。

二、山西省荞麦生产概况

山西省是甜荞生产大省，甜荞常年种植面积约 3 万 hm^2，占全省小杂粮种植面积的 2.4%，主要分布在寿阳县、和顺县、榆次区、平鲁区、山阴县、右玉县、阳曲县、古交县、娄烦县和繁峙县。甜荞主要是食用，占 60%。

山西省是全国为数不多的苦荞种植区域之一，常年苦荞播种面积约 1.23 万 hm^2，主要分布在广灵、灵丘、左云、右玉、和顺、左权、霍州、汾西、绛县等地。苦荞主要用于加工，占 60%。

三、甜荞和苦荞的不同

1. 形态特征 甜荞和苦荞的根、子叶、花、果实有明显的区别（表6-1）。

表6-1 苦荞与甜荞的形态特征区别

器官种类	苦荞（鞑靼荞麦）		甜荞（普通荞麦）
根	有菌根		无菌根
幼苗	子叶小		子叶大
茎	光滑		有棱角
花	大小	较小	较大
	颜色	淡黄绿色	白色或红色
	香味	无香味	有香味
	雌雄蕊	雌雄蕊等长	两型花，长柱花，短雄蕊；短柱花，长雄蕊；
	授粉方式	自花授粉	异花授粉、自交不孕
果实	较小，三棱形不明显，表面粗糙、无光泽，棱呈波纹状，中央有深的凹线		较大，三棱形，棱角明显，表面与边缘平滑光亮

2. 生育期 生育期苦荞大于甜荞。在太原地区，平均生育期苦荞为 87d 左右，甜荞为 65d 左右。

3. 单位面积产量 苦荞和甜荞相比，苦荞产量较高，一般为每 667m² 100～200kg，甜荞产量较低，一般在每 667m² 40～100kg。

四、荞麦的生育与环境

1. 温度 荞麦是喜温作物，但不耐高温，怕霜冻。全生育期间要求≥0℃ 以上积温为 900～1 300℃，种子萌发最适宜的温度为 15～20℃，甜荞种子萌发时的温度比苦荞高，在 10℃时种子萌发，在 14℃时出苗率达 90％以上，而苦荞种子在 7～8℃时萌发，12℃时出苗率达 90％以上。

幼苗生长期要求的温度在 16℃以上，生育期间最适宜温度是 18～25℃，开花至籽粒形成期要求凉爽、湿润的气候条件，温度以 18～25℃为宜，低于 15℃或高于 30℃的高温、干燥天气会导致子房枯萎，不利于授粉和结实，因此在种植荞麦时必须考虑当地积温条件以及播种时的适宜温度。

2. 光照 甜荞是短日照作物，但苦荞对日照长短不敏感，在长、短日照下均可生长和结实。甜荞对日照反应敏感，从出苗到开花的生育前期，宜在长日照条件下生长，从开花到成熟的生育后期，宜在短日照条件下生长。品种不同对日照长度反应不同，一般晚熟品种比早熟品种对光照反应敏感。甜荞也是喜光作物，对光照强度的反应比其他禾谷类作物敏感。幼苗期光照不足，植株瘦弱；若开花、结实期光照不足，则引起花果脱落，结实率低，产量下降。

3. 水分 荞麦是喜湿作物，较其他禾谷类作物耗水多，每形成 1g 干物质需耗水 500g 左右。甜荞一生不同生育阶段耗水量不同，种子吸水量达自身重量 45％～50％即可发芽。幼苗期比较耐旱，需水量约占一生总耗水量的 11％，现蕾开花后植株体积增大耗水增多，占总耗水量的 50％～60％，开花结实期耗水量占总耗水量的 25％～35％。如在开花期间遇干旱高温，不仅影响正常授粉，而且花蜜分泌量明显减少，当大气湿度低于 30％～40％且有干热风，易引起植株萎蔫，花和子房及形成的果实脱落；在多雾、阴雨连绵的气候条件下，授粉结实也会受到影响。

4. 养分 荞麦是一种需肥较多的作物，每生产 100kg 籽实需消耗氮 3.3kg，磷 1.5kg，钾 4.3kg。高于其他作物。荞麦不同生育期对三要素的吸收量不同。开花前氮、钾的吸收量较多，分别占总吸收量的 61％和 62％。开花后磷、钾的吸收量较多，占全生育期总吸收量的 60％。荞麦一生以吸收磷钾较多，氮肥过多会造成"头重脚轻"、倒伏和结实率下降。

5. 土壤 荞麦适应性强，对土壤要求不严，除碱性较强的土壤外，其他土壤即使是新开垦的地块、不适合其他禾谷类作物生长的瘠薄地都可种植，但以土壤疏松、富含养分的壤土或沙壤土最为适宜。

任务一　播前准备

■ 任务实施

一、轮作

荞麦最忌连作，连作地块病虫害发生严重，种过荞麦的地块肥力消耗特别大，影响下茬作物的生长，对产量品质都有一定影响。因此需要轮作换茬。

二、整地施肥

1. 深耕　荞麦是直根系作物，幼苗顶土能力差，根系发育弱，对整地的质量要求较高。因此，在秋季前作收获后抓紧翻耕，深度 20～25cm，利用晚秋余热使荞麦秸秆、根、叶及早腐烂熟化。深耕对荞麦有明显的增产效果。深耕能熟化土壤，加厚熟土层，既利于蓄水保墒，防止土壤水分蒸发，又利于荞麦发芽出苗，生长发育，同时可减轻病、虫、杂草对甜荞的危害。"深耕 1 寸，胜过上粪。"深耕能破除犁底层，改善土壤物理结构，使耕作层的土壤容重降低，孔隙增加，同时改善土壤中的水、肥、气热状况，提高土壤肥力。

开春后播种前 10～15d 翻耕增温，促进有机质分解和养分的释放，利于种子发芽和全苗。

2. 施肥　荞麦生育期短，生长快，需磷钾肥多。施肥以底肥为主，一般每 667m² 施有机肥 750～1 000kg，尿素 5～7.5kg，磷酸二铵 5kg，播种时再增施一些草木灰、过磷酸钙等含磷、钾多的肥料做种肥。但钾肥不宜施用氯化钾，因为氯离子会引起斑病，导致减产，对荞麦有害。

三、良种选用

目前山西省生产中应用的主要优良品种中甜荞品种有晋荞麦 1 号、晋荞麦 3 号、改良 1 号、榆荞 4 号和定甜荞 1 号；优良苦荞品种有黑丰 1 号、晋荞麦 2 号、晋荞麦 4 号、晋荞麦 5 号、晋荞麦 6 号、黔苦 4 号和西农 9940。

1. 晋荞麦（甜）1 号　山西省农业科学院小杂粮室选育而成。

该品种在太原地区生育期 70d，株高 85～100cm，主茎 8～10 节，一级分枝 2～3 个，二级分枝 1～2 个。叶桃形，绿茎，白花，籽粒深褐色、三棱形。株粒重 2.5g，千粒重 31.9g，丰产、稳产、品质好、抗倒伏、抗旱性强，籽粒含粗蛋白 10.04%，淀粉 77.8%，赖氨酸 0.79%，粗脂肪 1.8%。

栽培要点：6 月下旬至 7 月上旬播种，每 667m² 播量 2.5kg，播深 3～5cm，每 667m² 留苗密度 5 万～6 万株，盛花期有养蜂条件的可放蜂授粉。

适宜区域：在山西省各地种植。

2. 晋荞麦（甜）3 号 山西省农业科学院小杂粮室选育而成。

该品种属中早熟品种，生育期 67d。株型直立，株高 85～100cm，一级分枝 2～3 个，二级分枝 1～2 个，叶色深绿，枝叶繁茂，花白色，籽粒深褐色、三棱形，表面与边缘光滑，无腹沟。株粒重 7.02g，千粒重 31.9g。粗蛋白 10.04%，粗脂肪 1.8%，淀粉 77.8%。在山西省区域试验中，比对照品种晋荞麦（甜）1 号增产 9.8%。

栽培要点：6 月下旬至 7 月上旬播种，每 667m² 适宜播量 2.5～3kg，行距 33cm，株距 3.3cm，种植密度每 667m² 5 万株。注意防治甜荞褐斑病。

适宜区域：山西省冬小麦种植区复播，其他地区春播。适宜在山西省及周边地区种植，如陕西、甘肃、宁夏等省、自治区种植。

3. 榆荞 4 号杂交种 陕西省榆林农业学校选育而成。

该品种生育期 80d 左右，植株茎秆坚硬，节间距离短，株高 90～150cm，主茎与分枝顶端花序多而集中，花白色，茎秆绿色，成熟后为黄绿色，籽粒褐色，正三棱椎形，籽粒饱满，千粒重 32～35g。单株生长势、分枝习性、抗倒性、抗落粒性强，抗旱、耐瘠薄、产量稳定。籽粒含粗蛋白 14.24%，粗脂肪 2.98%，淀粉 66.97%，可溶性糖 1.29%，总黄酮 0.36%。一般每 667m² 产量 100～150kg。

播期 6 月 10～30 日，播量中上等地力每 667m² 1.5kg，中等以下地力每 667m² 2kg。每 667m² 施农家肥 1 500～3 000kg，磷酸二铵 5～10kg；播前晒种、倒茬种植、秋翻地可预防病害和荞麦钩翅蛾发生。

适宜区域：适应性强，在内蒙古赤峰、奈曼旗，甘肃定西、镇原，河北张家口张百县，宁夏固原、同心、盐池地区，山西太原，陕西北部，青海西宁市，适宜在上述地区和同类生态区推广种植。

4. 定甜荞 1 号 该品种生育期 80d 左右。株型紧凑，株高 70～90cm。茎秆紫红色，花白色，籽粒黑褐色，三棱形。主茎分枝数 3～5 个，主茎节数 7～9 个，单株粒重 4～6g，千粒重 28g。落粒轻，抗倒伏，抗旱，耐瘠薄，适应性强。籽粒粗蛋白含量 15.28%，淀粉 66.59%，粗脂肪 3.32%，芦丁 0.400%。

栽培要点：甘肃中部干旱地区以 6 月下旬至 7 月上旬播种为宜，播深 3～5cm，每 667m² 播量 3～4kg，留苗密度为 $12×10^4$～$15×10^4$ 株/hm²。全株2/3 籽粒成熟时收获。

5. 黑丰 1 号 山西省农业科学院农作物品种资源研究所育成。

该品种属中熟品种，生育期 80d 左右，株高 110～140cm，株型紧凑挺拔，主茎一级分枝 4～6 个，茎粗 0.8～1.2cm，秆硬、抗风、抗倒伏，同时落粒性较轻。平均产量每 667m² 200kg。硒含量每 100g 31.39μg；蛋白质含量 16.23％；赖氨酸含量 0.83％，并含有丰富的钙、铁、铜、锌、锰等及多种维生素和其他粮食作物研究所不具有的芦丁、叶绿素、苦味素等药用成分。

栽培要点：太原地区 6 月中旬播种，往北提前 15d，往南推迟 15～20d，种植密度每 667m² 4.5 万～5 万株，每 667m² 人工播种量 1.5kg，每 667m² 机播 2.5kg，播深 3～4cm，每 667m² 施有机肥 1 000～2 000kg，30kg 磷肥做底肥，籽粒黑化达到 90％以上即可收获。

适宜区域：在无霜期大于 130d 的地区均可推广种植，晋北地区级海拔 1 000m 以上地区易春播，晋中、晋东南多雨地区宜夏播，也可麦后复播。

6. 晋荞麦（苦）2 号　山西省农业科学院小杂粮研究中心 1991 年选育而成。

该品种属中熟品种，生育期 85～90d。株高 100～125cm，主茎分枝 4～5 个，二级分枝 3～4 个，茎绿色，花黄绿色，籽粒桃形深褐色，单株粒重 6g 左右，千粒重 8.5g。粗蛋白含量 12.76％，粗脂肪 2.65％，总淀粉 70.40％，赖氨酸 0.72％，每 100g 含钙 27.1mg、磷 263.5mg、铁 4.0mg。

栽培要点：在太原地区 6 月中旬播种。每 667m² 播量 1.5kg，播深 3～5cm，每 667m² 留苗密度 3 万～4 万株；施足底肥，足墒播种；该品种落粒严重，当大田 2/3 籽粒呈现本品种固有色泽时，及时收获。

适宜区域：在山西省大同、晋中、临汾等高寒山地及类似地区春播，晋中、晋南低海拔地区复播。

7. 晋荞麦（苦）5 号　山西省农业科学院高粱研究所育成。

该品种生育期 98d，比亲本黑丰 1 号早 4d。生长势强，幼叶、幼茎淡绿色，种子根健壮、发达，株型紧凑，主茎高 106.7cm，主茎节数 20 节，一级分枝数 7 个，叶绿色，花黄绿色，籽粒黑色、三棱卵圆形瘦果，无棱翅，子实有苦味，单株粒数 283 粒，千粒重 22.4g。抗病性、抗旱性较强，耐瘠薄。含蛋白质 8.81％，脂肪 3.16％，淀粉 64.98％，黄酮 2.16％。每 667m² 产量为 150kg。

栽培要点：山西北部适宜播期为 5 月 1～10 日，中部为 6 月 10～20 日。每 667m² 播量为 2.5～3kg，每 667m² 留苗 5.5 万～6.0 万株。每 667m² 施磷钾复合肥 30kg，花期到灌浆期浇水一次，70％籽粒变黑色时即可收获，在场上后熟 2～3d 后再晒打。

适宜区域：山西省苦荞麦产区。

8. 晋荞麦（苦）6 号　山西省农业科学院高寒区作物研究所和大同市种子管理站育成。

该品种生育期 94d，属中早熟品种，比对照品种晋荞麦（苦）2 号早 5d。幼叶、幼茎绿色，种子根、次生根健壮、发达，株型紧凑，主茎高 103.6cm，主茎节数 20 节，一级分枝 6.9 个，叶绿色，花黄绿色，籽粒长形、灰黑色，单株粒数 201.6 粒，单株粒重 3.8g，千粒重 18.7g。抗病、抗倒、适应性强，品质优良，黄酮类含量 2.51%。每 667m² 产量 150kg 左右。

栽培要点：晋北地区以 5 月下旬至 6 月上旬播种为宜，每 667m² 留苗密度 48 万株，肥地宜稀，薄地宜密。忌连作，前茬以豆类、薯类、瓜菜类、玉米、绿肥等为好，底肥以农家肥中的羊粪最好。苗高 56cm 和开花封垄前适时中耕。及时防治病虫害。70% 的籽粒成熟即可收获，收获时间应选在早晨和上午，以免脱粒。

适宜区域：晋西北丘陵区，华北、西北等荞麦产区种植

任务二　播种技术

■ 知识准备

一、确定播期

荞麦苗期喜温暖的气候，开花结实期则要求凉爽、昼夜温差大的条件。据各地经验，荞麦播期的界限应掌握"春荞霜后种，秋荞霜前收"的原则。由于苦荞比甜荞生育期长，所以苦荞播期要比甜荞早 20～30d。

二、播种方法

适宜的播种方法是荞麦苗全、苗壮、苗匀的措施之一。山西省荞麦种植区域广阔，产地的生境、土质、种植制度和耕作栽培水平差异很大，播种方法也各不相同，主要有撒播、点播和条播。撒播易撒籽不匀，出苗不整齐，通光透气不良，田间管理不便，产量不高。点播太费时，费工。条播是山西省荞麦主产区普遍采用的一种播种方法，播种质量较高，有利于合理密植，使群体和个体发育协调，使荞麦产量提高。

三、播种深度

荞麦是双子叶植物，子叶出土。播种深度直接影响出苗率与整齐度，是保证全苗的关键措施。掌握播种深度，一要看土壤水分，土壤水分充足宜稍浅，土壤水分欠缺要稍深；二要看播种季节，春荞宜深些，夏荞可稍浅；三要看土质，沙质土和旱地可适当深一些，但不超过 6cm，黏土则要求稍浅些；四要看

播种地区，在干旱多风地区，因种子裸露很难发芽，要重视播后覆土，并要视墒情适当镇压。在含水量充足、土质黏重、遇雨后易板结的地区，为了防止播后遇雨，幼芽难以顶土，可在翻耕之后，撒籽后，少覆土；五要看品种类型，因不同品种的顶土能力各异。

四、播种量

荞麦播种量是根据土壤肥力、品种、种子发芽率、播种方式和群体密度确定的。由于苦荞籽粒小于甜荞，故苦荞播量小于甜荞。

五、种植密度

在北方春荞麦区，生育期长，个体发育充分，一般每 667m² 留苗以 5 万株为宜。北方夏荞麦区，是山西省荞麦主要产区，土壤肥沃，甜荞生育期间降雨量较为充裕，复播甜荞留苗较稀，在中等肥力的土壤，一般留苗以每 667m² 4 万～5 万株为宜。

■ 任务实施

1. 播种适期 春甜荞区播种期不宜太早，太早植株茎叶生长旺盛，结实率低，宜选择在 5 月下旬至 6 月上、中旬。夏甜荞区应适当晚播，一般在 7 月上中旬为宜。苦荞晋北地区一般 5 月下旬，晋中地区 6 月中旬。

2. 播法 主要采用条播。

3. 播深 播种不宜太深，以 4～6cm 为宜。播种深难以出苗，但播种浅又宜风干。

4. 播量 一般情况下，甜荞适宜播种量为每 667m² 1.5～3.0kg；苦荞适宜播种量为每 667m² 1.0～2.0kg。

任务三　田间管理

■ 任务实施

一、保全苗

荞麦出苗前后的不良气候，容易发生缺苗现象，应及时采取破除板结、补苗等保苗措施，保证全苗。全苗是甜荞生产的基础，也是甜荞苗期管理的关键。

二、中耕除草

在甜荞第一片真叶出现后进行中耕。中耕有疏松土壤、增加土壤通透性、蓄水保墒、提高地温、促进幼苗生长的作用，也有除草增肥之效。中耕除草次数、时间根据地区、土壤、苗情及杂草多少而定。春荞 2～3 次，夏荞 1～2 次。第一次中耕除草，在幼苗高 6～7cm 时结合间苗、疏苗进行。第二次中耕在荞麦封垄前结合追肥培土进行，中耕深度为 3～5cm。

三、追肥

荞麦的开花期是需要养分最多的时期。花期追肥能显著提高产量。但追肥时期应视地力不同。肥力瘠薄的地最好在苗期追施，效果比花期好。追肥时间不可过晚，量也不能太大，否则会造成茎叶生长过盛、倒伏，甚至成熟推迟因霜冻而减产。

根外追肥对荞麦的增产有良好的效果。适宜的时间在始花期或盛花结实期。所用肥料：①1％～4％过磷酸钙溶液。②0.5％的硫酸锰溶液。③0.1％的钼酸铵溶液。④5％草木灰澄清液。以上四种应用任何一种肥液进行叶面喷施，增产效果十分明显。

四、灌水

荞麦是典型的旱地作物，又是需水较多的作物。在其生育过程中从开花到灌浆期需水最多。如遇降雨较多可不灌水；如遇干旱且有水利条件时，灌水 1～2 次，但水量不宜过大，以防造成徒长和倒伏。

五、辅助授粉

甜荞是异花授粉作物，虫媒花，又为两型花，一般结实率较低，在 5％～15％，因而限制了产量的提高。提高甜荞结实率较好的方法是进行辅助授粉。方法有以下两种。

1. 蜜蜂辅助授粉 蜜蜂等昆虫能提高甜荞授粉结实率。据内蒙古农业科学院对蜜蜂等昆虫传粉与甜荞产量关系的研究表明，在相同条件下昆虫传粉能使单株粒数增加 37.84％～81.98％，产量增加 83.3％～205.6％。蜜蜂辅助授粉应在甜荞盛花期进行，即在甜荞开花前 2～3d，每公顷放置蜜蜂 7～8 箱。蜂箱应靠近甜荞地。

2. 人工辅助授粉 在没有放蜂的地方，在甜荞盛花期，每隔 2～3d，于上午 9～11 时，用一块 200～300m 长，0.5m 宽的布，两头各系一条绳子，由两人各执一端，沿甜荞顶部轻轻拉过，摇动植株相互接触、相互授粉。共进行2～3次。

苦荞是自花授粉作物，但利用昆虫和风力辅助授粉，仍是提高结实率的主要方式。

任务四　病虫害防治

■ 任务实施

山西省荞麦主要病害是褐斑病，主要虫害是草地螟、荞麦钩刺蛾。

一、荞麦病害的防治方法

褐斑病　又名轮纹病。

发病条件：病菌在病残体上越冬。

传播途径：分生孢子通过风雨传播。

发病部位：荞麦叶片和茎秆。

症状：最初在叶面发生圆形或椭圆形病斑，外围呈红褐色，有明显边缘，后期病部因产生分生孢子而变为灰色。病叶提早脱落。茎染病病斑梭形，红褐色，植株枯死后变为黑色。

防治方法：

（1）荞麦收获后清除田间残枝落叶和带病菌的植株，减少越冬菌源。

（2）实行轮作倒茬，减少植株的发病率，加强苗期管理，促进幼苗发育健壮，增强其抗病能力。

（3）药剂拌种。采用复方多菌灵胶悬剂、退菌特或五氯硝基苯，按种子量的 0.3%～0.5%，进行拌种，有预防作用。

（4）药剂防治。在田间发现病株时，采用50%多菌灵可湿性粉剂800倍液、40%的复方多菌灵胶悬剂、75%的代森锰锌可湿性粉剂，或65%的代森锌杀菌剂500～800倍液喷雾，喷雾要均匀周到，遇雨水冲刷要重喷。可以预防未发病的植株受侵染，减轻发病植株的继续扩散范围。

二、荞麦虫害的防治方法

1. 草地螟　草地螟又叫黄绿条螟、网锥额野螟，是山西荞麦的主要害虫，是一种暴发性杂食性害虫。

发生特点：一般每年发生2～3代，以老熟幼虫在土内吐丝作茧越冬，幼虫常群集为害；成虫喜食花蜜，对黑光灯有趋性。

为害部位：3龄幼虫危害荞麦的叶、花和果实。

为害症状：初孵幼虫取食幼嫩叶片和叶肉，残留表皮，可吐丝将叶卷曲成网，幼虫潜伏网内。3龄后食量大增，吃光叶片和花蕾，仅剩叶脉，果实被咬成空壳（图6-1）。

图6-1　草地螟为害症状

防治方法：

（1）网捕成虫。利用成虫羽化至产卵的空隙时间，采用拉网捕杀，减少当代虫口。

（2）灯光诱杀。根据成虫有较强趋光性的特点和黄昏后群集迁飞的习性，在成虫发生期，采用黑光灯大量诱杀成虫。

（3）除草灭卵。利用草地螟喜欢在杂草上产卵的习性，可结合田间中耕除草消灭虫卵，减轻下代危害。

（4）药剂防治。根据3龄前幼虫活动范围小，抗药力弱的特点，采用2.5%的溴氰菊酯、20%的速灭杀丁等聚酯类药剂4 000倍液喷雾，均有很好的防治效果。

2. 荞麦钩刺蛾　荞麦钩刺蛾是一种专食性害虫，转寄主是牛耳大黄。

发生特点：一年发生一代，以蛹越冬；成虫有趋光性、趋绿性；幼虫喜群居，有假死性和趋光性，高龄幼虫则爬行或折叶苞取食。

为害部位：荞麦的叶、花序及幼嫩种子。

为害症状：初孵幼虫为害嫩叶叶肉，残留表皮，叶片受害处呈薄膜状（图6-2），后幼虫吐丝卷叶，藏在其中，把

图6-2　荞麦钩刺蛾为害症状

叶片食穿。

防治方法：

（1）利用幼虫假死性和趋光性，实行灯光诱捕和人工捕杀。

（2）药剂防治。利用幼虫有群居性的习性，在幼虫未分散之前，用25%溴氰菌酯4 000倍液等菊酯类杀虫剂进行喷雾。

任务五　适时收获

▦ 任务实施

荞麦是无限花序，从开花到成熟一般需30～40d，长的可达50d。籽粒成熟及其不一致。先开花结实的先成熟，后开花结实的后成熟，当全株70%的籽粒成熟时，呈现品种固有色泽时是最佳收获期。如在收获前遇有大风或霜冻，应突击抢收，否则大量籽粒脱落，造成减产，甚至绝收。农谚说"荞麦风霜，籽粒落光"。此时要特别关注气象预报。

荞麦收获时宜在露水干后的上午进行，能减少落粒的损失。割下的植株应就近码放，尽量减少田间搬运次数，减少落粒。晴天脱粒时，籽粒应晾晒3～5d，于充分干燥后贮藏。

▦ 能力转化

1. 甜荞和苦荞有什么不同？

2. 荞麦的播种时期如何确定？

3. 荞麦人工授粉增产的原因和应注意的问题是什么？

项目三　绿豆生产技术

绿豆是食用豆类的一种，是医疗保健、饲用、固氮养地的良好作物。本项目着重介绍山西省种植绿豆的特性及种植管理技术。

▦ 学习目标

【知识目标】

1. 了解山西省绿豆的生产概况。

2. 了解生产上常用的绿豆优良品种。

3. 掌握绿豆生长发育对环境条件要求。

【技能目标】

　　掌握绿豆生产的关键技术措施。

【情感目标】

　　通过学习，培养学生生产能力。

　　绿豆原产于中国，已有 2 000 多年的栽培历史，现已成为我国重要的小杂粮作物，全国各地普遍种植。

一、绿豆生产的意义

　　绿豆是豆科菜豆族豇豆属的一年生草本植物，在生产中具有独特的作用，是粮、菜、药、饲等兼用作物，被称为粮食中的"绿色珍珠"。

（一）食用价值

　　绿豆营养丰富，其籽粒含蛋白质 23% ～ 31.9%，人体必需的 8 种氨基酸含量为 0.24% ～ 2.0%，含淀粉 56% ～ 60%，脂肪含量偏低，在 1% 以下，另外还含有丰富的钙、铁、磷等矿质元素以及胡萝卜素、核黄素、纤维素等，故有"食中佳品，济世长谷"之称。绿豆发芽时释放出的磷、锌、胡萝卜素等营养物质更易被人吸收利用，易饱、不胖，是肥胖一族的最佳食品之一。

（二）药用价值

　　绿豆入药，具有清热解毒、消炎杀菌、促进吞噬功能等作用。绿豆汤可解有机磷农药中毒、铅中毒、酒精中毒（醉酒）等。

（三）饲用价值

　　绿豆植株蛋白质含量高，脂肪丰富，茎叶柔软，消化率高，是牲畜的优质饲料。

　　绿豆适应性广，抗逆性强，耐旱、耐瘠、耐荫蔽。生育期短，播种期长，并具有共生固氮、培肥土壤的能力，是补种、填闲和救荒的优良作物。

二、山西省绿豆的生产概况

　　绿豆是山西省主要的小杂粮作物之一，山西省是全国绿豆主产区，常年种植面积 7 万 hm²，约占全国播种面积的 9.0%，总产量 7 000 万～8 000 万 kg，约占全国的 1/10。山西省地处黄土高原，南北长，东西短，光能资源丰富，绿豆生长期雨热同步，极有利于绿豆生长，既可春播，也可麦收后夏播，是山西省的特色农产品之一。

三、绿豆对环境条件的要求

1. 光照　绿豆为短日照作物，但多数品种对光周期反应不敏感。一般南北或东西引种都能开花结实。许多品种不论春播、夏播或秋播均能收到种子。但是，就绿豆的个体发育而言，有光照敏感期，绿豆花芽发分化期，始终需要充足的光照，幼蕾期至开花结荚期需要强烈光照，如遇连阴雨天会造成落花、落荚。对某些品种由于长期适应某种光温条件，改变播期会影响籽粒产量。因此，适于夏播的品种，不宜春、秋播种；适于春播的品种，不宜夏、秋播种。

2. 温度　绿豆是喜温作物，当平均气温稳定在 10℃ 以上时，绿豆即可播种。种子发芽温度为 8～10℃，出苗和幼苗生长适温为 15～18℃，花芽分化期适宜温度 19～21℃，结荚鼓粒期以 26～30℃ 最佳。温度高于 30℃ 或低于 20℃ 都会导致开花结荚少，落花落荚严重。绿豆不耐霜冻，气温降至 0℃，植株就会冻死。

绿豆在生育期间所需 10℃ 以上有效积温因品种和熟期类型不同而异，早熟品种为 1 600～1 800℃，中熟品种为 1 800～2 000℃，晚熟品种为 2 300～2 400℃。

3. 水分　绿豆耐旱、怕涝，但对水分较敏感。每形成 1g 干物质，需要消耗水 600g 左右。绿豆的需水特点是"苗期少、花期多、成熟期次多"。绿豆苗期耐旱，即在三叶期（分枝和现蕾）之前，此时根系具有吸收土壤深层水分的能力，所以抗旱性较强。分枝到开花，需要充足水分。其中雌雄蕊分化期对水分要求特别敏感，是需水临界期，此时如遇干旱，造成扁荚、空壳、结实率降低。花荚期要求雨量充沛，水分亏缺，根系和茎叶停止生长，甚至造成大量花荚脱落，因此需要适当浇水，但如遇连阴雨天，也会引起落花落荚。

4. 土壤　绿豆适应性较强，从砂土到黏土都能生长，但以土层深厚、疏松、透气性、富含有机质、排水良好、保水力强的中性或弱碱性壤土最好，土壤有机质含量在 4% 左右，最适宜的 pH 为 6.0～7.0，一般不低于 5.5。

任务一　播前准备

▓ 任务实施

一、轮作换茬

绿豆不宜重茬，农谚说的好"豆地年年调，产量年年高"。绿豆连作使根系分泌的酸性物质增加，抑制根瘤菌的活动，且病虫害严重，品质变差。同时，绿豆也是重要的肥地作物，绿豆茬土壤疏松，利于后作，是禾谷类作物的优良前茬。所以，种绿豆要合理安排土地，实行轮作倒茬，最好与禾谷类作物如玉米、高粱、小麦倒茬，一般实行 2～3 年轮作为好。

二、精细整地，施足基肥

绿豆是双子叶植物，出苗时子叶出土，幼苗顶土力较弱。同时绿豆主根深，侧根多，因此播种前应深耕细耙，精细整地，疏松土壤，蓄水保墒，消灭杂草，保证出苗整齐。春播绿豆应在前茬收获后秋深耕，耕深 20～25cm，结合深耕每 667m² 施有机肥 1 500～3 000kg，第二年早春顶凌耙耱保墒，播前结合旋耕施入每 667m² 施过磷酸钙 20kg，每 667m² 施磷酸二铵 15～50kg，做到地面平整，上虚下实，有利于绿豆发芽和生长发育。

夏播绿豆多在麦后复播，麦收前要浇"送老水"，麦收后要"夏争时"，及早整地，浅耕 12～15cm，细耙，清除根茬和杂草，掩埋底肥。如果抢墒播种来不及施底肥，每 667m² 施 25kg 尿素或 5kg 复合肥做种肥。

三、选用良种

选择抗逆性强，适应性广，稳定性好，株型直立紧凑，结荚集中，品质优良，籽粒碧绿且有光泽，百粒重高的品种。在生产上选用的品种有：中绿 1 号、晋绿豆 1 号、晋绿豆 2 号、黑珍珠绿豆、抗虫 1 号、晋引 2 号、抗豆象等。

1. 中绿 1 号（VC1973A）　中国农业科学院作物品种资源研究所从国外引进的优良品种。

该品种早熟，夏播生育期 70d。植株直立抗倒伏，株高 60cm 左右。主茎分枝 1～4 个，单株结荚 10～36 个，多者可达 50～100 个。结荚集中成熟一致不炸荚，适于机械化收获。籽粒绿色有光泽，百粒重约 7g，单株产量 10～30g。种子含蛋白质 21%～24%，脂肪 0.78%，淀粉 50%～54%，品质好。较抗叶斑病、白粉病和根结线虫病，并耐旱、涝。高产稳产，一般每 667m² 产量 100～125kg，高者可达 300kg 以上。

适宜区域：适应性广，适于在中等以上肥力地块种植，春、夏播均可。宜于麦后复播，和玉米、棉花、甘薯、谷子等作物间作套种。

2. 中绿 2 号（VC2719A 系选）　中国农业科学院作物品种资源研究所选育而成。

该品种早熟，夏播生育期 65d。幼茎绿色，植株直立抗倒伏，株高约 50cm。主茎分枝 2～3 个，单株结荚 25 个左右。结荚集中成熟一致不炸荚，适于机械化收获。籽粒碧绿有光泽，百粒重约 6.0g。种子含蛋白质 24%，淀粉 54%，以及多种维生素和矿质元素。品质好，抗叶斑病和花叶病毒病。其耐旱、耐涝、耐瘠、耐阴性均优于中绿 1 号。一般每 667m² 产量 120～150kg，最高可达 270kg。

适宜区域：适于在中下等肥水条件下种植，春、夏播均可。适应性广，适于麦后复播，更适合与玉米、棉花、甘薯、谷子等作物间作套种。

3. 晋绿豆 1 号　山西省农业科学院小杂粮研究室。

该品种植株直立，株型略松散，幼茎、叶柄均呈紫色，叶片较大，呈深绿色。株高 50～60cm，主茎 10 节或 11 节，分枝 2～3 个。花黄色，成熟荚黑色。荚长 9～10cm，宽 0.5～0.6cm。籽粒圆柱形，有光泽，白脐。单株结荚 20～30 个，单荚粒数 10～12 粒，千粒重 66g。生育期 80～85d。苗期发育较快，生长势强，无限结荚习性，成熟不炸荚。耐水耐肥，增产潜力大。据分析，蛋白质 24.87%，淀粉 55.58%，脂肪 1.01%。

栽培要点：适期播种，每 667m² 播量 1～1.5kg，播深 3～5cm。采用宽窄行播种每 667m² 留苗密度 1.0 万株左右。及时中耕锄草，花期结合浇水每 667m² 追施尿素 20kg，防治病虫害及时收获。

适宜区域：山西省北部地区春播、中南部地区复播种植。

4. 晋绿豆 6 号　山西省农业科学院经济作物研究所选育。

该品种根圆锥状，生长整齐，长势中等，株高 50cm 左右，茎绿色，方形，外被细毛，主茎分枝 3～5 个，叶色浅绿，初生真叶披针形，复叶心形，外被细毛，花黄色，荚长筒状，长 6～8cm，成熟时黑褐色，完整荚内着生籽粒 11 粒，粒色明绿，圆柱形，百粒重 5.6g，盛花期集中，鼓粒快，生育期 80d 左右，属早熟品种，丰产性好，抗病性强，抗旱性中等。农业部谷物品质监督检验测试中心检测，粗蛋白（干基）24.13%，粗脂肪（干基）0.74%，粗淀粉（干基）52.64%。

栽培要点：春播一般 4 月下旬至 5 月上旬播种，复播在 6 月下旬至 7 月上旬播种，每 667m² 播量 1.5～2.5kg，每 667m² 留苗 0.8 万～1.2 万株；是瘠薄土地种植的优势品种，过于肥、涝易引起营养生长过旺造成徒长；注意马齿苋、灰灰菜、稗草等田间杂草的防治；注意生育中、后期蚜虫、红蜘蛛及病毒病的防治。

适宜区域：山西省中部春播和中南部复播。

5. 晋绿豆 5 号　山西省良种引繁中心选育。

该品种幼茎紫色，叶片肥大、深绿色，株型直立，生长整齐，生长势强，株高 57.7cm，茎绿色，单株分枝 3.8 个，花淡黄色，有限结荚习性，成熟荚黑色，单株荚数 16.6 个，单荚粒数 9.2 粒，百粒重 6.2g，籽粒明绿，有光泽，长圆柱形。生育期 107d，田间有病毒病发生。农业部谷物品质监督检验测试中心分析，粗蛋白（干基）含量 25.89%，粗脂肪（干基）含量 0.89%，粗淀粉（干基）含量 53.29%。2006—2007 年参加山西省绿豆试验，2006 年平均每 667m² 产量 70.0kg，比对照晋绿豆 1 号增产 26.7%，居参试品种第一位，4 个点全部增产；2007 年平均每 667m² 产量 64.5kg，比对照晋绿豆 1 号增产 7.1%，3 个点全部增产。两年平均每 667m² 产量 67.2kg，比对照晋绿豆 1 号增产 16.5%。

栽培要点：留苗密度每 667m² 8 000～12 000 株。有条件的地区在现蕾期和花荚期各灌水一次，在苗期和盛花期注意排涝。在农家肥不足的情况下，施肥应掌握少施氮肥、重施磷肥、区别施用钾肥，并提倡施用钼肥和生物肥料；视田间长势、土壤肥力来确定是否追肥，若须追肥一般在初花期进行。病虫害防治应以预防为主，综合防治应优先采用农业防治、物理防治、生物防治，科学合理地使用化学防治。

适宜区域：山西省中北部春播，南部复播。

四、种子处理

1. 晒种 绿豆种子成熟不一致，其饱满度和发芽能力不同，播种前应选用粒大而饱满的种子，在晴天晒种 1～2d，晒种时要勤翻动，使之薄厚均匀一致，然后稍磨破种皮，以提高其吸水能力。

2. 接种拌种法 一般瘠薄地每 667m² 用 0.05～0.1kg 根瘤菌接种，或每 667m² 用 0.05kg 钼酸铵可溶性粉剂拌种，可增产 10%～20%；高产田用 30% 增产菌拌种，可增产 12%～26%；也可用 10g/kg 的磷酸二氢钾拌种，可增产 10%。

任务二 播种技术

■■ 任务实施

一、适期播种

绿豆播种适期长，在山西省的许多地区既可春播也可夏播，一般掌握春播适时，夏播抢早的原则。当气温稳定在 12～14℃时即可播种，一般晋南地区春播期为 3 月中旬至 4 月下旬，夏播期 6～7 月；晋北地区春播期为 4 月下旬至 5 月上旬，夏播期为 5 月中旬至 6 月下旬，不宜晚于 6 月底。

二、播种方法

绿豆的播种方法有条播、穴播和撒播。以条播为多，行距 40～50cm，间作、套种和零星种植多是穴播,每穴 3~4 粒,行距 60cm,荒沙地或做绿肥以撒播较多。

三、种植密度

绿豆的产量由单位面积的总荚数、每荚粒数和粒重决定。实践证明,在"荚、粒、重"三因素中,单位面积的荚数起着主导作用,所以适当增加株数,就能增加单位面积的总荚数,达到增加产量的目的。

单位面积绿豆适宜种植的株数因品种、土壤肥力和栽培方式不同而异,一般掌握早熟种宜密,晚熟种宜稀;直立型密,半蔓生型稀,蔓生型更稀;肥地稀,瘦地密;早种稀,迟种密的原则。一般早熟、直立型品种每 $667m^2$ 0.8 万~1.5 万株,半蔓生型品种每 $667m^2$ 0.7 万~1.2 万株,晚熟、蔓生型品种每 $667m^2$ 0.6 万~1.0 万株,肥地留苗每 $667m^2$ 0.8 万~1.2 万株,中等肥力地块每 $667m^2$ 1.0 万~1.33 万株,瘠薄地块每 $667m^2$ 1.33 万~1.5 万株较好。行距 40~50cm,株距 10~20cm。

四、播种量

播种量要保证在留苗数的 2 倍以上。如土质好,墒情足,虫害少,整地质量好,品种粒型小,播量应少些;反之,可适当增加播量。一般条播为每 $667m^2$ 1.5~2.0kg,撒播为每 $667m^2$ 4~5kg,间作套种的播量应根据种植情况而定。

五、播种深度

播种深度应根据土壤状况、水分和种子大小等因素而定,黏土和湿墒地播深要浅,以 3~4cm 为宜;土壤疏松,墒情较差时播深以 4~5cm 为宜。夏季 6~7 月雨水多、气温高,应浅些;春天土壤水分蒸发快,气温较低,可稍深些。

六、播后镇压

绿豆多为填闲补种的作物,种植在山地、薄地、旱地上,所以播种后及时镇压,使种子与土壤密切接触,增加表层水分,促进种子发芽,早出苗,出全苗。

任务三　田间管理

绿豆的田间管理分为前期、中期、后期管理。

一、前期管理

绿豆生长前期是指从出苗到现蕾，包括幼苗期和分枝期。这一时期是营养生长向营养生长和生殖生长并进的转折期。主要以长根、茎、叶、分枝等营养器官为主，其中幼苗期以长根为中心，分枝期以长分枝和发棵为主。

主攻目标在全苗、匀苗的基础上，促进根系生长，培育壮苗，促进发棵长分枝，促进早现蕾。

前期管理要做的主要工作如下。

1. 查苗补苗　绿豆出苗后要及时查苗，如有缺苗断垄现象，应及时补种，力求在 7d 内完成。

2. 间苗定苗　在第一片复叶展开后间苗，在第二片复叶展开后定苗。按既定的密度要求，间苗时把弱苗、病苗、小苗和杂草彻底拔除，留大苗和壮苗，实行单株留苗。适时间定苗是简便易行的增产措施。

3. 中耕除草　绿豆是喜温作物，又生长在温暖、多雨的季节，所以苗期行、株间易滋生杂草，与绿豆争肥、争水、争光，尤其是绿豆播种后遇雨易造成地面板结，影响出苗和幼苗生长，因此绿豆在苗期应及时中耕除草。第一片复叶展开后结合间苗进行第一次浅锄；第二片复叶展开后，结合定苗进行第二次中耕；分枝期进行第三次深中耕，并封根培土。

二、中期管理

绿豆生长中期是从现蕾到鼓粒期，包括蕾期、花荚期和鼓粒期。此期是营养生长与生殖生长的并进期，根、茎、叶生长旺盛，达到一生生长高峰，大量花荚出现，进入鼓粒灌浆期。是植株对养分、水分和光照需求最多的时期。

主攻目标以增花保荚为中心，促控结合，使茎、叶稳长，植株健壮，争取花多、荚多、荚大、粒饱。

中期管理须注意如下事项：

1. 适当培土　绿豆枝叶茂盛，尤其是到了花荚期，荚果都集中在植株顶部，头重脚轻，易发生倒伏，引起花荚脱落，荚果霉烂或遭鼠、虫危害，影响绿豆产量和品质。在封垄前结合中耕将行间土翻向两边绿豆根部，达到护根防倒，促进根系生长，排水防涝的目的。培土不宜过高，以 10cm 左右为宜。

2. 适时灌水　绿豆苗期抗旱性较强，需水量较少，3 叶期后需水量逐渐增加，现蕾期为绿豆的需水临界期，花荚期达到需水高峰。所以有条件的地区可在开花前灌水一次，以增加单株结荚数和单荚粒数；结荚期灌水一次，以增加粒重并延长开花时间，防止落花落荚。水源紧张时，应集中在盛花期灌水一次。在没有灌溉条件的地区，可适当调节播种期，使花荚期赶在雨季。

绿豆不耐涝。如苗期水分过多，会使根病加重，引起烂根死苗，造成缺苗断垄，或发生徒长导致后期倒伏。后期遇涝，根系及植株生长不良，出现早衰，花荚脱落，产量下降。另外，土壤过湿，根瘤菌固氮能力减弱。

3. 合理追肥 绿豆苗期一般不追肥，现蕾期吸收养分的量急剧增加，开花鼓粒期吸收养分达高峰期。根据绿豆生长情况，在中等肥力的地块，初花期每 $667m^2$ 追施磷酸二铵 $2.5\sim5kg$，进入结荚期后，用每 $667m^2$ 磷酸二氢钾 $0.15kg$ 加 $45\sim50kg$ 水，叶面喷雾，间隔 7d 喷 1 次，连喷 $2\sim3$ 次。

绿豆鼓粒期，植株吸收养分的数量减少，而体内合成的蛋白质、脂肪和其他有机质不断输送到荚果和籽粒。为提高绿豆产量，进行叶面喷肥，以延长叶片的光合作用。每 $667m^2$ 可用磷酸二氢钾 200g、加植物生长剂 12mL 和 100g 尿素，对水 150kg 喷施。叶面喷洒也可用钼酸铵、硫酸锌在花荚期喷洒，增产效果显增。喷肥应在晴天上午 10 点前或下午 3 点后进行。

三、后期管理

绿豆生长后期是从第一批豆荚成熟收获到全部收获。该期完全是生殖生长阶段，根茎叶功能逐渐衰退，光合产物不断运向籽粒。

后期管理主要指收获阶段，此时须注意以下两点。

1. 延长叶片光合作用 当绿豆的第一批豆荚采摘后，植株继续开花、结荚，为防止根系和叶片早衰，增花保荚，进行根外施肥，每 $667m^2$ 用磷酸二氢钾 20g 加上植物生长调节剂 12mL 和尿素 1g，兑水 25kg 喷洒，延长叶片光合作用，提高产量。

2. 保护花原基 花原基是着生在花梗节瘤两侧的潜伏花芽突起，是现蕾、开花、结荚的部位。只要肥水适当，熟荚采摘后，花原基突起就能萌生新芽，重新现蕾、结荚。所以在收摘熟荚时，严禁将花原基连荚揪掉，减少花荚脱落。

任务四 病虫害防治

▓ 知识准备

绿豆主要病害有叶斑病、白粉病等，主要虫害有豆野螟、地老虎、绿豆象、红蜘蛛等。

任务实施

一、主要病害防治

1. 叶斑病 叶斑病是绿豆最主要的真菌性病害。

发病条件：植株生长中后期高温多湿条件发病。一般绿豆花期、雨后高温时发病较重。

传播途径：菌丝体或分生孢子在种子或病残体中越冬，靠风雨传播。

发病部位：叶片。

症状：发生在绿豆开花前，发病初期叶片上出现小水浸斑，以后扩大成圆形或不规则黄褐色枯斑，后期形成大的坏死斑，导致叶片穿孔脱落、叶绿素被破坏，植株早衰枯死。

防治方法：

（1）种植抗病品种。如中绿1号、中绿2号。

（2）选留无病种子。

（3）与禾本科作物轮作或间作套种。

（4）绿豆现蕾期开始用40％多菌灵可湿性粉剂1 000倍液，及80％代森锌可湿性粉剂400倍液，每隔7～10d喷洒一次，连续喷药2～3次，能有效地控制病害流行。

2. 白粉病 白粉病是绿豆生长后期发生的真菌性病害。

发病条件：在潮湿、多雨或田间积水、植株生长茂密的情况下易发病。尤其是干、湿交替利于该病扩展。

传播途径：以闭囊壳在土表病残体上越冬，发病后，病部产生分生孢子，靠气流传播。

发病部位：叶片、茎秆和荚。

症状：发病初期下部叶片出现白粉状斑点，严重时白粉布满整个叶片，叶片由绿变黄，最后干枯脱落。

防治方法：

（1）选用抗病品种。如中绿1号、中绿2号等。

（2）深翻土地，掩埋病株残体；使用充分腐熟的有机肥。

（3）发病初期，用25％粉锈宁2 000倍液，或用75％百菌清可湿性粉剂500～600倍液喷雾防治，每隔7～10d喷一次，连喷2～3次。在田间喷洒能有效控制病害发生。

3. 根腐病 绿豆根腐病是一种真菌病害。

发病条件：土壤低温高湿，地势低洼，大风雨天气有助于病菌的传播蔓延。

传播途径：土壤传播，病原菌从伤口或自然侵入植株的侧根或茎基部。

发病部位：根系。

症状：发病初期幼苗心叶变黄，下胚轴产生红褐色病斑，茎基部和主根上部变褐，植株逐渐枯萎死亡。

防治方法：

（1）栽培方法 ①与禾本科作物倒茬轮作。②深翻土地，清除田间病株。③及时中耕，在绿豆生长中期及时中耕，除湿提温。

（2）药剂防治 ①使用包衣种子。②药剂拌种。用种子量0.3%的50%多菌灵可湿性粉剂拌种。③药剂防治。发病初期用75%百菌清可湿性粉剂600倍液，或50%多菌灵可湿性粉剂600倍液喷洒。

4. 病毒病

发病条件：高温干旱、种子带毒，病毒在种子内越冬，播种带毒种子后幼苗发病。

传播途径：通过蚜虫传播，在田间形成系统性再侵染。

发病部位：叶片，苗期发病严重。

症状：苗期主要表现花叶、斑驳、皱缩等。发病严重时，叶片畸形、皱缩、叶肉隆起，形成疱斑，有明显的黄绿相间皱缩花叶。

防治方法：

（1）选用无病毒种子。

（2）选用无病或耐病品种。

（3）及时防治传毒蚜虫，及时用40%氧化乐果1 000倍液，喷雾防治蚜虫。

二、主要虫害防治

1. 豆野螟 豆野螟是对绿豆危害极大的一种害虫。

发生特点：幼虫危害。

为害部位：主要为害幼蕾、花和嫩荚，也为害叶片、叶柄、嫩茎。常卷叶为害或蛀入荚内取食。

为害症状：幼虫常卷叶为害，咬食叶肉、残留叶脉；或蛀入蕾、花，使花蕾脱落；蛀入嫩荚取食幼嫩的种粒，荚内及蛀孔外堆积粪粒。

防治方法：

（1）农业措施。①与非豆科作物实行轮作1~2年；②及时清除田间落荚、落叶。

（2）药剂防治。在现蕾分枝期和盛花期用 40％敌敌畏乳剂 600mL，40％速灭杀丁 150 支，2.5％敌杀死乳油 150～225mL，50％辛硫磷 1 500mL，20％灭多威或 37％氯马乳油 750mL，2.5％功夫菊酯或 5％来福灵 300mL 等。每 667m² 兑水 50kg 各喷一次，防治效果良好。

2. 地老虎

发生特点：在我国地老虎每年可发生 2～7 代，幼虫为害。

为害部位：生长点、嫩叶。

为害症状：3 龄期前幼虫群集为害幼苗的生长点和嫩叶，4 龄后的幼虫分散为害，白天潜伏于土中或杂草根系附近，夜间出来啮食幼茎。

防治方法：

（1）翻耕土地，清洁田园。

（2）用糖醋液或用黑光灯诱杀成虫。

（3）将泡桐树叶用水浸泡湿后撒放于田边诱捕幼虫。

（4）3 龄前幼虫，可用 2.5％溴氰菊酯 3 000 倍液，或 20％蔬果磷 3 000 倍液喷洒，或用 50％辛硫磷乳剂 1 500 倍液灌根。

（5）3 龄后幼虫，可在早晨顺行捕捉。

3. 绿豆象　绿豆象又名豆牛、豆猴，是绿豆主要的仓库害虫，田间也发生危害。

发生特点：一年可发生 4～6 代，成虫善飞，有假死性、群居性，产卵于豆荚或豆粒上，以幼虫钻入并蛀食豆粒。

为害部位：豆粒。

为害症状：豆粒被蛀害后，表现一个或几个洞孔。

防治方法：

（1）物理方法。①绿豆贮藏前，在太阳下晾晒 3～7d 或将绿豆放入沸水中 20s 捞出晾干。②利用绿豆象对花生油气味敏感，闻触花生油不产卵的特性，用 0.1％花生油敷于种子表面，放在塑料袋内密封保存。

（2）化学药物防治。用磷化铝熏蒸效果最好，不仅能杀死成虫、幼虫和卵，而且不影响种用和食用。按贮存空间 1～2 片/m³ 磷化铝的比例，在密封的仓库或熏蒸室内熏蒸；或取磷化铝 1～2 片（3.3g/片），装到小纱布袋内，放入 250kg 绿豆中，用塑料薄膜密封保存。

4. 红蜘蛛　红蜘蛛又名棉红蜘蛛、火蜘蛛。

发生特点：一年可发生 10～20 代。一般在 5 月底到 7 月上旬发生，高温低湿时危害严重。

为害部位：以成虫或若虫在叶片背面吸食汁液。

为害症状：被害叶片表面呈黄白色斑点，严重时整个叶片变黄，枯干脱落，大片田间呈现火烧状，提早落叶。

防治方法：50％马拉硫磷乳油 1 000 倍液，或 50％三氯杀螨醇 1 500～2 000倍液以及杀螨剂等。

任务五　收获与贮藏

■ 任务实施

一、适期收获

绿豆有无限结荚、分次成熟的习性，当植株有 60％～70％豆荚成熟时可开始采摘，以后每隔 6～8d 采摘一次。一次性成熟收获的品种，应在 80％以上豆荚成熟后收割，收割时轻割轻放。

二、脱粒、贮藏

收割后及时放置在平整干燥的地上，根据天气情况晾晒 2～3d，等豆荚大部分裂荚以后及时脱粒，种子含水量降至 10％时即可贮藏。贮藏期绿豆象为害严重，可用氰化钠白色结晶粉末 1.5kg/m³ 熏蒸 48h，防效达 100％，且不影响发芽率。

■ 能力转化

1. 说明绿豆的利用价值。
2. 绿豆的根瘤可以固氮，为什么在种植绿豆时强调合理施肥？
3. 提高绿豆产量的关键措施有哪些？
4. 绿豆的需水临界期在植株发育的哪个阶段？

项目四　蚕豆生产技术

■ 学习目标

【知识目标】

1. 了解山西省蚕豆的生产概况。
2. 了解生产上常用的蚕豆优良品种。

3. 蚕豆生长发育对环境条件要求。

【技能目标】

掌握蚕豆生产的关键技术措施。

【情感目标】

通过学习，培养学生理论联系生产实际的能力。

蚕豆又叫胡豆、佛豆、南豆，是野豌豆族野豌豆属植物中的一个栽培种。蚕豆以豆荚形似老熟的蚕而得名，又因在蚕结茧期成熟而得名。我国已有2 000多年的栽培历史。在山西省的宁武、浑源、五寨、静乐、临县等地种植。

一、蚕豆生产的意义

蚕豆是粮、菜、药、饲兼用作物。蚕豆含蛋白质 20％～40％，是食用豆中仅次于大豆的高蛋白质作物，蚕豆蛋白质中不含胆固醇，含有人体必需的氨基酸；另外，还含有丰富的淀粉和大量的钙、钾、镁以及维生素 C、维生素 B。

蚕豆新鲜的茎叶是家畜良好的青饲料，蚕豆青苗是优质绿肥。蚕豆根瘤菌每年每 $667m^2$ 固氮 13kg。

二、蚕豆的类型

蚕豆因分类依据不同分成多种类型。

1. 按籽粒大小分为三种 小粒型（百粒重在 70g 以下）、中粒型（百粒重为 70～120g）和大粒型（百粒重在 120g 以上）。

2. 按种皮颜色分为四种 青皮（绿皮）豆、白皮（乳白）豆、红皮（紫皮）豆和黑皮豆。

3. 按荚的长度可分为两种 长荚型（荚长 10cm 以上）和短荚型（荚长10cm 以下）。

4. 按用途分为三种 食用类型（鲜销蔬菜型、干籽粒加工型）、饲用类型（青饲料和干饲料）和绿肥类型。生育期为 100～140d。

三、蚕豆的生育时期

蚕豆一生根据生育进程分为发芽出苗期、分枝现蕾期、开花结荚期和籽粒成熟期。

1. 发芽出苗期 是指 50％以上的植株主茎幼芽伸出地面 2～3cm 的日期。蚕豆子叶不出土，发芽出苗的天数因品种而异，春播需 21～30d。

蚕豆出苗后到现蕾前为营养生长阶段，现蕾后营养生长加快，花芽不断分化，进入营养生长和生殖生长并进期。

2. 分枝现蕾期 出苗后 15d 左右，茎基部叶腋间开始出现分枝，出苗 20～25d 第 5～7 片叶的叶腋间出现花蕾。全田 50% 以上植株出现花蕾的日期。称为分枝现蕾期。

3. 开花结荚期 蚕豆开花结荚并进，从始花到豆荚出现是蚕豆生长发育旺盛的阶段。这个时期茎叶生长迅速，植株干物质积累较快，开花增加，茎叶内贮藏的养分大量地向花荚输送，幼荚膨大。这一时期需要充足的土壤水分和养分，以及充足的光照条件。是田间管理的主要时期。

4. 鼓粒成熟期 蚕豆花朵凋谢后，幼荚开始伸长，荚内种子开始膨大，荚果向宽厚增大，籽粒渐渐鼓起，种子的充实过程称为鼓粒。鼓粒到成熟是蚕豆种子形成的重要时期，这个时期发育是否正常，将决定每荚粒数的多少和百粒重的高低。

当蚕豆下部荚果变黑，上部豆荚呈黑绿色，叶片变枯黄时达到成熟期。

四、蚕豆生长的环境条件

1. 光照 蚕豆是喜光长日照作物，整个生育期都需要充足的阳光，尤其是花荚期，鼓粒灌浆期，光照充足，花荚多。蚕豆对光周期敏感，引种时须慎重，北种南引，发育、成熟延迟；南种北引，发育、成熟提前。

2. 温度 蚕豆原产于中亚，喜凉爽，不耐暑热而较耐寒。但抗寒不及小麦、大麦和豌豆，种子发芽最低温度为 3～4℃，适温为 16℃，出苗适温为 9～12℃。据试验，蚕豆播种后的一个月平均温度在 10～15℃，才有利于形成壮苗。幼苗生长的适宜温度为 16～20℃，能耐 −4℃ 的低温和霜冻。茎叶生长的最适温度为 14～16℃，开花结荚的适温 15～22℃，超过 26℃ 落花落果严重。蚕豆不耐高温，气温在 32℃ 以上，生理作用受到抑制，即使种子尚未成熟，也逼熟枯死。

3. 水分 蚕豆既不耐旱又不耐涝，是需水较多的作物。种子发芽时，必须吸收自身重量的 100%～120% 的水分才萌发。蚕豆在整个生长期间都需要湿润的土壤条件，苗期相对耐旱，开花结荚期是蚕豆的需水临界期，需充足的水分供应。但雨水较多或渍水时间较长，造成根系发育不良，易发生立枯病和锈病，根瘤减少，果荚脱落，产量降低。

4. 土壤 蚕豆对土质条件要求高，适宜种植在土层厚，富含有机质，保水保肥能力强的黏壤土上。蚕豆有一定的耐盐碱能力，适宜的 pH 为 6.2～8。凡是不能种菜豆、豌豆的盐碱地均能种蚕豆。

任务一 播前准备

■ 任务实施

一、轮作与间套作

蚕豆喜轮作忌连作。连作会使根系所分泌的有机酸大量积累，抑制根瘤菌的繁殖，连作植株矮小，结荚减少，病虫加重，产量降低。蚕豆是固氮能力很强的作物，是各种大秋作物的好前茬，所以常与禾谷类作物如小麦、玉米等轮作，也可与糜子、马铃薯等轮作。蚕豆也适宜与多种禾谷类作物套种。如玉米和蚕豆带状种植；马铃薯套种蚕豆。

二、整地

蚕豆根是直根系，根系发达，主根入土较深。在前作收获后，及时秋深耕极为重要。深耕可熟化土壤，减少病虫，耕深25cm以上。各地试验证明，深耕比浅耕的蚕豆根系体积、株高、每荚粒数和产量都有提高。秋后再浅耕一次，耙糖保墒。第二年春顶凌耙糖平整，做到深、细、绵，利于播种。

三、施肥

蚕豆是一种需肥较多的作物，每生产100kg籽粒，需氮素6.4kg、磷素2.0kg、钾素5.0kg及适量的微量元素。在生长良好的条件下，蚕豆所需氮素的2/3是由根瘤菌固氮提供的，剩余1/3仍须施肥解决。蚕豆根系吸收能力强，应施足肥料。施肥主要以有机肥为主，遵循"重底肥，轻追肥，适当追施根外肥"，以及适施氮肥，增施磷肥，配施钾肥的原则，另外，施用硼和钼肥可提高根瘤菌的固氮能力。在整地基础上施入有机肥每667m² 1 000～1 500kg，过磷酸钙40kg，为提高磷肥的利用率，将过磷酸钙与农家肥混匀沤制5～7d，然后混施入大田。

四、选用良种

在生产上山西省种植的品种多为农家种，常见的有以下几种。

1. 马牙蚕豆 该品种生育期107～122d，幼苗绿色、直立，植株偏高80～90cm，茎分枝2～3个，叶缘4浅裂，复叶互生，由2～6片小叶组成，花白色，无限结荚，主茎节数23～26，结荚位7～8节，结荚10～13层，每层结荚1～3个，每荚2～3粒。籽粒乳白色，黑脐，百粒重93g。适应性广，耐瘠、抗病虫、不倒伏、抗旱、抗寒。每 $667m^2$ 产量 $100\sim150kg$，粗蛋白含量 22.68%，脂肪含量 1.20%。

栽培要点：在太原播期 3 月 25 日左右，在浑源 4 月 20 日左右，开花结荚期浇水。

适宜区域：水地及肥沃旱地沙壤土。

2. 宁武蚕豆 该品种生育期 $104\sim125d$，幼苗绿色、直立，株高 $60cm$，茎分枝 $1\sim2$ 个，复叶互生，由 $2\sim6$ 片小叶组成，花白色，无限结荚，主茎节数 $21\sim22$，底荚位 6 节，结荚 $10\sim11$ 层，每层只结 1 荚，单株粒数 $18\sim25$，籽粒窄厚型，乳白色，黑脐，百粒重 $73g$。耐瘠性中等、抗病虫性强、抗旱、抗寒。产量为每 $667m^2$ $125kg$。含粗蛋白 22.2%，脂肪 0.90%，纤维素 6.97%，可溶糖 10.22%，淀粉 34.58%。

栽培要点：山药茬口最好，在太原播期为 3 月 18 日左右，在宁武为 5 月 10 日左右，播深 $6cm$，播量为每 $667m^2$ $12.5kg$，开花结荚期浇水。

适宜区域：下湿滩地。

3. 广灵蚕豆 该品种生育期 $100\sim133d$，幼苗绿色、直立，株高中等 $50\sim60cm$，茎分枝 1 个，复叶互生，由 $2\sim5$ 片小叶组成，花白色，无限结荚，主茎节数 $19\sim20$，底荚位 4 节，结荚 $12\sim15$ 层，每层只结 1 荚，荚棒状，每荚多为 2 粒，籽粒中薄型，黄白色，黑脐，百粒重 $86g$。适应性广，抗性一般，产量为每 $667m^2$ $100\sim150kg$。含粗蛋白 23.57%，脂肪 1.21%，淀粉 33.12%。

栽培要点：在太原适宜播期 3 月 25 日左右，在阳高 5 月 10 日左右，播深 $6cm$，播量每 $667m^2$ $12.5kg$，开花结荚期浇水，增产潜力大。

适宜区域：山区肥沃壤土。

五、种子处理

1. 晒种 选择粒大饱满，色泽鲜艳，无病虫害的种子，播前晾晒 $2\sim3d$，提早出苗 $1\sim2d$，且幼苗健壮整齐。

2. 根瘤菌接种 播前用根瘤菌接种，接种后立即播种。对于初次或多年不种蚕豆的地，更需要接种。

任务二　播种技术

■ 任务实施

一、播种期

春播当气温稳定在 3℃ 时播种，多在 $3\sim4$ 月播种，因蚕豆花芽分化必须经过 5℃ 以下的低温春化阶段。适期早播的蚕豆，根系发达，分枝多，茎秆壮，结果部位低，产量高。

二、合理密植

蚕豆是喜光又分枝的作物，产量由有效分枝数、每枝荚数、每荚粒数和粒重构成。基本苗不够，群体过小，不能夺得高产。与高产群体结构最密切相关的是合理密度和密度的均匀分布，而密度的均匀又必须合理配置行距、株距和整枝定苗。

蚕豆种植密度，因品种、播种早晚、土壤肥力而不同，秆矮、分枝少的品种，宜密，株形高大、分枝性强的品种宜稀；土质差，土壤肥力低的地块宜密，反之宜稀。一般大粒种种植密度每 667m² 1.2 万株，小粒种每 667m² 2.5 万株。

三、播种方法

通常采用点播和条播两种方式。一般多用点播，行距 40～50cm，穴距 30～35cm，每穴 2 粒；条播采用宽窄行播种为宜，宽行 50～60cm，窄行 20～30cm，株距 15cm 左右。宽窄行种植，可有效利用边行优势，加强株间通风透光，避免株间互相遮阴，提高产量。

四、播种深度

蚕豆子叶不出土，播种不宜太浅，一般播深 6～8cm，播后镇压。

五、播种量

春播单作播种量大粒种是每 667m² 20kg 左右，小粒种是每 667m² 15kg 左右。

任务三　田间管理

蚕豆的田间管理分为前期（出苗—现蕾前）、中期（现蕾—开花结荚期）、后期（鼓粒成熟期）管理。

一、前期管理（出苗—现蕾前）

生育特点：蚕豆从胚根突破种皮到主茎幼芽伸出地面 2～3cm 为发芽出苗期，出苗后 15d 左右，茎基部叶腋间开始出现分枝，出苗 20～25d 第 5～7 片叶的叶腋间出现花蕾，出苗后到现蕾前为营养生长阶段，此期需注意以下三点：

1. 查苗补苗　蚕豆出苗后要及时查苗补苗，若缺苗，可用干种子或经催芽的种子或在苗多的地方挖苗带土移补，以分枝期带土移栽效果好。

2. 巧施苗肥　在土壤肥力中等，施足基肥和适期播种的条件下，不施苗肥。但在薄地或基肥不足，幼苗长势差的地块上，由于蚕豆幼苗期根瘤菌活动甚微，固氮能力差，所以轻施氮肥，促进根系、幼苗和基部有效分枝生长。一般追施尿素或硫酸铵每 $667m^2$ 4～5kg，草木灰每 $667m^2$ 50kg。

3. 不浇水　蚕豆幼苗期比较耐旱。

二、中期管理（现蕾—开花结荚期）

生育特点：蚕豆现蕾后营养生长加快，花芽不断分化，特别是花荚期，茎叶生长迅速，植株干物质积累较快，开花增加，茎叶内贮藏的养分大量地向花荚输送，幼荚膨大。这一时期是蚕豆一生中生长发育旺盛的阶段，是营养生长和生殖生长并进期，也是田间管理的主要时期。

中期管理对蚕豆的产量影响非常大，此期要做好以下几方面工作。

1. 中耕除草　在蚕豆生长期中，需要多次中耕除草和必要的培土。春播蚕豆，一般中耕两次，拔草一次。苗高 13～16cm 时结合追肥进行第一次中耕；第二次中耕在花期结合锄草，起土培垄，30d 左右再拔草一次。花荚期以后，不用中耕培土。

2. 重施花荚肥　开花结荚期是蚕豆需肥高峰期。花荚肥可延长叶功能期，加速养分运输和转化，有保花、增荚、增重的作用。一般以初花期施肥为宜。每 $667m^2$ 施尿素 5～10kg，过磷酸钙 10～15kg，磷酸二氢钾 1kg，0.1％的硼酸钠和钼酸铵溶液，增加百粒重。

3. 适时浇水　蚕豆喜湿润，对水分很敏感，如果土壤干旱，就会影响正常生育和引起花荚脱落。尤其是开花结荚期需水最多，且为需水临界期，必须浇水一次，充分满足水分的需要。

4. 整枝摘心　蚕豆是无限花序，分枝力强，在温度适宜，水肥充足的条件下，易产生分枝，且在生长后期分枝顶部的花多为不育花，消耗大量养分，所以应在结荚初期或中期打顶摘心调节植株体内养分向花荚集中，提高结荚率。打顶的时间应根据蚕豆长势，水肥条件和密度不同灵活掌握，长势差、矮小植株不打顶；薄地上的植株，分枝少，且以主茎结实不打顶。打顶选择晴天中午进行，具体方法是摘实不摘虚，摘蕾不摘花，在 10～12 层花序后摘顶，一般摘除顶部 2～3cm。在苗期基本苗较少也可用摘顶方法促其分枝，以增加有效株数。

三、后期管理（鼓粒成熟期）

生育特点：蚕豆花朵凋谢后，幼荚开始伸长，荚内种子开始膨大，荚果向宽厚增大，籽粒渐渐鼓起，种子的充实过程称为鼓粒。鼓粒到成熟是蚕豆种子形成的重要时期，是决定每株荚数、每荚粒数和百粒重高低的关键时期。

后期管理直接关系到蚕豆产量，必须重视以下两方面事项。

1. 根外喷肥　灌浆期叶面喷肥，有利于延长功能叶的寿命，增加籽粒重量。一般喷 0.05％的硼砂溶液或钼酸铵、锌肥、尿素等均可增加产量。

2. 防涝　蚕豆生育后期要防涝。

任务四　病虫害防治

■ 知识准备

蚕豆病害有褐斑病、枯萎病；虫害有蚕豆蚜虫、蛴螬、蚕豆象等。

■ 任务实施

一、病害防治

1. 褐斑病　属真菌型病害，是蚕豆普遍发生的重要病害。

发病条件：种子没有消毒或偏施氮肥，或播种过早及在阴湿地种植发病重。

传播途径：以菌丝在种子或病残体内，或以分生孢子器在蚕豆上越冬，分生孢子借风雨传播蔓延。

发病部位：叶、茎、荚和种子。

症状：在发病部位产生褐色或黑色，圆形或椭圆形病斑。

防治方法：

（1）药剂拌种。严格对种子进行消毒，生产上用福美双拌种，每 50kg 种子拌药 0.3～0.5g 或在 70℃温水中浸种 2min。

（2）集中清除和销毁田间带病残株。

（3）实行轮作。

（4）加强田间管理，在蚕豆生长期间注意通风和排水，施磷钾肥。

（5）药剂防治。在发病初期用 0.5％～1％波尔多液喷洒植株，每隔 6～7d 喷一次，连续喷施 2～3 次。

2. 枯萎病　俗称霉根病、蚕豆温病，是蚕豆的主要病害之一。

发病条件：高温干旱发病严重，当土壤含水量低于 65%，土壤温度达到 25℃左右时，瘠薄的、酸性土壤容易得病。

传播途径：以菌丝体和菌核在土中或病残体上越冬，翌春以菌丝侵入寄主。

发病部位：在开花结荚期叶、茎、根。

症状：发病初期叶色由浅绿→浅黄绿→黑焦枯，直至脱落；茎基部表现黑褐色病斑，潮湿时常产生粉红色霉层；根部发病时侧根和主根上均产生褐色至黑褐色条纹，最后导致主根变黑，皮层腐烂，须根全部坏死。

防治方法：

（1）选用抗病品种，是防治病害的根本。

（2）以耕作措施防治为主。病菌在土壤中可以存活 2～3 年，合理轮作是防病的重要措施。

（3）田间管理，土壤干旱时，适时灌水。

（4）药剂防治发病初期可用 2%～5% 的石灰水喷洒；80% 的代森锌可湿性粉剂 500～600 倍液喷雾，或用 50% 多菌灵可湿性粉剂 1 000 倍液喷雾，一般每次间隔 5～7d，连喷 2～3 次。

二、虫害防治

1. 蚕豆蚜虫　又叫苜蓿蚜，是花叶病毒的传毒媒介，是危害蚕豆的主要害虫之一。

发生特点：干旱是蚜虫发生为害的主要条件。

为害部位：在开花结荚期为害嫩叶、花、荚和新叶。

为害症状：成虫和若虫刺吸嫩叶、嫩茎、花及豆荚的汁液，使叶片卷缩、褪绿，植株变矮，严重时不开花、不结实，影响植株和豆荚生长，造成减产。

防治方法：

（1）可用 40% 氧化乐果 2 000 倍液喷雾，每 7～10d 喷一次，连喷 2～3 次，效果好。

（2）用 10% 吡虫灵可湿性粉剂 1 200～1 500 倍液，或 2.5% 溴氰菊酯 2 000倍液，按每 667m² 50～60kg 的剂量均匀喷雾。

（3）50% 抗蚜威可湿性粉剂 2 000～3 000 倍液喷施。

2. 蛴螬　是旱地为害最重的害虫。

发生特点：幼虫一般一年一代，终生栖居土中，最适的土温平均为 13～18℃，春秋发生严重。

为害部位：蚕豆种子、根和近地面的茎基部。

为害症状：咬断初生根和茎，使幼苗枯死。

防治方法：可用75％辛硫磷2 000倍液进行灌根。

3. 蚕豆象　俗称豆龟、豆牛、豆猴子，是蚕豆最主要的虫害。

发生特点：一年发生一代，成虫在豆粒内、仓库内、墙壁缝以及树皮裂缝等处越冬，第二年春天蚕豆开花时飞到花上采食花粉、花蜜，在幼荚上产卵，以后幼虫钻进蚕豆籽粒中为害，致使籽粒食味变苦。

为害部位：豆粒。

为害症状：在种子表面形成直径2～3mm的圆孔。

防治方法：

（1）日光暴晒　种子收获后，选择晴朗的天气，将种子摊晒于席子上或干燥的地上，暴晒4～6h，晒种时要勤翻动，使温度升高到46～50℃，杀虫灭菌，并趁热进仓储藏。

（2）"三灰"防虫　将暴晒过的种子倒入缸内，不要装满，离缸口3～4cm，在上面铺一层纸，在纸上放草木灰或石灰、煤灰，加盖保存。

（3）沸水烫种　将蚕豆种子装在容器内，加入沸水浸泡半分钟，然后取出放在凉水中浸凉，捞出晒干，可全部杀死蚕豆象，并且对种子的发芽没有影响。

（4）药剂防治　在蚕豆初花期至盛花期每667m²用20％速灭杀丁20mL兑水60kg喷雾毒杀成虫，7d后再喷一次，效果好。

任务五　适时收获贮藏

一、适时收获

蚕豆豆荚上下部成熟期不一致，当下部荚果变黑，上部豆荚呈黑绿色，叶片变枯黄凋落时即可收获。收获时，最好连茎秆一起收割晾晒，使豆粒后熟，并保持粒色鲜艳和提高品质。

二、贮藏

在贮藏前，应将充分干燥后，用麻袋包装堆放。水分在12％～14％时，堆高不得超过6层麻袋高；当水分在12％以下时，堆高不宜超过8层麻袋高。露天贮藏，要在堆底垫好防潮物，堆顶苫盖，防止雨淋。当贮藏数量大时，可以仓储，贮藏期间要定期检查堆温和水分以及虫食等，确保安全贮藏。

■ 能力转化

1. 在蚕豆的田间管理中，为什么要打顶摘心？
2. 防治蚕豆象的常用方法是什么？
3. 蚕豆生长中期的生育特点及管理技术分别是什么？

项目五　红小豆生产技术

■ 学习目标

【知识目标】

1. 红小豆的生产意义。
2. 了解生产上常用的红小豆优良品种。
3. 红小豆生长发育对环境条件要求。

【技能目标】

掌握红小豆生产的关键技术措施。

【情感目标】

通过学习，培养学生发现问题，解决问题的能力。

红小豆又称赤豆、赤小豆、红豆，属豆科菜豆属，一年生草本植物。原产于我国，我国是世界上红小豆种植面积和产量最大的国家，年产 30 万～40 万 t。红小豆作为我国北方主要的杂粮品种之一，营养价值高，淀粉含量丰富，其蛋白质中赖氨酸含量较高，宜与谷类食品混合成豆饭或豆粥食用，一般做成豆沙或做糕点原料，因此被人们称为"饭豆"。红小豆还是良好的药用植物，有明目、生津液、消胀、除肿、止吐、解表、利尿的功效，李时珍称之为"心之谷"。其秸秆是牛、羊、马、兔的优质饲草。

红小豆是良好的前茬作物，可与多种作物搭配轮作。其侧根发达、主根不发达，根系有根瘤，自身有一定的固氮能力。红小豆是短日照、喜温作物，耐阴、耐瘠薄，忌涝，适于在低湿地、瘠薄地种植。

红小豆有深红色和浅红色两种，后者就是被人们称为"山西小豆"的山西特产。山西省出产的红小豆色泽光亮、鲜红色、短圆柱形，蛋白质含量超过21%，是国内外市场上最受欢迎的类型。

红小豆对环境条件的要求

1. 光照　红小豆为短日照作物。不同品种间对光照长短要求有很大的差异，一般中、晚熟品种反应敏感，早熟品种反应迟钝。红小豆在北种南移，生育期缩短；南种北移，生育期延长；红小豆不同生育阶段对光照反应也有很大差别，一般苗期影响最大，开花期次之，结荚期影响最小。

2. 温度　红小豆是喜温作物。适应范围广，从温带到热带都有种植。红小豆的种子发芽的最低温度为 8℃，最适宜的发芽温度为 14～18℃，温度低于 14℃或高于 30℃时植株生长缓慢。花芽分化和开花期最适温度为 24～28℃，低于 16℃花芽分化受到影响。红小豆全生育期需积温 2 500℃左右，从播种到开花要求积温 1 000℃，开花到成熟需积温 1 500℃。红小豆一生有两个时期最怕低温和霜害，一是苗期不抗晚霜冻；二是成熟期的低温早霜，遇霜害易造成秕荚小粒，降低产量和品质。

3. 水分　红小豆是需水较多的作物，每形成 1g 干物质，需要消耗水 600～650g。苗期耐旱，需水少，花芽分化后需水逐渐增多，到开花、结荚期为需水高峰期，也是需水临界期期，农谚说"涝小豆"，主要是指红小豆开花、结荚期需要较多水分，如果土壤水分不足或遇天气干旱，都会造成落花、落荚、秕荚、秕粒。如水分过多或遇连阴雨天，会造成植株早衰。成熟阶段则要求天气干燥。

4. 土壤　红小豆对土壤要求不严，但以排水良好，保水保肥，富含有机质的中性沙壤土为宜，要求土壤耕层深厚、疏松通气，一般不适于低洼地种植。

任务一　播前准备

■ 任务实施

一、轮作换茬

红小豆忌连作，也不宜重茬和迎茬，红小豆重茬可使病害加重，杂草丛生，根系发育不良，根瘤减少，产量和品质降低，必须实行 3 年以上与非豆科作物轮作。主要轮作方式有：

红小豆—谷子—玉米；

红小豆—玉米—高粱；

红小豆—马铃薯—玉米。

二、整地

红小豆拱土能力弱，根系发达，一般耕深以 20～30cm 为宜，在上年前作收获后或早春及时耕翻，耕翻后及时耙地，平整地面，达到土地表面细碎平整，上松下实。需要土壤比较疏松，根瘤活动也需要较好的通气条件，因此，以耕层深厚，疏松为好。一般应耕翻 15～20cm。播小豆的地应在上年秋后全部耕翻。

三、重施底肥

红小豆喜肥，加之生育期较短，整地时一次重施底肥，以满足整个生育期的营养需要。一般要求每 667m² 施农家肥 1 500～2 000kg，磷酸二铵 5kg，或过磷酸钙 15～20kg，硫酸钾 3kg，尿素 2.5kg。

四、选用良种

选用生育期适中、结荚多而集中、高产、抗病、市场适销的品种。根据目前市场对红小豆质量要求，选用早熟，百粒重 15g 以上。山西省生产上推广的品种有：

1. 金红 3 号 山西省农业科学院农作物品种资源研究所选育，晋审小豆（认）2010001。

该品种生育期 114d 左右。生长较整齐，生长势强。幼茎多边形、绿色，植株半蔓生，株高 57.2cm 左右，单株分枝 6.0 个，总状花序，花黄色，荚圆筒形，单株荚数 33.2 个，单荚粒数 6.9 粒，成熟荚灰褐色，百粒重 12.8g，籽粒短圆柱形、鲜红色，商品性较好。抗旱性中等，菌核病较重。平均每667m²产量 100kg。

品质分析：农业部谷物品质监督检验测试中心（北京）检测，粗蛋白（干基）22.18%，粗脂肪（干基）0.74%，粗淀粉（干基）56.0%。

栽培要点：最好与禾谷类作物轮作。每 667m² 施基肥碳酸氢铵 15～20kg、过磷酸钙 20～30kg。一般在耕层地温稳定在 10～14℃时确定为适宜播期，选择旱地中低水肥地种植，每 667m² 播量 2.5～3.0kg，每 667m² 留苗密度 1.2 万株左右。苗期及时中耕除草，在多雨年份，要注意防治菌核病。当田间大多数的植株上有 70% 以上的荚变黄或变黑时收获。

适宜区域：山西省红小豆产区。

2. 红小豆特红 山西省农业科学院高粱研究所选育，山西省审认定编号 2010002。

该品种生育期107d左右，属早熟品种。生长较整齐，长势中等。主根发达，抗旱性强，幼茎绿色，植株直立，抗倒性好，株高41.3cm左右，主茎分枝多、紧凑，单株分枝5.2个，花黄色，荚浅黄色、圆筒形，单株荚数23.5个，单荚粒数6.4粒，籽粒中等大小，百粒重16.4g，籽粒长圆形，深红色，商品性好。成熟后不炸荚，易统一收获。平均每667m² 产量110kg。

品质分析：农业部谷物品质监督检验测试中心（北京）检测，粗蛋白（干基）21.26%，粗脂肪（干基）0.55%，粗淀粉（干基）57.13%。

栽培要点：最好与禾谷类作物轮作。增施农家肥做底肥，以堆肥、厩肥等为好，在农家肥中增加磷、钾，如草木灰等。播种期一般在5月10~20日，适宜穴播和条播，播种密度每667m² 6 500~8 500株。干旱年份要中耕，花期到灌浆期有条件的地方可浇水一次，以保证籽粒饱满。当田间大多数的植株上有70%以上的荚变黄或变黑时收获。

适宜区域：山西省红小豆复播区。

3. 大粒红小豆（宝清红）   宝清红小豆是黑龙江省宝清县的特产，属地方品种。

该品种生育期110d左右，需活动积温2 200℃左右，株高40~50cm，黄花，圆叶，白荚，籽粒椭圆三棱形，鲜红色，有光泽，种皮薄，脐白色，百粒重16~18g。无限结荚习性，分枝多，结荚密。平均每667m² 产量150kg。

品质特性：粒大而独特，色泽鲜艳，豆沙含量高，其中淀粉、蛋白质、粗脂肪和可溶性糖含量分别为53.2%、21.0%、23%和0.65%，并含有人体所需的钙、铁等多种微量元素，品质极优。

适宜种植地区：山西省红小豆复播区。

4. 红小豆（珍珠红）   该品种生育期110d左右，需活动积温2 200℃左右，株高50cm左右，有限结荚习性，分枝多，结荚密，产量高，试验产量在每667m² 150~210kg。

品质特性：粒匀、饱满、美观，如同红珍珠一样，色泽鲜艳。

适宜种植地区：山西省红小豆复播区。

5. 晋小豆2号   山西省农业科学院经济作物研究所选育。晋审小豆（认）2006001。

该品种生育期125d左右，叶色浓绿色，叶背、腹沟均有茸毛，株高80cm，茎半蔓生，有效分枝数5条；花黄色，无限结荚习性，单株荚数约31个，荚细棒状；单荚粒数14~16粒，百粒重约10g；种子圆柱形，红色，白脐。

栽培要点：适宜播期春播5月上、中旬，复播6月中旬；播量为每667m² 1.5~2.5kg，留苗密度为每667m² 1万~1.5万株；苗期应及时防治蚜虫、红蜘蛛等病虫害；在较干旱、凉爽的生态环境中栽培，不宜种植在二阴地、下湿地、高水肥地。

适宜区域：适宜山西省各地春播，南部复播。

6. 品金红3号 山西省农业科学院农作物品种资源研究所选育，晋审小豆（认）2010001。

该品种生育期120d左右。幼茎多边形、绿色，植株半蔓生，株高60cm左右，单株分枝4～6个，总状花序，花黄色，荚圆筒形，单株荚数36个，单荚粒数6～8粒，成熟荚灰褐色，百粒重12.8g，籽粒短圆柱形、鲜红色，商品性较好。产量为每667m² 125～175kg。抗旱性中等，田间调查菌核病发生较对照重。

栽培要点：最好与禾谷类作物轮作。每667m²施基肥碳酸氢铵15～20kg、过磷酸钙20～30kg。一般在耕层地温稳定在10～14℃时确定为适宜播期，选择旱地中低水肥地种植，播量每667m² 2.5～3.0kg，留苗密度每667m² 1.2万株左右。苗期及时中耕除草，在多雨年份，要注意防治菌核病。当田间大多数的植株上有70%以上的荚变黄或变黑时收获。

适宜区域：山西省红小豆产区，适宜在旱地、中等水肥地种植。

五、种子处理

1. 选种 "苗好三成收"苗齐、苗壮是红小豆丰产的前提，所以播种前精选种子，将虫蛀粒、碎粒和杂质去掉，选出无病虫的饱满籽粒，保证种子的净度＞98%，纯度＞99%，发芽率为＞95%，含水量＜13%，达优质种子二级标准。

2. 晒种 为提高红小豆种子活力，出苗整齐，在晴天晒种1～2d，可早出苗1～2d。

3. 钼肥、根瘤菌拌种 一般瘠薄地每667m²用0.05～0.1kg根瘤菌接种，或每667m²用0.05kg钼酸铵可溶性粉剂拌种，可增产10%～20%；高产田用30%增产菌拌种，可增产12%～26%；也可用10g/kg的磷酸二氢钾拌种，可增产10%。

任务二　播种技术

■■ 任务实施

一、适期播种

适期播种是保证高产稳产的重要措施之一，在5cm耕层地温稳定在12～

16℃时为适宜播种期，一般在5月上旬至5月中下旬。

二、播种方法

红小豆的播种方法主要是条播和穴播，单作以条播为主，间作、套种和零星种植常用穴播，穴距15～20cm，每穴4～5粒，出苗后每穴留苗2～3株。穴播群体与条播不同，条播基本上是单株均匀分布，而穴播有稀有密，穴距较大。

三、种植密度

红小豆种植密度与品种特性、气候条件、土壤肥力、播种早晚和留苗方式有关，直立有限生长型品种、土壤瘠薄、旱地、晚播，宜密植，一般春播留苗每$667m^2$1万～1.2万株，行距45～50cm；反之则适当稀植，留苗密度每$667m^2$8 000株左右，行距60cm。

四、播种量

据种植密度，播种量的种子粒数应为留苗数的1.5～2倍，条播单作播量控制在每$667m^2$2.5～3kg，每$667m^2$穴播2kg。

五、播种深度

根据土壤类型而定，以5～7cm为宜，沙壤土略深，黏壤土则略浅，覆土厚薄要一致。

六、播后镇压

红小豆耐瘠薄，多种植在山地、薄地上，所以播种后及时镇压，促进种子发芽，早出苗，出全苗。

任务三　田间管理

■ 任务实施

一、间苗、定苗

幼苗出齐后，两片真叶展平时间苗，间苗的时间宜早不宜迟，一般在第1片复叶展开后开始间苗，第2片复叶展开后定苗。结合间苗拔除病苗、弱苗、杂苗和小苗，每穴留一株壮苗，在干旱威胁较大的地块，应适当推迟间苗、定苗时间，但最晚不宜迟于第三复叶期。如有缺苗断垄现象应及时补苗。

二、中耕除草

在红小豆全生育期内中耕 2～3 次，三次中耕应掌握浅、深、浅的原则。第一次结合定苗进行浅中耕，起到清除垄间杂草，松土保墒，促进幼苗生长和根瘤形成的作用，第二次分枝期深中耕，此时苗已长成，根入土较深；第三次封垄前浅中耕，结合培土进行，起到增根、防倒伏作用。中耕一般在封垄前结束，后期田间大草用手拔除，以避免杂草与红小豆争夺肥水，影响结实率。

三、灌水排涝

红小豆喜湿，但怕涝。在不同生育阶段需水量有较大差异，苗期植株小，生长慢需水量较少，耐旱能力较强，只要田间出苗情况良好，苗期不进行灌溉。现蕾至结荚期是红小豆营养生长和生殖生长的并进期，植株生长达到高峰是需水最多的时期，也是需水临界期，此时天气干旱和土壤水分不足时，会造成大量落花、落荚，在现蕾期和花荚期各灌水一次，以延长开花结荚时间，增加单株结荚数和单荚粒数。对没有灌溉条件的地区，可适当调整播期使花荚期赶在雨季；鼓粒灌浆期是红小豆生殖生长旺盛时期，同样需要一定量的水分，此时水分不足，会使小豆荚瘪粒小，减产明显，甚至绝产，所以根据天气和土壤水分情况合理灌溉。在苗期和盛花期注意排涝。

四、合理追肥

如果基肥不足，在初花期结合浇水每 667m² 追施尿素 15kg 和硫酸钾 5kg；鼓粒期有脱肥现象的地块以根外喷肥为主，每 667m² 用 800g 尿素加磷酸二氢钾 150g，对水 30～40kg，在晴天下午 3～4 时叶面喷施，延长叶片功能期。

任务四　病虫害防治

■ 知识准备

红小豆主要病害有白粉病、锈病、叶斑病、茎腐病、根腐病等。主要虫害有蚜虫、红蜘蛛、豆荚螟、食心虫等。

■ 任务实施

一、主要病害及其防治

1. 白粉病

发病条件：气候湿润、温暖、植株密度大，病害易发生。

传播途径：病菌孢子借气流传播。

发生部位：叶片、茎、荚。

症状：在发病部位起初是点状褪绿，逐渐出现白色菌丝和粉状孢子并不断扩展蔓延，生长后期病叶逐渐变黄脱落。

防治方法：

（1）选用抗病品种。

（2）在发病初期，喷施甲基托布津可湿性粉剂 500 倍液或每 667m² 用 50g 50％多菌灵可湿性粉剂 800～1 000 倍液喷雾，从现蕾期开始，每隔 7～10d 喷一次，连喷 2～3 次。

2. 锈病 又称锈斑病。

发病条件：天气干旱、高温、密植、品种不抗病、连作发病重。

传播途径：锈病夏孢子通过风、雨传播，风多雨多，锈病侵染严重。

发生部位：在成株期主要是叶片受害。

症状：叶片染病初期有褪绿小斑点，逐渐形成黄褐色或暗褐色夏孢子堆，夏孢子堆多在叶背面，夏孢子堆破裂后散出锈粉状的夏孢子，病害严重时叶片黄而枯，早落，秕荚、秕粒增多，叶柄，茎秆和荚上有相似病斑。

防治方法：

（1）选用抗病品种，是最经济有效的措施。

（2）适期播种。

（3）实行合理轮作和间作、套种。

（4）药剂防治。植株刚发病，①每 667m² 用 20％ 粉锈宁 70～100mL，每 667m² 兑水 20～30kg 喷雾。②每 667m² 用 110g75％百菌清可湿性粉剂400～500 倍液喷雾。③每 667m² 用 20％的三唑酮 70～100mL 喷雾，每隔 7～10d 喷一次，喷 2～3 次。

3. 根腐病

发病条件：地势低洼，土壤水分大，春季低温、高湿，夏季多雨，容易发病。大风雨天气有助于病菌的传播蔓延。

传播途径：病菌在土壤和病残体上越冬。

发生部位：根部的主根。

症状：在幼苗期和成株期都发病。一般病斑初为黑褐色或赤褐色小斑点，逐渐扩大呈梭形、长条形、不规则形大斑，最后整个主根变为红褐色或黑褐色溃疡状，皮层腐烂，主根受害侧根和须根也脱落。植株地上部表现长势减弱，叶片黄且瘦小，植株矮化，分枝少，重者可死亡。

防治方法：

（1）选择抗病品种。

（2）生产上使用含有杀菌剂的包衣种子，防治苗期根腐病。

（3）与非豆科作物 3 年轮作，可减轻病害。

（4）雨后要及时排除田间积水，降温除湿。

（5）施足基肥、种肥，及时追肥，壮根不容易发病。

二、主要虫害及其防治

1. 小豆蚜虫

发生特点：幼虫和成虫在植株的幼嫩部位吸食汁液。

为害部位：嫩叶、嫩茎、嫩芽、心叶、幼嫩花蕾、幼嫩花瓣、嫩荚。

为害症状：吸食汁液后的叶片卷缩，形成大小不一的枯黄斑，使植株变黑，影响开花结荚。

防治方法：用 10％吡虫啉可湿性粉剂 2 000～3 000 倍液，每隔 7～10d 喷一次，连喷 2～3 次。用 20％氰戊菊酯或 2.5％氯氟氰菊酯或 2.5％溴氰菊酯配制成 3 000 倍液喷雾。40％的氧化乐果乳剂 1 000～1 500 倍液喷雾。

2. 绿豆象 又称豆牛。

发生特点：幼虫蛀食豆粒，使豆粒失去食用价值。

为害部位：豆粒。

为害症状：蛀食的豆粒有一个或几个洞孔。

防治方法：目前多用药物熏蒸，所用药物有敌敌畏、氯化苦、磷化铝、溴甲烷等。敌敌畏用量 300mL/m³ 80％的敌敌畏乳剂；氯化苦用量 36～50g/m³；磷化铝用量 3～4g/m³，溴甲烷用量 30g/m³，在室温 20℃以上密闭熏蒸 2～3d，2 周后食用，熏蒸要注意安全。没有熏蒸条件的地方，在冬天夜间气温降至－5℃以下时，在晚间薄摊在场上冷冻 2～3d。冷冻期间要经常翻动，并注意防潮，经冷冻的红小豆在夜间趁凉入库，然后密封库房，使库内保持较长时间低温，抑制害虫发育。

任务五　适时采收

■ 任务实施

红小豆的生育期一般为 70～150d，春、夏播种，在 9～11 月份收获。多数品种为无限结荚习性，成熟期很不一致，常常是基部荚果已呈黑色，而上部的荚果还呈青色或尚在灌浆。因此当田间 2/3 以上豆荚成熟，为适宜收获期。小面积栽培时，可分期采摘。

■ 能力转化

1. 分析红小豆白粉病的发生、预防机制。
2. 提高红小豆产量的关键措施有哪些?

单元七

马铃薯生产技术

一、马铃薯生产的意义

马铃薯又名土豆、洋芋、山药蛋等，是茄科茄属的草本植物，是粮菜兼用作物，具有高产、早熟、用途多、适应性强、分布广的特点。从营养价值看，马铃薯富含人体需要的各种营养物质，碳水化合物含量一般为 12%～22%，有的高达 28%，每千克可供 3.56kJ 热量，其热量高于各种禾谷类作物。含较高的可消化蛋白，蛋白质含量一般为 2%，有的可以达到 10%；含有人体必需的各种无机盐，如钙、磷、铁等元素；维生素含量较全面，尤其维生素 C 含量高，故常被誉为地下苹果。马铃薯是高寒山区人民的主食，在人民生活中有重要的意义。

马铃薯的加工品质很好，加工市场很大，可以加工成薯片、薯条、马铃薯脯、粉丝、食醋、蛋白肠、全粉、果蔬豆皮等高附加值的产品。

马铃薯是食品工业和医药制造业的重要原料之一。可生产淀粉、酒精、合成橡胶、人造丝、葡萄糖等数十种产品。淀粉是医药、食品、造纸、印刷、化工等工业原料，也是外贸出口物资，马铃薯的块茎加工后的薯渣，茎叶均为较好的牲畜饲料。因此马铃薯有较高的开发价值，在国民经济中占有重要地位。

马铃薯生育期短、适应性较强、可与多种植物间作、套作、复种、增加复种指数、提高作物的产量。

二、马铃薯的类型

马铃薯按用途可分为食用型、食品加工型、淀粉加工型、种用型几类。不同用途的马铃薯其品质要求也不同。

1. 食用型 鲜薯食用的块茎，要求薯形整齐、表皮光滑、芽眼少而浅，块茎大小适中。无变绿；出口鲜薯要求黄皮黄肉或红皮黄肉，薯形长圆或椭圆形，食味品质好、不麻口，蛋白质含量高，淀粉含量适中等。

2. 食品加工型　目前我国马铃薯加工食品有炸薯条、炸薯片、脱水制品等，但最主要的加工产品仍为炸薯条和炸薯片。二者对块茎的品质要求有：

（1）块茎外观。表皮薄而光滑，芽眼少而浅，皮色为乳黄色或黄棕色，薯形整齐。炸薯片要求块茎圆球形，大小以 40～60mm 为宜。炸薯条要求薯形长而厚，薯块大而宽肩者（两头平），大小在 50mm 以上或 200g 以上。

（2）块茎内部结构。薯肉为白色或乳白色，炸薯条也可用淡黄色或黄色的块茎。块茎髓部长而窄，无空心、黑心等。

（3）干物质含量。一般油炸食品要求 22%～25% 的干物质含量。

（4）还原糖含量。理想的还原糖含量应约为鲜重的 0.10%，上限不超过 0.30%（炸片）或 0.50%（炸薯条）。块茎还原糖含量的高低，与品种、收获时的成熟度、贮存温度和时间等有关。尤其是低温贮藏会明显升高块茎还原糖含量。

3. 淀粉加工型　淀粉含量的高低是淀粉加工时首要考虑的品质指标。因为淀粉含量每相差 1%，生产同样多的淀粉，其原料相差 6%。作为淀粉加工用品种其淀粉含量应在 16% 或以上。块茎大小以 50～100g 为宜，大块茎（100～150g 以上者）和小块茎（50g 以下者）淀粉含量均较低。为了提高淀粉的白度，应选用皮肉色浅的品种。

4. 种用型

（1）种薯健康。种薯要不含有块茎传播的各种病毒病害和真细菌病害。纯度要高。

（2）种薯小型化。块茎大小以 25～50g 为宜，小块茎既可以保持块茎无病和较强的生活力，又可以实行整播，还可以减轻运输压力和费用，节省用种量，降低生产成本。

另外，甘肃农业大学按照马铃薯的生产现状和市场需求的发展趋势，将马铃薯的品质内容和指标进一步具体分为三大类：即外部品质或商品加工品质（包括个体重、外形、皮色、整齐度、大薯率、畸形率等），内部品质或营养品质（包括干物质、淀粉、维生素 C、还原糖、毒素等），食味品质（包括炸、煮、蒸、炒后的味感评分）。

三、山西省发展马铃薯的优势

近年来山西省栽培面积为 24.7 万 hm²，年产量为 400 万 t，占播种面积的 10.1%，在栽培四个区划中山西省大部分属于北方一作区，该区域栽培面积大而集中，占全国马铃薯播种面积的 1/3 以上，是我国的主要产区之一。

1. 市场优势 春季上市早：5 月 25 日～6 月 10 日，6～7 月全国马铃薯生产淡季，山西地区正值生产旺季。

2. 气候优势 春暖、秋凉（夏炎热、冬寒冷）。春秋两季生产，典型二季作区，春季产量每 $667m^2$ 1 500～2 500kg，最高达到每 $667m^2$ 3 500kg，用于商品薯生产；秋季产量多为每 $667m^2$ 1 000～1 500kg，多用于留繁种。

3. 地理优势 山西省地理、交通优势明显。

4. 马铃薯自身优势 ①四季消费。②投资少，见效快，技术简单。③可鲜食、贮存、耐运。④深加工：薯条、粉丝、粉面、粉皮。⑤饲料酿酒。

项目一 播前准备

■ 学习目标

【知识目标】

　　1. 熟悉马铃薯播前需要进行的种薯准备、土壤准备以及肥料准备的知识。

　　2. 了解马铃薯生长对环境条件的要求。

　　3. 熟悉轮作倒茬，间套作的基本知识。

【技能目标】

　　掌握整地、施肥、浇水、选种、催芽、切块的基本技术。

【情感目标】

　　通过学习，培养学生勤奋好学的意志品质。

一、马铃薯的茎

生产上马铃薯的繁殖器官是块茎，不是种子。块茎是马铃薯茎的一种。马铃薯的茎包括地上茎、地下茎、匍匐茎、块茎四种（图 7 - 1）。它们是同源器官，但形态和功能各不相同。

（一）地上茎

地上茎是由块茎芽眼萌发的幼芽形成的地上枝条，具有分枝和再生的特性。一般早熟品种茎秆矮小，分枝少且发生在茎的中上部，晚熟品种茎秆高大，分枝多且发生在茎基部。一般丰产性好品种多数茎粗杆状，基部分枝早而且多。

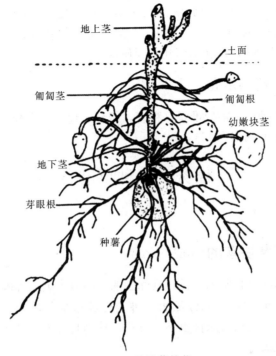

地上茎

土面

匍匐茎

匍匐根

幼嫩块茎

地下茎

芽眼根

种薯

图 7-1 马铃薯的茎

生产上为增加繁殖系数，提高生产率，常采用分株、育芽、掰苗、剪枝扦插、压蔓等措施繁殖新植株。

（二）地下茎

马铃薯地下茎是地表以下的主茎结薯部位，较短，多为 6～8 节，每节的叶腋间通常发生匍匐茎 1～3 条。

（三）匍匐茎

匍匐茎是由地下茎的腋芽发育而成，顶端膨大形成块茎。匍匐茎数目的多少与品种有关，一般每株可形成 20～30 条，多者可达 50 条以上。匍匐茎具有向地性和背光性，大部分集中在 0～10cm 的土层。匍匐茎因播种过浅或培土不当露出地面时，形成地上茎而不结薯。

（四）块茎

块茎是马铃薯食用部分，是由匍匐茎顶端的末节和次末节间极度缩短、膨大、积累大量养分而形成的变态茎。块茎与匍匐茎相连的一端叫薯尾或脐部，另一端叫薯顶。块茎形状有圆、扁圆、卵圆、长椭圆形等。皮色有黄、白、紫、红和紫红等色。薯皮有光滑和网斑两种。肉色分白、乳黄、红紫等色。

马铃薯块茎上有许多螺旋状排列的半月形叶痕，叫作芽眉，在芽眉内有3～5个未伸长的幼芽所组成的芽眼。芽眼呈螺旋状排列，顶部的芽眼比脐部的多，疏导组织发达，出芽早而壮，叫作顶芽优势。

二、生产资料准备

在马铃薯播种前，需要准备好种薯，肥料、地膜、农药等生产资料，并且整好地，做好播前的工作。

任务一　种薯准备

■ 知识准备

一、马铃薯块茎的休眠

马铃薯的块茎有休眠的习性，其休眠的原因有内因与外因。内因是：新收获的块茎在一定时期内，能分泌出一种类似脱落酸的物质——β抑制剂，因此，即使给予发芽的适宜条件也不会发芽。外因是外界环境条件不适宜块茎萌发，如高温、缺氧等。

休眠期的长短因品种、环境而异，一般2～3个月，最短1～2个月，有些品种在1～4℃贮藏条件下，休眠期可达5个月以上，而20℃左右条件下，2个月即可发芽。一般早熟品种比晚熟品种休眠期长，夏秋薯比春薯长。

生产中，为提早或延迟播种，常采用打破或延长休眠期的方法，进行促成栽培或延长贮藏期。

二、种薯的选择

1. 选择种薯　应选适应当地生育期长短的抗病毒品种。一年二季作区选早熟品种，一季作区选择中晚熟的抗病品种。

2. 出窖与精选　窖藏种薯贮藏好，未萌动的可于播种前40～45d出窖，进行催芽处理。种薯出窖后应严格挑选。挑选时应选择薯形整齐、薯块完整、表皮光滑柔嫩、芽眼鲜明、深浅适中的幼龄薯作种，淘汰受冻、有病、薯皮粗糙老化、龟裂、芽眼突起、皮色暗淡的块茎。如出窖时，块茎已经发芽，则应选择发芽少、幼芽短而粗壮的块茎，剔除幼芽纤细弱小的薯块。

三、山西省推荐的马铃薯优质新品种

1. 晋薯7号　山西省农业科学院高寒区作物研究所选育。

该品种生育期 130d 以上，属晚熟种，平均每 $667m^2$ 产量 2 000kg。薯形扁圆、黄皮黄肉、芽眼适中，商品薯率 91％。淀粉含量 17.5％。抗病性抗旱性强，抗 X 和 Y 病毒，有轻度卷叶型退化。

栽培要点：播前催芽，施足底肥，一般每 $667m^2$ 留苗密度 4 000 株，在开花初期追肥，总的原则是：前期促，早中耕，中期控，现蕾期深中耕高培土，少浇水，后期促控结合，少量勤浇水，叶面施肥。

适宜区域：在马铃薯产区的一季区均可种植。

2. 晋薯 8 号　山西省农业科学院育成。

该品种生育期 135d 以上，属晚熟种。薯形圆，黄皮浅黄肉，芽眼浅，商品薯率 90％左右，抗旱性强，抗晚疫病、早疫病、环腐病，退化速度慢。平均每 $667m^2$ 产量 2 200kg，该品种最大特点是淀粉含量高达 19.4％，粗蛋白质含量 3.03％，是专用全粉淀粉加工型品种。抗病，感病毒病轻，耐旱。

适宜区域：华北及山西省等地种植。

3. 晋薯 10 号　山西省五寨试验站选育。

该品种薯形扁圆，黄皮白肉，芽眼深浅中等。为粮菜兼用中晚熟品种，生育期为 95～110d。抗旱、抗病、耐贮存，一般每 $667m^2$ 产量 1 500kg 左右。

栽培要点：实期早播，及早深中耕，初花前覆土，每 $667m^2$ 留苗密度 3 500～4 500 株。适宜区域：山西省马铃薯产区种植。

4. 晋薯 11　山西省农业科学院高寒研究所选育。

该品种薯形扁圆、薯皮淡黄肉、芽眼深浅中等。100g 以上大薯率 81％，淀粉含量 15.5％，中晚熟品种。出苗至成熟 110d 左右，耐旱、抗病、耐储存。一般每 $667m^2$ 产量 1 500kg 左右。

栽培要点：播前施足底肥，要集中窝施，有条件的要在现蕾开花期浇水并施肥；每 $667m^2$ 留苗密度以 4 000 株为宜；注意防治束顶病。

适宜区域：山西省马铃薯产区种植。

5. 晋薯 13　山西省农业科学院高寒研究所选育。

该品种为中晚熟品种，从出苗到成熟 105d。株型直立，分枝中等，茎绿色，叶淡绿色，花冠白色，株高 80cm，天然结实中等，薯扁圆形黄皮淡黄肉，芽眼深浅中等，结薯集中，单株结薯 4～5 个。生长势强，抗旱性较强。平均每 $667m^2$ 产量 2 000kg 左右。

栽培要点：每 $667m^2$ 留苗密度 3 500 株，在水肥条件好的地块，可适当加大种植密度，播量以每 $667m^2$ 4 000 株为宜。由于该品种单株生产率高，若高垄种植，更能发挥品种的高产潜力。

适宜区域：山西省大同、朔州、忻州、太原等马铃薯一季作区种植。

6. 晋薯 14 山西省农业科学院高寒研究所选育。

该品种既抗病又耐贮藏，大种薯率在 90％左右。经农业部蔬菜测试中心分析，晋薯 14 各项指标均符合加工品质要求，品质较优。中晚熟品种，成熟期为 110d 左右，可在各地推广种植。

栽培技术要点：每 667m² 留苗密度 3 000 株，在水肥条件好的地块，可适当加大种植密度，每 667m² 播量以 3 500 株为宜。

适宜区域：山西省大同、朔州、忻州、太原等马铃薯一季作区种植。

7. 晋薯 17 山西省农业科学院高寒研究所选育。

该品种株型半直立，株高 70cm 左右，分枝多，匍匐茎短。叶小而色绿，侧小叶 3 对，顶叶常齿连，花冠白色，天然结实少。薯块扁圆形，黄皮黄肉，芽眼较深。植株生长势强，出苗期较长，结薯早而集中，单株结薯 3～4 个，商品薯率 85％以上。块茎休眠期中等，耐贮藏。中晚熟种，生育期 110d 左右。

栽培要点：①以 5 月上、中旬播种为宜，播前催芽。②种植密度每 667m² 3 000～3 500 株。③播前要施足底肥，并配合一定数量磷钾肥可显著提高产量和品质。④田间管理前期以促为主，早中耕、增地温，适时追肥，块茎形成期浅中耕、高培土，促进薯块膨大和成熟，9 月下旬至 10 月上旬收获。

适宜区域：山西省马铃薯一季作区。

8. 津引 8 号 从荷兰引入，薯形椭圆形，顶部圆形，皮色淡黄，肉鲜黄，表皮光滑，块大而整齐、芽眼数少而浅，结薯集中，块茎膨大快，鲜薯出苗至成熟 60d 左右。植株易感晚疫病，块茎中感病，轻感环腐病，抗花叶病毒。一般每 667m² 产量 1 700kg 左右。

栽培时宜密植，密度以每 667m² 4 000～5 000 株为宜。耐水肥，块茎对光敏感，应及早中耕培土。

9. 同薯 23 山西省农业科学院高寒研究所选育。

该品种中晚熟鲜食品种，出苗至成熟 106d 左右。株型直立，株高 60～80cm，叶片较大、深绿色，茎绿色带紫斑，分枝较少，生长势强，花冠白色，能天然结实，浆果有种子；块茎扁圆形，黄皮淡黄肉，薯皮光滑，芽眼深浅中等，商品薯率 86.6％。农业部蔬菜品质监督检验测试中心（北京）抗病性鉴定和品质分析，抗马铃薯轻花叶病毒病 PVX，中抗重花叶病毒病 PVY，轻度至中度感晚疫病；鲜薯含干物质 22.32％，淀粉 13.17％，还原糖 0.73％，粗蛋白 2.20％、维生素 C 每 100g 10.42mg，宜蒸食菜食。

栽培要点：播种期 4 月下旬至 5 月上旬，水肥条件较好地块，每 667m² 播种密度 3 000～3 500 株。播前施足底肥，最好集中窝施，配合施用一定量的磷、钾肥。及时中耕锄草，中期高培土，有条件地区在现蕾开花期浇水追肥，每 $667m^2$ 施氮肥 $15\sim20kg$。

适宜区域：河北、山西、陕西北部，内蒙古中部等中晚熟马铃薯产区种植。

任务实施

1. 打破休眠 常用的打破休眠期的方法有以下几种：①用浓度为 $0.5\sim$ $1mg/L$ 的赤霉素浸泡薯块 $10\sim15min$。②用 0.01% 的高锰酸钾浸泡薯块 $36h$。

2. 精选种薯 选择薯形规整，薯皮光滑、色泽鲜明，重量为 $50\sim100g$ 大小适中的健康种薯作种。选择种薯时，要严格去除表皮龟裂、畸形、尖头、芽眼坏死、生有病斑或脐部黑腐的块茎。

3. 种薯的催芽处理 出窖时种薯已萌芽至 $1cm$ 左右时，将种薯取出窖外，平铺于光亮室内，使之均匀见光，当白芽变成绿芽，即可切块播种。

如种薯在窖内保存很好，尚未萌动，则须在播种前提前出窖，进行"催芽"处理。播前催芽，可以促进早熟，提高产量。催芽方法：

(1) 用高锰酸钾液浸种催芽法。将种薯与沙分层相间放置，厚度 $3\sim4$ 层，并保持在 $20℃$ 左右的最适温度和经常湿润的状态下，种薯经 $10d$ 左右即可萌芽。催芽时，种薯用 $0.1\%\sim0.2\%$ 高锰酸钾液浸种 $10\sim15min$，可提高催芽效果。

(2) 困种催芽法。种薯在播种前 $20\sim30d$ 出窖，放在 $15\sim20℃$ 的暗室内催芽，催芽处理也可在温床内进行。在催芽过程中经常洒水，保持空气相对湿度 $60\%\sim70\%$，土壤适度湿润。同时要勤检查，见有烂薯立即捡出。当芽萌发长到 $1\sim3cm$，并出现根系时，即切块播种。

(3) 晒种。将种薯置于明亮室内或室外背风向阳处，平铺 $2\sim3$ 层，日晒夜盖并经常翻动，使之均匀见光，促使幼芽萌发，经过 $40\sim45d$，幼芽长达 $1\sim1.5cm$ 时，即可切块播种。

(4) 用赤霉素溶液浸种催芽法。播种前 $45d$，将种薯放在 $15℃$ 散光处晒 $5d$，切块后用赤霉素浸种处理，其浓度为：切块用 $0.5\sim1mg/L$，整薯用 $10\sim$ $50mg/L$，浸泡时间为 $10\sim20min$，捞出种薯直接播种或用沙土层堆积催芽后播种。一般经 $10\sim15d$ 即可萌芽。

4. 种薯切块与小整薯利用 为节约种薯，提高繁殖系数，打破休眠期，促进发芽出苗，常将种薯切块后播种。切块大小以 $20\sim30g$ 为宜，每块有 $1\sim$ 2 个芽眼，切块应尽量有顶芽。切块时应采取自薯顶至脐部纵切法，使每一切块都尽可能带有顶部芽眼，表现顶端优势（图 7-2）。

若种薯较大，$50\sim100g$ 重的种薯，纵向一切两瓣［图 7-2（a）］。$100\sim$ $150g$ 重的种薯，采用纵斜切法，把种薯切成四瓣［图 7-2（b）］。$150g$ 以上重的种薯,切块时应从脐部开始,按芽眼排列顺序螺旋形向顶部斜切,最后再把顶部一分为二,每个薯块要有 2 个以上健全的芽眼 [图 7-2 (c)]。切块时要剔除病薯,切块的用具要严格消毒,以防传病;切到病薯时应用 75% 酒精反复擦洗切刀或用沸水加少许盐浸泡切刀 8~10min 进行消毒。切好的薯块应用草木灰拌种。

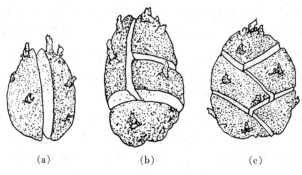

(a)   (b)   (c)

图 7-2   马铃薯种薯切块方法

(a) 50~100g   (b) 100~150g   (c) 150g 以上

若种薯小,重 50g 以下的种薯可采用整薯播种,避免切刀传病,而且小整薯的生活力和抗旱力强,播后出苗早而整齐,每穴芽数、主茎数及块茎数增多。因而采用 25g 左右健壮小薯作种,有显著的防病增产效果,能最大限度地利用种薯的顶端优势,增产幅度可达 17%~30%。

任务二   土壤准备

■ 知识准备

一、对土壤的要求

(1) 马铃薯是地下块茎作物,同时也是深耕性作物,块茎是在 10~15cm 土层内形成和膨大的,适宜栽培在土层深厚、结构疏松、富含有机质、地下水位较低、保水和透气性适中的土壤上。

(2) 马铃薯耐酸能力较强,但耐碱性能力很弱。对土壤 pH 的适宜范围为 4.8~7.0,而以 5.5~6.0 最为适宜。碱性土易导致疮痂病,土壤含盐量大于百分之 0.01 时,植株表现敏感。

(3) 沙壤土上栽培,马铃薯出苗快,块茎形成早,薯形整齐,薯皮光滑,产量和淀粉含量均高。

二、种植方式

(一) 轮作

马铃薯忌连作，连作易得茎腐病、环腐病，一年一轮作最好。不宜与茄科及块茎类、块根类作物轮作，最好与禾谷类、豆类作物轮作。如果一块地上连续种植马铃薯，不但引起病害严重，而且引起土壤养分失调，特别是某些微量元素，使马铃薯生长不良，植株矮小，产量低，品质差。

(二) 间作与套作

马铃薯的间作与套作对提高土地的利用率，增加单位面积产量具有重要意义。各地根据马铃薯的特点，安排马铃薯与玉米、谷子、高粱、小麦、棉花、瓜类等多种作物间、套作，从而获得高产。

■ 任务实施

整地

1. 秋季深耕 深度 25～30cm，干旱地区要耙糖保墒，适当浇水。

2. 适时旋耕 将有机肥、硝酸磷、硫酸钾肥施入。

总之，播种前采用翻耕、施肥、耙耱、起垄或做畦、镇压等措施，使土壤达到良好待播的状态。

任务三 肥料准备

■ 知识准备

马铃薯需肥规律

(1) 马铃薯是耐肥高产作物，对肥料要求量大，尤其对钾肥的需求量较大，反应敏感，氮次之，磷较少。在高产范围内，每产 1 000kg 块茎，要从土壤中吸收氮 5～6kg，磷（P_2O_5）1～3kg，钾（K_2O）12～13kg。氮、磷、钾比例为 2.5：1：4.5，此外，钙、硼、铜、镁等元素也不可少，尤其钙素，需要量相当于钾的 1/4。

(2) 发芽期需养分占整个生育期 10％左右，幼苗期养分占全生育期的 15％左右，对氮肥、磷肥比较敏感。块茎形成期，所需养分占全生育期的 20％以上，此时应增加钾肥，以利于块茎的形成。块茎增长期，所需养分占全生育期的 30％，特别不能缺钾肥。淀粉积累期，可适当增施磷肥，以促进果实成熟。总之，马铃薯对氮的吸收较早，在块茎增长期达最高峰，对磷的吸收较少而慢，对钾的吸收一直持续到成熟期。

任务实施

施肥技术

1. 施足基肥　根据其生育期短，且生育前、中期需肥量大的特点，应结合整地施足基肥，氮素施用量应占全生育期总量的 80％左右，磷、钾素全做基肥。基肥应以腐熟的堆肥为主，配合尿素、碳酸氢铵、过磷酸钙等化肥。基肥用量每 $667m^2$ 2 500kg。施用基肥时应拌施防治地下害虫的农药，如可用 2％甲胺磷粉。

2. 种肥　在基肥不足时，种肥集中施入播种沟内，每 $667m^2$ 种肥用量，尿素 2.5～5kg，过磷酸钙 10～15kg，草木灰 25～50kg，促进根系和幼苗生长。

3. 追肥　在马铃薯生育期间应适时追肥。

能力转化

1. 山西省推荐的马铃薯优质品种有哪些？

2. 种薯催芽处理的方法有几种？

3. 马铃薯整地、施肥技术的基本要求是什么？

项目二　播种技术

学习目标

【知识目标】

　　了解马铃薯的产量结构和合理密植的原则。

【技能目标】

　　掌握马铃薯的播种技术，提高播种质量。

【情感目标】

　　通过学习，使学生认识到提高马铃薯播种质量的重要性。

马铃薯对环境条件的要求：

1. 对温度的要求

（1）马铃薯喜冷凉气候，不耐高温，生长期间以昼夜平均温度 17～21℃为最适。

（2）在发芽期，对温度极为敏感，4℃以上即可萌芽，生产上适宜的萌芽温度为 13～18℃，若超过 36℃，则幼芽不会萌动，会造成烂种。

（3）幼苗期适温为 18～20℃，若高于 30℃，低于 7℃，则茎叶停止生长，幼苗－1℃时受冻，若低于－4℃则受到冻而死。日均温大于 24℃，则呼吸增强，光合效率下降，超过 29℃则植株停止生长，匍匐茎不能结薯，甚至伸出地面而变成地上茎。

（4）块茎形成期，地上部适温 18～21℃，地下部 16～18℃，若高于 25℃，则匍匐茎生长过快，顶端不膨大，不利于结薯，匍匐茎还会穿出地表而形成侧枝。温度低至－1℃，地上部受冻害，低到－4℃时，块茎也受冻害，芽眼死亡。

（5）块茎增长期，适温 15～20℃，若高于 21℃，容易结小薯，高于 25℃，易出现畸形。淀粉积累期适温 16～18℃，有利于干物质积累。

2. 对光照的要求

（1）马铃薯是喜光短日照作物。生育期间光照充足以及每天 12～13h 的日照，植株生长健壮。光照不足或每天日照时数 15h 以上，容易引起茎叶徒长。

（2）高温、长日照和弱光照对地上部茎叶生长有利；较低温度、短日照和强光照有利于块茎形成膨大和获得高产。

（3）过强光照下植株后期易早衰。

3. 对水分的要求

（1）马铃薯需水量较大，每形成 1kg 干物质，约需水 400kg。整个生育期，土壤湿度为田间持水量的 60%～80% 为宜。干旱时须浇底墒水。

（2）发芽期及幼苗期，土壤保持田间持水量的 65% 为宜。

（3）块茎形成期需水量显著增加，消耗的水分达整个生育期的 20%，保持田间最大持水量的 75%。

（4）块茎增长期，为马铃薯需水临界期，消耗的水分占全生育期的 50% 左右，60cm 深处土层保持田间最大持水量的 75%～80%。

（5）淀粉积累期需水较少，保持田间持水量的 60%～65% 为宜，如土壤过湿易造成烂薯。

任务一 播种时期

■ 知识准备

确定播种期

马铃薯由于分布地区较广，栽培季节不同，因而各地播种适期也各不相同。为此，应考虑以下原则：

（1）把块茎形成和增长期安排在适于块茎生长的季节，即平均气温不超过21℃，日照时数不超过14h，并有适宜降水量的季节。

（2）充分利用当地对于出苗有利的条件，并躲过不利的条件，即对干旱地区应抢墒播种，对阴湿地区或低温地块应推迟播种。

（3）要根据品种、种薯情况和间套作物来确定，如种薯已催芽的可晚播，反之则可适当早播。一般间套作可用早熟品种，为争取下茬较长的生育期，可适当早种早收。

■ 任务实施

适期播种

（1）春薯在晚霜前20～25d，10cm地温达到8～10℃时，即为播期。秋播或夏播要避免高温引起烂种并于霜前成熟。

（2）在北方一作区，在当地晚霜前20～30d，气温稳定在5～7℃，或者10cm土层温度达到7～8℃时作为当地的适宜播种期。

任务二 播种方法

■ 知识准备

一、播种方法

马铃薯播种的方法有垄作、平作、芽栽、"抱蛋"栽培及目前推广地膜覆盖播种。

1. 垄作 垄作是在寒冷地区、土壤黏重或低洼易涝地采用的播种方法。垄作的方法有垄上播种、垄下播种和平播后起垄。垄上播种即种薯播在地平面上面或以上，播后开沟覆土。垄下播种即种薯播在地平面以下，易涝地区或下湿地块要播上垄，岗地或易受春旱影响的地区，以及早熟栽培应播下垄，不论采用哪种方法，都是为了提高光能的利用率和增加土壤的活土层。马铃薯垄作有利于排灌，提高地温，改善土壤透气性，通风透光好。

2. 平作 在生育期间气温较高，降雨较少而蒸发量较大，气候干燥又无灌溉条件的地区，为了达到抗旱保苗增产的目的，多采用平作的方法。

3. 芽栽 利用块茎所萌发出来的柔嫩幼芽进行繁殖的一种方法。具有节约种薯、提早成熟收获、提高复种指数、减轻病虫害的优点。芽栽的关键技术是催芽育壮芽，而育壮芽需要的主要条件是黑暗和温度。

4. "抱蛋"栽培　根据马铃薯腋芽在一定条件下可转化成匍匐茎结薯的特性，采取相应的栽培措施，增加马铃薯的结薯层次，进而获得高产。

5. 地膜覆盖播种马铃薯　能够提高地温、防止水分蒸发、减少中耕、延长生育期、提高产量。

二、马铃薯的产量结构

马铃薯的产量主要由单位面积株数与单株结薯重量构成，单位面积株数是由种植密度来决定的，单株结薯数又与单株茎数和每个茎结薯数量有着密切的关系。

三、合理密植

合理密植能够有效地利用光能和地力，从而获取单位面积上的最高产量。合理密植是马铃薯丰产栽培的重要环节。确定合理密植的原则：

合理密植应依品种、气候、土壤及栽培方式等条件而定。早熟品种株型矮小紧凑的宜密，靠群体来提高产量；晚熟品种高大繁茂分枝多的宜稀，晚熟或单株结薯数多的品种，整薯或切大块作种。一穴单株宜密，一穴多株宜稀；土壤贫瘠或栽培水平低的宜密，土壤肥沃或施肥水平高、高温高湿地区宜稀；栽培水平高的宜稀；夏播的宜密，春播的宜稀。

▦ 任务实施

生产上常常采用垄作与平作。

1. 垄作　在深耕耙耱平整的地上，按规定的行距用犁或机械开沟，沟深10cm 左右，然后将薯块等距离摆在沟内，随后将粪肥均匀施入沟内并盖在薯块上，再覆土 6cm 左右，齐苗至开花前，分 2～3 次培土成垄。

2. 平作　一般采用深开沟浅覆土的办法，即用犁开沟 13cm，覆土7.5cm，出苗后至开花前培土平沟。深播能减轻春旱影响，浅覆土可提高地温，利于早出苗，出苗后分次培土，可增加地下茎节数，而多结薯。

3. 芽栽　芽栽一定要掌握好温度，温度是影响嫩芽伸长速度的重要因素。芽不宜过高，否则易发生须根，影响栽培。温度以 13℃ 左右合适，通常在栽插前约 2 个月催芽，芽长在 15～20cm，不宜过短。

芽栽方法有平栽和斜栽两种。平栽是在开沟后将芽条平摆在沟底，然后施肥覆土。斜栽适用于阳坡温暖地块，在土壤黏重的土壤中开沟，沿沟边倾斜放置芽条。二者相比，平栽产量高，能较好地抗寒抗旱，但出苗较慢，适用于温度变化不大，保水性差的沙壤土。

4. "抱蛋"栽培

（1）培育矮壮芽。首先在 20～25℃温度及光照充足的条件下，平铺 2～3 层种薯，使薯块发芽，然后在栽前 20～30d 开始，把带有壮芽的整薯芽眼朝上摆在床内，薯间保持 3～6cm 间距，浇水后覆土 3cm，埋平矮壮芽，再将芽床加以覆盖。床温以 5～15℃为宜，移栽前约 1 周，可揭盖炼苗，晚霜过后，苗高 6～10cm 时可移栽。

（2）深栽浅盖。栽苗时开沟，沟宽 12～15cm，摆苗后浇少量水再覆土 3cm。

（3）多次培土。移栽后约 10d，培土 3cm，隔 7～15d 再次培土 6cm；再隔 7～15d 再培土 10cm。早熟品种每次培土隔离时间短些。最后一次培土应在封垄前结束。

5. 种植密度　在目前生产水平下，北方一季作区以每 667m² 3 800～4 700 株为宜；二季作地区，以每 667m² 4 300～5 000 株为宜，每株 2～3 茎较为适宜。在相同种植密度下，采用宽窄行、大垄双行和放宽行距。适当增加每穴种薯数的方式较好，有利于田间通风透光，提高光合强度，使群体和个体协调发展，从而获得较高产量。

■■ 能力转化

1. 马铃薯常见的播种方法有哪些？
2. 马铃薯合理密植的原则是什么？

项目三　田间管理

■ 学习目标

【知识目标】

　　了解马铃薯发芽期、幼苗期、块茎形成期、块茎增长期及淀粉积累期的环境条件及生育特点。

【技能目标】

　　掌握马铃薯各生育时期的管理目标和措施。

【情感目标】

　　培养学生解决生产实际问题的能力，临场应对能力。

田间管理的目的在于运用先进的、综合的农业技术，为马铃薯幼苗创造良好的生育条件，是促早熟高产栽培的重要环节。

马铃薯的生长发育

1. 发芽出苗期 马铃薯发芽出苗期指块茎从萌发至初生幼叶展开，春播历时 25～30d，夏播为 15d 左右，这一时期主要构成马铃薯的地下部分。地下部生长的好坏首先决定于种薯是否通过了休眠，是否带病及种薯养分含量和成分。其次决定于发芽出苗所需的外界环境条件。

该期是以根系的形成和芽的生长为中心，同时存在着叶和花茎的分化，所以，这一时期是马铃薯出苗、扎根和进一步发育的基础。

2. 幼苗期 从出苗到第 6～8 叶展开时叫团棵，为幼苗期。历时 15～25d。

幼苗期以根茎叶的生长为中心。地上茎、叶、地下部的匍匐茎生长较快，根系向纵深发展，匍匐茎向水平伸展，当主茎达 7～13 片叶时，顶端孕育花蕾，地上部分的侧枝开始生长。标志着幼苗期结束。

幼苗期是发棵，结薯的基础，在栽培上必须早中耕，早施肥，早浇水，以达到促根壮的目的。

3. 块茎形成期 现蕾至开花初期为块茎形成期，经 20～25d，这时，植株已具 9～17 片叶，由地上部茎叶生长为中心，转向地上部茎叶生长与地下部块茎形成并进阶段，仍处于茎叶生长的关键时期，匍匐茎伸长顶端开始膨大，故此期是决定结薯多少的关键期。此阶段末期，块茎直径达 3cm 左右。

4. 块茎增长期 盛花期至茎叶衰老为块茎增长期，经 20～30d，此期是营养生长、生殖生长并进的最快阶段，故此期为需水肥临界期。生长中心以块茎体积的增大为主，此期对钾肥的要求比较高，是形成期的 1.5 倍。

5. 淀粉积累期 地上部茎开始衰老至植株 2/3 以上枯萎，果实形成，块茎成熟为淀粉积累，经 20～30d。此期为生殖生长阶段，生长中心以块茎的增长为主，是淀粉积累的主要时期。

6. 成熟收获期 当植株地上部分茎叶枯黄、块茎内淀粉积累达到最高值即为成熟收获期。

任务一　发芽期管理

■ 知识准备

发芽期生育特点、主攻目标

时间：北方一作区，块茎从萌发至初生幼叶展开，约 30d。

生育特点：以根系的形成和芽的生长为中心，是马铃薯发苗、扎根和进一步发育的时期。

块茎在土壤里呼吸作用旺盛，需要充足的氧气，因此，应采取措施保持土壤疏松透气。这期间杂草滋生，应及时苗前除草。萌发出苗主要依靠母薯内贮存的水分，在一般播种条件下，即可萌芽。干旱严重土壤缺墒的应及时苗前浇水，以保证全苗。

主攻目标：促进早出苗，出壮苗，多发根，保证全苗。

管理重点：增温保墒，使块茎早萌发。

主要措施：松土除草。

■ 任务实施

1. 耥地、松土　一般在播种后每隔 7～10d 耥地一次，耥 2～3 次，耥地时幼芽已伸长但未出土，目的是提高地温，保持土壤疏松透气，减少水分蒸发，使块茎早发芽，早出苗，并有除草作用。

2. 苗前浇水　一般情况不浇水，若土壤严重干旱，进行苗前浇水。

任务二　幼苗期管理

■ 知识准备

幼苗期生育特点、主攻目标

时间：出苗至现蕾为幼苗期，经历 15～25d。

生育特点：以茎叶生长和根系的发育为中心，同时伴随匍匐茎的形成和伸长以及花芽分化，对水肥敏感，此期是决定根系吸收能力和块茎形成多少的基础。

主攻目标：促下带上，培育壮苗。

管理重点：疏松土壤，提高地温，促进根系发育，达到根深叶茂的目的。

主要措施：中耕除草，浅培土，防止地下害虫。

■ 任务实施

1. 中耕　在苗齐之后，苗高 7～10cm 时，进行中耕 1～2 次，深度 10cm 左右，浅培土，同时结合除草。

2. 查苗、补苗　发现缺苗断垄现象及时补苗。选缺苗附近苗较多的穴，取苗补栽，厚培土，外露苗顶梢 2～3 个叶片，天气干旱时，栽苗后要浇水。

3. 施肥　根据幼苗的长势长相酌情施肥，一般施总追肥量的 6%～10%。如基肥不足，立即追施尿素每 667m² 15kg 或腐熟人粪尿 750～1 000kg 浇施。

4. 浇水　视墒情酌情浇水。

任务三　块茎形成期管理

■ 知识准备

块茎形成期生育特点、主攻目标

时间：从孕蕾至开花初期，此期为 25～30d。

生育特点：由营养生长向营养生长和生殖生长并进转向的时期，该期是决定结薯多少的关键期。

主攻目标：茎秆粗壮、叶片肥厚、叶色浓绿、花多蕾多、长势苗壮。

管理重点：以促为主，促上带下。

主要措施：追肥浇水，中耕培土。

■ 任务实施

1. 追肥　现蕾期追肥，以钾肥为主，结合施氮肥，以保证前、中期不缺肥，后期不脱肥。

2. 灌水　块茎形成期枝叶繁茂，需水量多，土壤水分含量以田间持水量的 60% 为宜，遇旱应灌溉，以防干旱中止块茎形成，减少块茎数量，但不能大水漫灌以免形成畸形薯。

3. 中耕培土　苗期中耕后 10～15d 进行一次中耕，深度 7cm，现蕾时再中耕一次，深 4cm 左右，这两次中耕要结合培土，第一次培土宜浅，第二次稍厚。基部枝条一出来就培土压蔓，匍匐茎一旦露出地表也应培土，以利于结薯。

4. 摘花摘蕾　马铃薯花蕾生长要无谓消耗大量的养分，所以见花蕾就尽量掐去，能促进薯块膨大，增加产量。可增产 10% 左右。

任务四　块茎增长期管理

■ 知识准备

块茎增长期生育特点、主攻目标

时间：现蕾至开花初期，历时 20d 左右。

生育特点：此期块茎生长量大，需水肥较多，耗水量占一生总量的50％以上，是以块茎的体积和重量增长为中心的时期，是决定块茎大小的关键时期。

主攻目标：控制茎叶徒长，促进块茎膨大充实，保持较大的绿叶面积，较高的光合效率，延长块茎增长及充实期，达到薯大高产的目的。

重点管理：促下控上，促控结合为主，防叶片早衰，延长绿叶功能期。

主要措施：中耕培土，浇好膨大水，根外喷肥，防病治虫。

■■ 任务实施

1. 叶面追肥 马铃薯开花以后，植株已封垄，一般不宜根际追肥。根据植株长势叶面喷施磷酸二氢钾、硼、铜等溶液，防止叶片早衰。

2. 浅中耕 植株封垄前进行最后一次浅中耕，避免切断匍匐茎。

3. 浇膨大水 现蕾期开始至采收前一周不干地皮。此期如土层干燥，开花期应浇水，头三水更属关键，所谓"头水紧，二水跟，三水浇了有收成"，浇水后浅中耕破除土壤板结。

任务五　淀粉积累期管理

■■ 知识准备

淀粉积累期生育特点、主攻目标

时间：淀粉积累期约为30d。

生育特点：地上茎叶中贮存的养分仍继续向块茎中转移，块茎的体积基本不再增大，但重量继续增加。淀粉积累阶段，其耗水量占全生育期耗水总量的10％左右。

主攻目标：控制茎叶徒长，促进块茎膨大充实。

管理重点：保持茎叶功能期。

主要措施：适当轻灌，叶面喷施。

■■ 任务实施

1. 适当轻灌 此期如土壤过干应适当轻灌，收获前10～15d应停止灌水，促使薯皮老化。对于块茎易感染腐烂病的品种，结薯后期应少浇水或早停止浇水，不能大水漫灌。如雨水过多，应做好排涝工作，以防薯腐烂。

2. 叶面追肥 淀粉积累阶段需肥量较少，约占一生总量的25％，开花期以后原则上不应追施氮肥。有条件的可喷施磷、钾、镁、硼肥溶液，可防止叶片早衰。喷施浓度过磷酸钙是1∶1，硫酸钾1∶30。

任务六　收获贮藏

■ 知识准备

一、马铃薯收获期

　　一般在播种后 60～65d，大部分茎叶由绿转黄，达到枯萎，块茎停止膨大易与植株脱离，植株达到生理成熟期，此时即可收获。早熟品种在正常年份可以达到生理成熟，只有晚熟品种直到霜期茎叶仍保持绿色，故可在茎叶被霜打后收获。但马铃薯并不像禾谷类作物那样必须到生理成熟期才能收获，而可根据栽培目的在商品成熟期收获，商品成熟度依各地市场习惯而定，一般商品薯的大小在 70g 左右，达到商品成熟期的时期依品种的熟期类型而异，早熟品种形成商品薯所需天数从出苗算起为 50～60d；早中熟品种为 60～80d；中晚熟品种为 100～120d；晚熟品种为 120～140d。马铃薯后期多雨的地区也需早收，以防腐烂。

二、贮藏

　　马铃薯贮藏方法很多，有棚窖、井窖、窑洞窖等。块茎贮藏的管理的重点，一是温度，二是湿度，最适宜温度为 1～3℃，相对湿度 90% 左右。在此条件下贮藏，块茎呼吸微弱，皮孔关闭，病害不发展，块茎不萌发，重量损失最少。反之，温度高，湿度大时，块茎呼吸增强，损耗加大，病害发展，幼芽伸长，种性降低，品种变劣。

■ 任务实施

　　1. 适期收获　马铃薯收获因种植目的和商品价值而不同，一般当植株达到生理成熟时收获。收获方法有人工挖掘、木犁翻、机械收获。选土壤不潮湿，天气晴朗的日子收获，在挖掘、拾捡、装运等主要环节上，要尽量减少破伤块茎，防止日灼、霜冻、保证块茎质量。收获中碰伤的薯块在 20℃ 环境中晾晒 2～5d 后装袋，也可在 10℃ 左右，晾 7～14d 后装袋。

　　收获后，块茎应及时清选分级，置于通风阴凉处，干燥块茎，愈合伤口，以利贮藏。贮藏期间应放在阴凉通风处，避免阳光照射。

　　2. 贮藏　马铃薯贮藏的最适温度为 4～5℃，相对湿度 90% 以上时，呼吸作用最弱，失水最少，是理想的贮藏环境。

　　一般室内架藏和堆藏法，多用于温暖季节或地区，土沟埋藏法多用于寒冷地区，此外还有窖藏，通风库贮藏，冷库贮藏法等。

贮存时延长休眠期的方法：①生物生理处理：用 γ 射线照射。②化学处理：每 50kg 薯块用 2～5g 稀释萘乙酸甲酯喷洒。

■ 能力转化

1. 马铃薯有哪些生长发育时期？
2. 块茎形成期的田间管理目标和主要管理措施是什么？
3. 马铃薯的收获方法有哪些？收获时应该注意些什么？

项目四　病虫害防治

■ 学习目标

【知识目标】

1. 了解马铃薯退化及退化的原因。
2. 掌握马铃薯在种植中常见的病虫害种类和发病特点。

【技能目标】

掌握马铃薯常见病虫害的防治技术。

【情感目标】

根据生产实际，预测和防治病虫害的发生，提高产量。

马铃薯作为普遍栽培的高产作物，在生产中常因病虫害的发生、发展，造成不同程度的损失。马铃薯最易感染的病害有病毒病、真菌性病害、细菌性病害以及虫害。病毒病有花叶病、卷叶病等；真菌病有晚疫病、疮痂病、早疫病；细菌病有环腐病、青枯病；虫害有块茎蛾、金针虫、地老虎和蛴螬等。

任务一　防止马铃薯退化

■ 知识准备

一、马铃薯种薯退化的概念

生产上马铃薯种植 1～2 年后长势衰退，植株变矮，分枝减少，叶片皱缩，出现黄绿相间的嵌斑，直至叶脉坏死、整个复叶脱落，使得块茎变小，产量下降，品质变劣，一年（季）不如一年（季），这就是马铃薯种薯退化现象。一般减产 30%～50%，重病田可减产 80%。

二、马铃薯种薯退化原因

退化原因有多种说法，但主要是病毒侵染造成的。引起马铃薯种薯退化的病毒有 30 余种，严重为害马铃薯的病毒有六种：马铃薯卷叶病毒（PLRV）、马铃薯 Y 病毒（PVY）、马铃薯 X 病毒（PVX）、马铃薯 A 病毒（PVA）、马铃薯 S 病毒（PVS）及马铃薯纺锤块茎类病毒（PSTVd）。作为"种子"的薯块由于病毒的不断侵染和积累，自身又不能清除体内的病毒导致植株病毒病逐年加重，使植株在生产过程中不能充分发挥品种的生产特性，造成严重的减产。

■ 任务实施

防止马铃薯种薯退化的措施有：

（1）选用抗病毒能力强的品种，是有效措施。健全良种繁育体系和制度，高山留种，良种和防毒保种相结合。

（2）调节播期，使结薯期处于冷凉气候，不利于病毒的繁殖与感染。

（3）利用茎尖脱毒生产无病毒种薯，这是根本措施。

在植株体内，病毒随输导组织传遍全身，但病毒在植物体内分布是不均匀的，越接近茎顶端病毒含量越少。所以利用茎尖组织（0.2～0.5mm）培养可获得脱毒苗，由脱毒苗快速繁殖可获得脱毒种薯。

（4）调种。在没有马铃薯脱毒设施的地方，采取平原从山区调种，南方从北方调种，热的地方从冷的地方调种。

任务二　防治马铃薯病害

一、马铃薯病毒病

发生特点：病毒主要在带毒薯块内越冬，为播种后形成病害的主要初始毒源。生长期间遇高温干旱、管理粗放、蚜虫数量大，病害发生严重；25℃以上高温降低寄主对病毒的抵抗力，也有利于传毒媒介蚜虫的繁殖、迁飞和传病，使病害迅速扩展蔓延。

传播途径：马铃薯病毒病主要是通过蚜虫和汁液摩擦传播。

发病部位：叶、薯块。

症状：马铃薯病毒病的类型不同，症状的表现也不一样。

1. 马铃薯卷叶病

症状表现：叶的边缘以主脉为中心往里卷曲，严重时，叶片呈一筒状，有的品种还表现叶的边缘及背面紫红色，叶片变脆，植株生长缓慢，出现矮化，导致薯块小，匍匐茎短。形成成堆密集的小薯块，将块茎切开，维管束环上出现黑斑。

2. 普通花叶病

病状表现：叶片颜色不均，呈现浓淡相间花叶或斑驳（图7-3）。叶片皱缩，出现许多蜂窝状，叶尖向下垂，叶片上有黄绿色花蕾脱落，同时早期枯死。

图7-3　马铃薯花叶病

3. 马铃薯束顶病

症状表现：由马铃薯纺锤块茎类病毒引起，严重时，植株矮化，分枝减少，叶片变深，结薯呈弱纺锤状，薯块上出现龟裂，芽眉特别突出，芽眼浅。

防治方法：

（1）选用无病毒抗退化品种。

（2）选用优质脱毒种薯，防止种薯传毒。

（3）采取田间单株选种的途径，通过早收留种、选留健康植株的块茎作种，采用小整薯播种，可有效地防止病毒感染。

（4）调节播种期。确定马铃薯适宜播种期的条件是生育期的温度，要避免夏季高温对块茎形成的影响，故山西省应让马铃薯生育期躲过七八月份以防止病毒的发生。为了防止土壤传播病毒，播种前要选择2年无茄科作物的地块种植，最好不要重茬种植。

二、马铃薯真菌病

1. 马铃薯早疫病

发病条件：连续阴雨或湿度高于70%，该病易发生和流行。瘠薄地块及肥力不足田发病重。

传播途径：病原菌主要在病株残体、土壤、病薯或其他茄科寄主植物上越冬，翌年种薯发芽病菌即开始侵染。在马铃薯生长季节，病菌孢子可通过气流、雨水或昆虫传播，病菌孢子可通过表面侵入叶片。

发病部位：叶片、块茎。

症状表现：发病初期叶片上出现褐黑色水浸状小斑点，然后病斑逐渐扩大，形成同心轮纹大小 3～4mm 并逐渐干枯（图 7 - 4）。严重时病斑相连，整个叶片干枯，通常不落叶，田间一片枯黄，在叶片上产生黑色绒霉；块茎感病呈褐黑色，凹陷的圆形或不规则的病斑，病斑下面的薯肉呈褐色干腐。边缘分明，皮下呈浅褐色海绵状干腐。

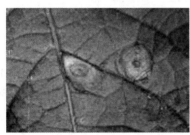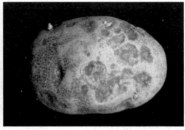

图 7 - 4　早疫病症状

防治方法：

（1）选用早熟抗病品种，适时提早收获。

（2）选择土壤肥沃的高燥田块种植，增施有机肥，提高寄主抗病力。

（3）发病初期或发病前喷施 70％代森锰锌可湿粉 500 倍液或 64％杀毒矾可湿粉 500 倍液，隔 7～10d 一次，连续防治 2～3 次。

2. 马铃薯晚疫病

发病条件：植株在开花阶段，空气潮湿持续 8h 以上或温暖多雾条件下发病重。发病后 10～14d 病害蔓延全田或引起大流行。

传播途径：病菌主要以菌丝体在薯块中越冬。薯块病部产生孢子囊借气流传播进行再侵染，形成发病中心；病叶上的孢子囊还可随雨水或灌溉水渗入土中侵染薯块，形成病薯，成为翌年主要侵染源。

发病部位：叶、茎、薯块。

症状表现：叶片染病，多从中下部叶开始，先在叶尖或顺缘出现水渍状绿褐色小斑点，周围具有较宽的灰绿色晕环，湿度大时病斑迅速扩展成黄褐至暗大斑，边缘灰绿色，界限不明显 ［图 7 - 5 （a）］；茎秆和叶柄染病，多形成不规则褐色条斑，严重时致叶片萎蔫卷曲 ［图 7 - 5 （b）］，终致全株黑腐，全田一片枯焦，散发出腐败气味。薯块染病，初生浅褐色斑，以后变成不规则褐色至紫褐色病斑，稍凹陷，边缘不明显，病部皮下薯肉呈浅褐色至暗褐色，慢慢向四周扩大终致薯块腐烂 ［图 7 - 5 （c）］。

（a）　　　　　　　　　（b）　　　　　　　　　（c）

图 7 - 5　晚疫病症状

（a）病叶　　（b）病茎　　（c）病薯

防治方法：

（1）选用抗病品种。

（2）严格挑选无病种薯，减少初侵染源。建立无病留种地，进行无病留种。

（3）栽培管理。选择土质疏松、排水良好的地块种植；避免偏施氮肥和雨后田间积水；发现中心病株，及时清除。适期早播，加强栽培管理，促进植株健壮生长，增强抗病力。

（4）药剂防治。发病初期选用 72％克露粉剂 600～800 倍液，或 40％疫霉灵粉剂 250 倍液，或 58％甲霜灵锰锌粉剂 500 倍液，或 30％百菌清 500 倍液喷雾防治，或喷洒齐力可湿性粉剂 500 倍液，或卡莱理 2 000 倍液，或百泰1 500倍液喷雾，隔 7～10d 一次，连续 2～3 次。

3. 马铃薯疮痂病

发病条件：病菌在土壤中腐生或在病薯上越冬。适合该病发生的温度为25～30℃，中性或微碱性沙壤土发病重。品种间抗病性有差异，白色薄皮品种易感病，褐色厚皮品种较抗病。

传播途径：块茎生长的早期表皮木栓化之前，病菌从皮孔或伤口侵入后染病，当块茎表面木栓化后，侵入则较困难。

发病部位：薯块。

症状表现：马铃薯块茎表面先产生褐色小点，扩大后形成褐色圆形或不规则形大斑块（图 7 - 6）。因产生大量木栓化细胞致表面粗糙，后期中央稍凹陷或凸起呈疮痂状硬斑块。

防治方法：

（1）选用无病种薯，一定不要从病区调种。播前用 40％福尔马林 120 倍液浸种 4min。

（2）多施有机肥或绿肥，可抑制发病。

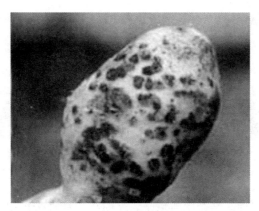

图7-6　马铃薯疮痂病

（3）与葫芦科、豆科、百合科蔬菜进行5年以上轮作。

三、马铃薯细菌病

1. 马铃薯环腐病

发病条件：病菌随种薯越冬，也可随病残体在土面越冬。

传播途径：病害的重要传播媒介是切种薯时未曾消毒的切刀。病菌在田间通过伤口侵入，借助雨水或浇水传播蔓延。远距离传播主要通过种薯调运。

发病部位：叶、薯块。

症状表现：地上部染病分枯斑和萎蔫两种类型。

枯斑型多在植株基部复叶的顶上先发病，叶尖和叶缘及叶脉呈绿色，叶肉为黄绿或灰绿色，具明显斑驳，且叶尖干枯或向内纵卷 ［图7-7（a）］，病情向上扩展，致全株枯死。

萎蔫型初期顶端复叶开始萎蔫，叶缘稍内卷，似缺水状，病情向下扩展，全株叶片开始褪绿，内卷下垂，终致植株倒伏枯死。生育中后期，叶片及茎出现萎蔫。下部叶片边缘稍有向上卷曲、褪绿、叶脉之间有淡黄色区。

块茎发病时，横切面的维管束变为乳黄色至黑褐色，皮层内现环形或弧形坏死部 ［图7-7（b）］，故称环腐。用手压挤，常排出乳白色无味的菌脓。

防治方法：

（1）实行无病田留种，尽可能采用整薯播种。

（2）种植抗病品种。经鉴定表现抗病的品系有郑薯4号等。

（3）严格选种。播种前进行室内晾种和削层检查、彻底淘汰病薯。把种薯先放在室内堆放5～6d，进行晾种，不断别除烂薯，使田间环腐病大为减少。

图 7-7　马铃薯环腐病

(a) 病叶　　(b) 病薯

（4）生长期管理。结合中耕培土，及时拔出病株带出田外集中处理。使用过磷酸钙每 $667m^2$ 25kg，穴施或按重量的 5％播种，有较好的防治效果。

（5）药剂防治。切块种植，切刀可用 47％加瑞农粉剂 400 倍液浸洗灭菌。切后的薯块用新植霉素 5 000 倍液，或 47％加瑞农粉剂 500 倍液浸泡 30min，或用 10 000 倍硫酸铜液浸泡 10min。此外用 50mg/kg 可杀得浸泡种薯 10min 有较好效果。

2. 马铃薯青枯病

发病条件：病菌随病残组织在土壤中越冬，侵入薯块的病菌在窖里越冬。

一般酸性土发病重。田间土壤含水量高、连阴雨或大雨后转晴气温急剧升高发病重。

传播途径：病菌通过灌溉水或雨水传播，从茎基部或根部伤口侵入。青枯病是典型维管束病害，病菌侵入维管束后迅速繁殖并堵塞导管，妨碍水分运输导致萎蔫。

发病部位：叶片。

症状表现：病株稍矮缩，叶片浅绿或苍绿，下部叶片先萎蔫后全株下垂，开始早晚恢复，持续 4～5d 后，全株茎叶全部萎蔫死亡，但仍保持青绿色，叶片不凋落，叶脉褐变，茎出现褐色条纹，横剖可见维管束变褐，湿度大时，切面有菌液溢出。但皮肉不从维管束处分离，严重时外皮龟裂，髓部溃烂如泥，不同于枯萎病。

防治方法：

（1）实行与十字花科或禾本科作物 4 年以上轮作，最好与禾本科进行水旱轮作。

（2）选用抗青枯病品种。

（3）选择无病地育苗，采用高畦栽培，避免大水漫灌。

（4）清除病株后，撒生石灰消毒。

（5）药剂防治：用猛克菌 600 倍液或 47％加瑞农可湿性粉剂 700 倍液灌根，每株灌兑好的药液 300～500mL，隔 10d 一次，连续灌 2～3 次。

任务三　防治马铃薯虫害

一、金针虫

发生特点：金针虫以幼虫［图 7-8（a）］或成虫［图 7-8（b）］在地下越冬，幼虫为害。幼虫喜潮湿及微酸性的土壤，在春雨多的年份发生重。成虫有较强的趋光性。

为害部位：幼苗根、芽、块茎。

（a）　　　　　　　　　　　　　（b）

图 7-8　金针虫

（a）幼虫　　（b）成虫

为害症状：金针虫在土中取食播下的种子，萌发的幼芽、幼苗的根部，致使作物枯萎死亡，造成缺苗断垄，甚至全田毁种。蛀入块茎和块根中，蛀成孔洞（图 7-9）。

 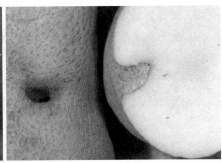

图 7-9　金针虫为害成孔洞的薯块

防治方法：

（1）翻地前在地表喷施 90％敌百虫粉剂 1 000 倍或 50％辛硫磷乳剂 1 500 倍液。

（2）轮作，宜与谷类和豆类作物轮作。不连作，也不宜和茄科作物轮作。

（3）春播马铃薯，在入冬前深翻土壤 20～25cm，待第二年春土壤解冻后再深耕耙耱播种，同时有机肥要充分腐熟，防治效果良好。

二、二十八星瓢虫

发生特点：成虫、幼虫均可为害。

为害部位：叶、果实。

为害症状：成、幼虫在叶背剥食叶肉，仅留表皮，严重时受害叶片干枯、变褐，全株死亡；茎和果上也有细波状食痕。

防治方法：

（1）人工采摘卵块。在产卵盛期，摘除叶背卵块。

（2）利用成虫的假死性振落，集中捕杀。

（3）及时处理罢园后的茄子、马铃薯残株，减少虫源。

（4）化学防治：卵期用菊酯类 1 500 倍液；在卵孵化盛期至若虫期用无公害杀虫剂——15％锐丁 4 000 倍液喷雾防治，10～15d 一次。

注意：虫卵、若虫和蛹均在叶子背面，喷雾时应将药液喷在叶背面。

■ 能力转化

1. 什么是马铃薯的退化？退化的原因是什么？

2. 常见的马铃薯病毒病有哪些？分别有什么症状？

3. 怎样防治马铃薯环腐病？

4. 金针虫有哪些危害特点？应怎样防治？

单元八

大豆生产技术

一、大豆生产的意义

大豆属于豆科蝶形花亚科大豆属的一年生草本植物，其经济价值很高，是当今世界五大作物之一，仅次于小麦、水稻、玉米、大麦，在国民经济发展中占有重要地位。

1. 大豆的营养价值　大豆的营养价值很高，籽粒中约含蛋白质 40%，脂肪 20%，碳水化合物 30%～33%，并含有多种矿物质和维生素。大豆蛋白是我国人民所需蛋白质的主要来源之一，含有人体所必需的 8 种氨基酸，尤其是赖氨酸的含量居多。大豆蛋白质称为"全价蛋白"，易被人体吸收利用。其营养价值可与肉、鱼、蛋等食物相媲美，是能代替动物性食物的植物产品，它还含有丰富的钙、磷、铁等矿物盐以及丰富的维生素 B_1、维生素 B_2、烟酸，可预防由于缺乏维生素、烟酸引起的癞皮病、糙皮病、舌炎、唇炎、口角炎等，大豆所含碳水化合物与禾谷类不同，其淀粉含量很少，主要是乳糖、蔗糖和纤维素，是糖尿病患者的理想食品。

大豆不仅是蛋白质作物，也是油料作物，大豆油约占植物总量的 1/6。近代医学研究表明，豆油不含胆固醇，吃豆油可防止血管动脉硬化。

2. 大豆的工业利用　大豆是重要的食品工业原料，可加工成各种各样含大豆蛋白的面食品、烘烤食品、儿童食品等，大豆还可制作油漆、印刷油墨、甘油等工业用品。在医学工业上可造卵磷脂、维生素等，大豆还是传统的重要出口物资。

3. 大豆是重要的饲料作物　大豆的副产品——豆饼含蛋白质 42.7%～45.3%，碳水化合物 22.4%～29%，纤维素 4.8%～5.8%，是牲畜和家禽的理想饲料。豆饼蛋白质易被牲畜吸收利用，以豆饼做饲料，肥育仔猪，生长快，瘦肉比例高；饲喂乳牛，产奶量高，且牛奶中蛋白质含量高；饲养鸡，产卵率提高。大豆秸秆的营养成分高于麦秆，稻草、谷糠等，是牛、羊的好粗饲料，豆秸、豆秕磨碎可喂猪。

4. 大豆是轮作的好茬口　大豆根上有根瘤，根瘤菌能固定空气中游离的氮素，所以种植过大豆的地块肥沃，地力提高，大豆也就成为其他作物的优良前茬，在轮作制中占有重要的地位。用根瘤菌固定空气中的氮素，既可节约生产化肥的能源消耗，又可减少施用化肥对环境的污染。

总之，大豆在农业生产和提高人民生活方面的重要作用，使大豆成为40年来种植面积增加最快、产量增长最多的作物。

二、大豆的生产概况

1. 大豆的生产概况　近年来，我国的大豆种植面积时有波动，但由于单产的提高，使大豆总产量维持相对稳定，可是与发达国家相比，我国大豆的单产仍然不高，其总产量排在美国、巴西、阿根廷之后，居世界第4位。从全国范围看，山西省属于非大豆主产区，常年种植面积居全国第8位，总产量排在全国第10位。尽管与我国大豆生产省份相比有很大的差距，但与山西省过去生产水平相比近年来有较大提高。据统计，"九五"期间全省大豆年平均种植面积24.5万 hm²，比"八五"期间减少2.9%，年均产量29.3万吨，比"八五"期间增长18.6%；平均产量1 179kg/hm²，比"八五"期间增长213kg。

2. 山西省大豆的种植分区　大豆是古老的栽培作物之一，至今已有四五千年历史。大豆在山西分布广泛，从南到北，从东到西都栽培，根据山西省大豆的品种类型，耕作制度和自然条件，划分为三个大豆种植区：

（1）北部春播大豆单作区。包括兴县、静乐、原平、繁峙、五台等。本地区海拔较高，气候寒冷，年平均温度6~8℃，生育期120~150d，一年一熟面积占全省种植面积的20%左右，品种类型小粒和中粒占85%，粒形大多为长圆、椭圆等。本地区气候干旱，土地瘠薄，生育期短，单产水平低。

（2）中部春、夏播大豆间作区。北临春大豆区南界，南至乡宁、蒲县、汾西、霍州、沁源、长子、高平、陵川以北各县。年平均气温8~10℃，生育期150~180d，二年三熟或一年两熟为主。大豆以春播为主，并有与玉米、高粱等高秆作物间作习惯。在晋中平川地区适宜复种夏大豆，复播大豆的生产潜力很大，本区以种植中粒、大粒品种的比例较大，是山西省大豆的主产区。大豆种植面积占全省的50%以上。

（3）南部复播大豆区。包括稷山、洪洞、沁水、阳城、泽州以南各县，气候温暖，生育期长，为180~200d，二年三熟。大豆在小麦收获后进行夏播。本区大豆多为大粒，直立类型，占90%以上。种植面积占全省的30%左右，是山西省大豆的高产区。

三、大豆的生育期、生育时期及生育阶段

1. 大豆的生育期　通常是指从出苗到成熟所经历的天数。大豆是短日照作物，其生育期长短，取决于品种特性及光温条件。低温或日照延长，生育期长，反之缩短。按生育期长短，可分为早、中、晚熟类型。

2. 大豆的生育时期　指大豆一生中根据其外部形态特征的显著变化，划分为播种期、出苗期、开花期、结荚期、鼓粒期、成熟期 6 个生育时期。

3. 生育阶段　在大豆的一生中，按形态特征和生理特性可分为三个生育阶段：营养生长阶段、营养生长和生殖生长并进阶段和生殖生长阶段。

营养生长阶段　是指种子萌发出苗到第一复叶展开（前期）。

营养生长和生殖生长并进阶段　是指主茎第一朵花分化到终花期（中期）。

营养生长阶段　是终花期到成熟期（后期）。

项目一　播前准备

■ 学习目标

【知识目标】

1. 了解大豆轮作换茬精细整地；合适的大豆轮作方式。

2. 掌握大豆施肥规律及选用优良品种。

【技能目标】

1. 学会种子处理技术。

2. 掌握根瘤菌接种技术。

【情感目标】

培养学生按照行业标准生产的态度和意识。

任务一　种子准备

■ 知识准备

一、良种选择的原则

1. 根据无霜期长短选择　根据无霜期长短，选择不仅能充分利用光照、温

度或不同作物的生长季节间套作，而且还能正常成熟的良种，保证高产、稳产。

2. 根据土壤肥力及地势条件选择 平原肥沃地宜选用耐肥力强、秆壮不倒的有限结荚良种，否则易倒伏，造成减产；瘠薄地宜选用生育繁茂、耐瘠薄的无限结荚良种。机械化栽培时，应选用植株高大、不倒伏、分枝少、株型紧凑、不裂荚的良种。

3. 根据当地雨水条件选择 干旱少雨地区，宜选用分枝多、植株繁茂、中小粒、无限结荚的品种；雨水较多的地区，宜选用主茎发达、秆壮不倒、中大粒、有限结荚的良种。

4. 根据市场需求和用途选择 随着大豆专业化、产业化的发展，对特用大豆，如高蛋白（＞44％）大豆、高脂肪（＞22％）大豆、菜用大豆的需求量不断增加。应根据市场需求和用途，选用适销对路的优质专用大豆良种。

二、种子质量要求

在播种前精选种子是保证全苗的重要措施之一，可用粒选机精选或人工精选，品种的纯度应高于96％，发芽率高于95％，含水量低于13％。

三、山西大豆优良品种

1. 晋豆 19 山西省农业科学院作物遗传研究所育成。

该品种春性，植株半直立，子叶绿色，长势强。春播出苗到成熟125～135d，无限结荚习性，株型收敛，株高100cm，主茎结荚密，脐褐色，椭圆形，百粒重25g，耐旱、耐湿、喜水肥，籽粒产量一般每667m² 300kg，留苗密度春播每667m² 1万～1.2万株，复播每667m² 1.5万株。

籽粒含粗蛋白质38.29％，粗脂肪19.91％。未完熟粒率低，耐阴性强，裂荚性中等，倒伏轻，病虫害轻。抗大豆花叶病、紫斑病，抗大豆食心虫，品质优良。属中早熟、高产稳产型品种。

栽培要点：①播种期：4月20日左右。②播种量：单种每667m² 5kg，套种每667m² 2.5～3.5kg，密度每667m² 1.5万株左右。③田间管理：保证全苗、壮苗，适时灌水，N、P、K肥配合使用，及时中耕除草，摘除菟丝子，中后期及时防治红蜘蛛。避免重茬和迎茬，肥水过高易倒伏。④适时收获：当田间70％的豆荚出现成熟色时即可收获，过早、过晚均会影响品种产量和品质。

适宜区域：适宜山西省内晋中、忻州、吕梁、长治市、太原市等地春播，临汾、运城、晋城南部夏播。

2. 晋豆 23 山西省农业科学院经济作物研究所选育。

该品种株高 90～100cm，株型收敛。圆叶，叶色深绿，棕色茸毛，白花，无限结荚习性。种皮黄色，有光泽，黑脐，百粒重 21～23.5g。含蛋白质 40.11％，脂肪 18.48％。春播生育期 128～133d，植株生长健壮，分枝多，结荚密，鼓粒早，粒大。抗旱及抗病毒能力强，耐红蜘蛛。一般产量每 667m² 150kg 左右。

栽培要点：春播，4 月下旬至 5 月上旬播种，密度 8 000～10 000 株；南部复播，6 月上旬至中旬播种，密度 15 000～20 000 株；要注意抢墒抢时播种。

适宜区域：适宜晋中、晋东南地区及晋东土石山区春播，晋南复播。

3. 晋豆 24　山西农业大学选育。

该品种株高 80cm 左右，株型直立。棕色茸毛，紫花，尖叶，为披针形，亚有限结荚习性。种皮黄色，圆粒，有光泽，淡脐，百粒重 22g 左右。含蛋白质 39.54％，脂肪 19.96％。春播生育期 130d 左右，夏播 90d 左右。耐旱、抗倒、丰产性好。一般产量每 667m² 140kg 左右。

栽培要点：适时播种，合理密植；春播密度每 667m² 15 000 株；复播每 667m² 15 000～20 000 株；施足有机肥；合理灌溉，浇足底墒水，灌足花荚水，控制幼苗水；及时防治病虫害。

适宜区域：适宜山西省中部春播，晋南复播。

4. 晋豆 25　山西省农业科学院经济作物研究所选育。

该品种早熟，生育期北部春播 110～125d，中部夏播 90d 左右，无限结荚习性，单株结荚 17～26 个，株形紧凑，株高 50～85cm，叶中圆，棕色茸毛，花紫色。种皮黄色，有光泽，黑脐，百粒重 18～24g。抗旱、抗倒、耐水肥、丰产性好，抗病毒病。含蛋白质 41.5％，脂肪 21.84％。一般产量每 667m² 130kg 左右。

栽培要点：适期播种，北部春播 5 月上旬，中部复播 7 月 1 日前后；合理密植，北部春播密度为每 667m² 25 000～30 000 株，中部复播每 667m² 18 000 株左右。

适宜区域：适宜山西省北部地区春播，中部地区麦茬复播。

5. 晋大 74　山西农业大学选育。

该品种株高 120cm 以上，亚有限结荚习性，分枝 3～5 个，植株繁茂，绒毛棕色，叶形椭圆，白花，种皮黄色，黑脐，3～4 粒荚，百粒重 18～22g。该品种在山西中、北部春播生育期 125～135d，南部夏播 90～100d。抗旱性强，高抗大豆花叶病毒病。综合农艺性状好。

栽培要点：①合理密植，春播密度在每 667m² 8 000 株以内，行距 0.5m，株距 0.22m；夏播在每 667m² 12 000 株以内，行距 0.4m，株距 0.11m。②始花期施尿素每 667m² 10kg。③鼓粒期遇旱浇水，中耕锄草，疏松土壤，及时防治病虫害。

适宜区域：适宜山西省中、北部春播，南部夏播。

6. 晋遗 30 山西省农业科学院作物遗传研究所选育。

该品种幼苗生长稳健，根茎粗壮，根系发达、入土深、抗旱性好，根瘤多、固氮能力强，叶片椭圆形、大小适中、叶色浓绿、叶片肥厚，光合能力强。株高 85~101.8cm，分枝 3.3 个，主茎节 21 个，结荚高度 8.6cm，茸毛棕黄色，花紫色。籽粒椭圆形、种皮深黄色、脐深蓝色、色泽光亮，百粒重 22.2g，属大粒型。春播生育期 131~140d，夏播生育期 95~100d，属亚有限结荚习性，三粒荚为主。抗旱耐瘠，抗大豆花叶病毒病（SMV），抗孢囊线虫病。

栽培要点：①施足底肥：农家肥每 667m² 2 000kg，硝酸磷每 667m² 25~30kg。②适期播种：4 月下旬至 5 月上旬、夏播 6 月上旬至中旬。③播种方式：等行距条播、单株留苗，播深 3~5cm。④适宜密度：春播每 667m² 8 000株，夏播每 667m² 12 000株。⑤病虫害防治：在生长期注意各种病虫害防治。

适宜地区：适宜山西太原、晋中、忻州、吕梁、阳泉、长治、晋城等地春播，临汾、运城夏播。

7. 晋豆 28 山西省农业科学院土壤肥料研究所选育。

该品种特征特性：幼苗生长稳健，根茎粗壮，根系发达、入土深、上部长叶，中、下部叶片椭圆形、大小适中。株高 90~110cm，分枝 2~4 个，主茎节 15~25 个，荚多。茸毛浅棕色、花白色、不裂荚。籽粒扁椭圆形、种皮黄色、脐黑色、色泽光亮，百粒重 17~19g。春播生育期 125~135d，夏播生育期 80~95d，属无限结荚习性。抗倒伏，适应性广。

栽培要点：①施足底肥：农家肥每 667m² 2 500kg，硝酸磷每 667m² 30~35kg。②适期播种：春播 4 月下旬至 5 月上旬、夏播 6 月上旬至中旬。③播种方式：等行距条播、单株留苗播深 3~5cm。④适宜密度：春播每 667m² 10 000~12 000 株，夏播每 667m² 12 000~14 000 株。⑤病虫害防治：在生长期注意各种病虫害防治。

适宜地区：适宜山西太原、晋中、忻州、吕梁、阳泉、长治、晋城等地春播，临汾、运城夏播。

■ 任务实施

1. 精选种子 挑选种子时，应剔除病斑粒、虫食粒、杂质，以提高种子的田间出苗率。

2. 种子处理

（1）根瘤菌接种。第一次种大豆地块，进行根瘤菌接种，有明显的增产效果。方法是将根瘤菌剂倒入为种子质量1％的清水中，搅拌均匀后，将菌液喷洒在种子上，充分搅拌，阴干后播种。根瘤菌接种的种子不可再用药剂拌种。

（2）药剂拌种。大豆施钼是一项经济有效的增产措施。可采用拌种和生长期喷洒的方法进行。一般每50kg种子用钼酸铵20～30g，配制成1％～2％的钼酸铵溶液，边喷洒边搅拌均匀，阴干后播种。钼酸铵拌种阴干后也可进行其他药剂拌种。为防治大豆根瘤病，用50％多菌灵拌种，用药量为种子重量的0.3％。大豆胞囊线虫为害的地块，播前需将3％的呋喃丹条施于播种床内，用药量每667m² 2～6.5kg，要注意先施后播种。

任务二　土壤准备

■ 知识准备

一、对土壤的要求

大豆对土壤条件的要求不很严格。土层深厚、有机质含量丰富的土壤，最适于大豆生长。黑龙江省的黑钙土带种植大豆能获得很高的产量就是这个道理。大豆比较耐瘠薄，但是在瘠薄地种植大豆或者在不施有机肥的条件下种植大豆，从经营上说是不经济的。大豆对土壤质地的适应性较强。沙质土、沙壤土、壤土、黏壤土乃至黏土，均可种植大豆，当然以壤土最为适宜。大豆要求中性土壤，pH宜在6.5～7.5。pH低于6.0的酸性土往往缺钼，也不利于根瘤菌的繁殖和发育。pH高于7.5的土壤往往缺铁、锰。大豆不耐盐碱，总盐量<0.18％，NaCl<0.03％地，植株生育正常，总盐量>0.60％，NaCl>0.06％，植株死亡。

二、轮作换茬

大豆是其他作物良好的前茬。大豆根部生有根瘤，根瘤中的根瘤菌能固定空气中的游离氮素，有提高土壤肥力的效果。大豆对前作要求不严格，大豆茬是轮作中的好茬口。大豆最忌重茬（同种作物在同一地块重复种植）和迎茬（同种作物在同一地块隔年种植），不论重茬还是迎茬，都会导致大豆的减产，大豆也不宜种在其他豆类作物之后。主要原因是大豆在生育期间需要吸收大量磷素和钾素，致使土壤氮磷比例失调。另外重、迎茬易引起大豆病虫害大发生，根系分泌的酸性物质会影响微生物和根瘤菌的发育而导致减产。大豆最好与禾谷类农作物，如玉米、小麦、谷子等实现 3 年以上的轮作。

■ 任务实施

1. 精细整地 大豆是深根作物，在良好耕作条件下，主根入土较深。浅耕粗作情况下，主根不发达，支根多局限于土壤表层中。耕地深度一般要求 20cm，耕后耙盖保墒，旱地为保好底墒，不强调深耕太深，可浅耕而以耙盖保墒为主。

（1）秋耕整地。秋季大田作物收获后，应抓紧时间进行秋耕，秋耕深度 22～78cm，有条件的最好用机耕，保证秋耕深度。秋耕后随即耙耱，平整土壤，积纳雨雪，提高土壤持水量。

（2）春耕整地。山西省历年春季干旱多风，失墒严重，春耕整地时应尽量做到耕、耙、耱、播种、镇压连续作业，以防止跑墒，保证出苗整齐。所以在秋耕之后，早春应顶凌耙地，等土壤化冻到达耕深时，顶浆耕地一次，耕深为 15cm 左右为宜，而后进行耙耱，达到播种状态。

（3）夏大豆区，播种期短，整地必须抓紧，在有灌溉条件和劳、畜力充足的条件下，在前茬作物收后，立即耙地灭茬，施用基肥，耕翻深 16～23cm，并进行细致耙耢，使土地平整，表土疏松，再进行播种。在劳、畜力不足或干旱地区，可锄地或耙地灭茬，避免硬茬播种。如果耕地灭茬与抢墒早播有矛盾，应力争早播，出苗时再进行锄地灭茬，达到苗早、苗全的目的。

2. 轮作换茬 目前，山西省的主要轮作方式：

春大豆区：大豆—玉米（高粱）—谷子

　　　　　大豆—黍子—马铃薯—莜麦

　　　　　春小麦—谷子—大豆

夏大豆区：冬小麦—夏大豆—冬小麦—夏杂粮

　　　　　冬小麦—夏大豆—冬小麦—夏大豆

任务三　肥料准备

■ 知识准备

一、大豆的需肥规律

大豆是需肥较多的作物。它对氮、磷、钾三要素的吸收一直持续到成熟期。长期以来，对于大豆是否需要施用氮肥一直存在某些误解，似乎大豆依靠根瘤菌固氮即可满足对氮素的需要。这种理解是不对的，从大豆总需氮量来说，根瘤菌所提供的氮只占 1/3 左右。从大豆需氮动态上说，苗期固氮晚，且数量少，结荚期特别是鼓粒期固氮数量也减少，不能满足大豆植株的需要。因此，种植大豆必须施用氮肥。大豆单位面积产量低，主要是土壤肥力不高所致；产量不稳，则主要是受干旱等的影响。

大豆根深叶茂，生长旺盛，籽粒富含脂肪和蛋白质。在整个生育期需要从土壤中吸收大量的氮、磷、钾营养元素，三者比例大致为 4：1：2，比水稻、玉米都高，对钙、镁等元素需要也较多。因此，必须施用一定量的氮、磷、钾才能满足其正常生长发育的需要。

大豆各生育期对养分的吸收量不同，总的趋势是：幼苗期植株生长缓慢，需肥较少，分枝期以后，逐渐增多，花荚期是需肥量最多的时期，尤以终花到鼓粒最多，以后逐渐减少。因此，开花期施肥是大豆增产的关键，应注意追施氮、磷肥。苗期需肥不多，但对缺磷比较敏感，供应适量氮肥能促进分枝和花芽分化，磷能促进根系发育和根瘤的形成；生育后期适当补充氮、磷肥可以促进籽粒饱满。

二、大豆对矿物营养的需求

大豆需要矿质营养的数量多而且种类全。在无机营养中，需要量最多的是氮、磷、钾，其次是钙、镁、硫，还有微量元素铁、锰、铜、锌、钼、硼等。

氮：氮素是蛋白质的主要组成元素。长成的大豆植株的平均含氮量 2% 左右。苗期，当子叶所含的氮素已经耗尽而根瘤菌的固氮作用尚未充分发挥的时间里，会暂时出现幼苗的"氮素饥饿"。因此，播种时施用一定数量的氮肥如硫酸铵或尿素，或氮磷复合肥如磷酸二铵，可起到补充氮素的作用。大豆鼓粒期间，根瘤菌的固氮能力已经衰弱，也会出现缺氮现象，进行花期追施或叶面喷施氮肥，可满足植株对氮素的需求。

磷：磷素被用来形成核蛋白和其他磷化合物，在能量传递和利用过程中，也有磷酸参与。长成植株地上部分的平均含磷量为 0.25%～0.45%。大豆吸磷的动态与干物质积累动态基本相符，吸磷高峰期正值开花结荚期。磷肥一般在播种前或播种时施入。只要大豆植株前期吸收了较充足的磷，即使盛花期之后不再供应，也不致严重影响产量。因为磷在大豆植株内能够移动或再度被利用。

钾：钾在活跃生长的芽、幼叶、根尖中居多。钾和磷配合可加速物质转化，可促进糖、蛋白质、脂肪的合成和贮存。大豆植株的适宜含钾范围很大，在 1.0%～4.0%。大豆生育前期吸收钾的速度比氮、磷快，比钙、镁也快。结荚期之后，钾的吸收速度减慢。

大豆长成植株的含钙量为 2.23%。从大豆生长发育的早期开始，对钙的吸收量不断增长，在生育中期达到最高值，后来又逐渐下降。

微量元素：大豆植株对微量元素的需要量很少，大多数土壤基本能够满足大豆的需要。但近年来的有关试验证明，补充施用微量元素，可以提高大量产量。尤其是施用钼施，增产效果显著，一般可增产 5%～20%，原因是钼参与根瘤菌的固氮作用，能促进根瘤的形成与生长，增加根瘤数，提高固氮能力，增加大豆体内含氮量，利于蛋白质的合成。能提高叶绿素的含量和促进大豆对磷的吸收、分配和转化。能提高种子发芽率，使生育期提前，植株性状改善，籽粒品质提高。大豆缺钼，根瘤菌失去固氮能力。

■ 任务实施

大豆的施肥技术

根据大豆的需肥规律，为满足大豆生育对养分的需要，必须做到以基肥为主，种肥为辅，看苗追肥的原则，合理施肥，既要保证大豆有足够的营养，又要发挥根瘤菌的固氮作用，施氮不宜过量，以免影响根瘤菌生长或引起倒伏。另一方面，也必须纠正那种"大豆有根瘤菌就不需要氮肥"的错误概念。

1. 基肥　每 667m² 施用农家肥 2～2.5t。大豆播种前，施用有机肥料结合施用一定数量的化肥，尤其是氮肥，适宜的施肥比例为 1t 有机肥掺 3.5kg 氮肥。有机肥料一般以猪圈粪效果最好，其次是骡马粪和堆肥。

2. 种肥　播种时施用少量氮、磷肥做种肥，对培育壮苗作用很大。最好以磷酸二铵颗粒肥做种肥，每 667m² 用量为 8～10kg。

3. 追肥　追肥应围绕幼苗、开花、结荚三个生育时期考虑。根据苗情、地力和施肥基础，灵活掌握。

■ 能力转化

1. 大豆有哪些生育时期？

2. 大豆的种子处理，怎样进行根瘤菌接种？

项目二　播种技术

■ 学习目标

【知识目标】

掌握大豆的播种时期、播种方法等内容。

【技能目标】

掌握大豆播种技术。

【情感目标】

大豆的播种质量是多收大豆的基础保证。

大豆对环境条件的要求

1. 光照　大豆是喜光短日照作物，花芽分化时要求每天较长的黑暗和较短的白天。当黑暗条件不能满足时，大豆就不能开花结实，甚至只长枝叶。当黑暗条件满足时，大豆就提前开花，提早成熟。大豆对光照要求的特性是一种重要的生物学特性。短日照促进生殖生长而抑制营养生长；长日照则促进营养生长而抑制生殖生长。但是大豆对短日照要求是有限度的，绝非越短越好，一般品种每日 12h 的光照即可促进开花抑制生长；9h 光照对部分品种仍有促进开花的作用，当每日光照缩短为 6h，则营养生长和生殖生长均受抑制。当日照在 9～18h 范围内时，日照越短，越能促进生殖生长，而抑制营养生长。

大豆不同的品种在开花结实时均要求短日照条件，只是早熟品种的短日照性弱些，晚熟品种的短日照性强。在低纬度地区短日照性强的迟熟品种要求日数多些，高纬度地区短日照性弱的早熟品种要求日数少些。当大豆植株出现花萼原基时，即标志光照阶段的完成。

短日照只是从营养生长转化为生殖生长的条件，并非一生生长发育所必需。认识大豆的光周期特性，对于种植大豆是有意义的。在引种时，同纬度地区之间互相引种容易成功，而南方大豆品种引到光照较长的北方种植，由于较强的短日照性得不到满足，植株生长高大，所以开花成熟大为延迟，北方大豆短日照性弱，移植到南方种植，其短日照性很快得到满足，开花成熟大为提早，但生产量小，产量不高，也不适宜。

2. 温度　大豆是喜温作物，不同品种在生育期间所需要的＞10℃活动积温差异很大，一般要求 2 600～3 800℃；晚熟品种要求在 3 200℃以上，而夏播早熟品种则要求 1 600℃左右。不过同一品种，随着播种期的延迟，所要求的活动积温减少。春季当播种层的地温稳定在 10℃以上时，大豆种子开始萌发，出苗以后，幼苗的抗寒力比高粱、玉米强，春播大豆在苗期常受低温影响，温度不低于－4℃时，大豆幼苗受害轻微，但温度降至－5℃以下，幼苗可能被冻死。一般在真叶（单叶及复叶）出现前抗寒力较强，真叶出现后抗寒力显著减弱，不过，受冻的幼苗，只要子叶未死，霜冻过后，子叶节还会出现分枝。

大豆不耐高温，温度超过 40℃，坐荚率减少 57％～71％。适宜大豆生长的平均气温为 20～25℃。温度低，延迟大豆的开花和成熟，降低坐荚率。当温度低于 14℃时，生长停滞。在秋季结荚鼓粒期，白天温暖，晚间凉爽而不寒冷，有利于光合产物的积累和鼓粒。

3. 水分　大豆是需水较多的作物，据研究形成 1g 大豆干物质需水 580～744g。但是大豆在不同生育期间对水分要求是不同的。在种子发芽和出苗时，需要充足的水分，此时土壤水分适宜，出苗快而整齐，土壤含水量在 20％～24％，如果墒情不好，种子不能膨胀发芽。在幼苗期，比较耐旱，土壤水分略少一些，可使大豆根系深扎。此时土壤含水量为 22％，若水分过多，根系发育不良，易造成徒长和倒伏。在开花到荚期，大豆植株生长最快，需水量逐渐增大，既要求土壤相当湿润，又要求雨水不可过多，土壤含水量应为 23％～27％，这时若土壤干旱缺水，开花稀少；若雨水过多，茎叶生长过旺，蕾花脱落。从结荚到鼓粒期间，要求土壤水分充足，土壤含水量为 23％～27％，才能满足籽粒发育。这时如果雨水少，土壤水分不足，就会造成幼荚脱落或秕烂秕荚，产量降低。结荚鼓粒期，干旱是造成大豆减产的重要原因，可减产 36％～45％。大豆成熟期对水分的要求减少，土壤含水量为 22％，此时水分过多，使大豆贪青晚熟。

在大豆一生所需水分中，只有 10％～20％用于合成有机物质，其余水分大部分被蒸发掉了，通过叶片、地面蒸发的水分占 70％～80％。

任务一　播种时期

■■ 知识准备

大豆适期播种，保墒保苗，可提高产量和籽粒含油量，确定大豆适宜的播种期主要根据当地的地温和土壤水分以及品种特性。

◼ 任务实施

一般春大豆在土壤 5～10cm 的土层内，日平均地温稳定在 8℃以上时即可，山西省春大豆播种期以 4 月下旬至 5 月上旬为宜。夏大豆播种在麦收后，6 月中下旬为宜。春旱地温高可以早些，土壤墒情好地温低可以晚些；晚熟品种先播，早熟品种后播，土壤墒情好晚播，墒情差应抢墒播种。

任务二　播种方法

◼ 知识准备

1. 播种方法　大豆的播种方式常见有：窄行密植条播和等距点播。

2. 播种深度　大豆是双子叶植物，种子发芽出土时，两片肥大的子叶要顶出地面，出苗比较困难，因此，大豆播种的深浅对保苗和出苗整齐有很大的关系。在土壤疏松条件下，播种可深些，反之，要少一些；土壤墒情好的可少一些，反之，应深些。一般播深 3～5cm。

3. 合理密植　合理密植就是根据当地土壤肥力、气候条件、品种特性，确定适宜的种植株数，以充分利用地力，合理利用光照，发挥大豆生产潜力，提高大豆产量。也就是要建立合理的群体结构。

要建立一个合理的群体结构，必须掌握合理密植的原则：

（1）肥地宜稀，薄地宜密，因土壤肥沃种植过密，植株生育繁茂，易徒长倒伏。相反，在瘦薄的土壤稀植时，植株也生长不壮，产量降低。

（2）早熟品种宜密，晚熟品种宜稀。因繁茂性强，分枝多的品种，单株所占营养面积和空间大，密度就应小些。相反，植株紧凑，分枝少的品种，密度就应大一些。

（3）水肥条件好，供应充足，植株生长旺盛，应适当稀些。相反，水肥不足，植株生育缓慢，且又矮小，密度应大些。

（4）气温高的地区宜稀，气温低的地区宜密。

根据山西省各地实际情况，一般春大豆保苗密度每 667m² 8 000～25 000 株，其中平川地区，土壤肥力较高的地，适宜保苗数每 667m² 8 000～10 000 株；地力中等的地，可保苗每 667m² 1 万～1.5 万株；瘠薄干旱地，保苗数每 667m² 1.7 万～2.5 万株。夏大豆的种植密度比春大豆密一些。一般每 667m² 保苗 1.5 万～3 万株，其中平川地区，土壤肥沃，适宜保苗数在每 667m² 1.2 万～1.8 万株；地力中等可保苗每 667m² 1.6 万～2 万株；瘠地或晚播的宜保苗每 667m² 2 万～3 万株。

■■ 任 务 实 施

1. 条播　山西省多数地方采用耧播，行距 50cm 左右，也有用犁开沟的，行距与耧播的接近。最好机播，行距 60cm 宽幅条播，或垄上机械双条播，双条间距 10～12cm，要求对准垄顶中心播种，偏差不超过 ±3cm，机播的优点是播种深浅一致，种子分布均匀、出苗整齐。

2. 精量点播　用人工或点播机，按一定距离进行等距单粒或双粒点播。其优点是株距适宜，无须间苗，植株分布均匀，群体结构一致，能充分利用地力和空间，增产显著。但播前对种子要精选，保证种子质量。

3. 播种深度　一般大豆的播种深度以 3～5cm 为宜。深度超过 7cm，则子叶出土困难，即使勉强出土，幼苗黄弱，易于死亡；过浅，种子容易落干。

4. 播种量　适宜的播种量要根据播种方法、播种密度、种子大小、发芽率高低等情况而定，如窄行密植，籽粒大的，播量要多些；宽行稀植，小粒种子，播量要少些；机播要多些，点播少些。春播大豆一般每 667m² 播量 5～6kg，夏播大豆 7.5～10kg。

5. 播后化控　每 667m² 用赛克津（70%）可湿性粉剂 25～53g，于播种后出苗前施药。

■■ 能 力 转 化

1. 合理密植的原则是什么？
2. 山西省春大豆、夏大豆的适宜播种期是什么时间？

项目三　田间管理

■■ 学 习 目 标

【知识目标】

　　熟悉大豆各个生育时期的生育特点及主攻目标。

【技能目标】

　　掌握出苗期、幼苗分枝期、开花结荚期、鼓粒成熟期的田间管理措施。

【情感目标】

　　通过学习，培养学生的实际操作能力。

大豆的一生

大豆一生指的是从种子萌发开始，经历出苗、幼苗生长、花芽分化、开花结荚、鼓粒，直到新种子成熟的全过程。

1. 种子的萌发和出苗 大豆种子萌发需要一定的温度、水分和通气条件。在土壤水分和通气条件适宜时，日均温度为 6～7℃ 种子即发芽，但很缓慢，日均温在 18～20℃ 发芽快而整齐，播种后 4d 出苗。种子发芽时需吸收相当于本身重量 120%～140% 的水分，种子发芽时胚根先入土中，随着下胚轴伸长，子叶带着幼芽顶出地面，子叶出土即为出苗。在田间记载时 50% 以上子叶出土为出苗期。

2. 幼苗生长 子叶出土展开后，幼茎继续伸长，经 4～5d，一对子叶展开这时幼苗已具有两个并形成第一节间。大豆苗第一节间长短，是决定幼苗壮、弱的一个重要形态指标。植株过密时，第一节间往往过长，幼茎细弱，幼苗发育不良。

随着幼茎的生长，第一复叶出现，称为三叶期。从一对单叶展开到第一复叶展开需 10d 左右。此后，每隔 3～4d 出现一片复叶，主茎下部节位的腋芽多为枝芽，条件合适形成分枝，中、上部腋芽一般都是花芽。从出苗到分枝出现，叫幼苗期。苗期根系比地上部分生长快。属营养生长阶段。

3. 花芽分化 大豆花芽分化的迟早，因品种而不同，早熟品种较早，晚熟品种较迟；无限性品种较早，有限性品种较迟。一般出苗后 20～30d 开始花芽分化。从花芽开始分化到花开放，称为花芽分化期。这一时期根系发育旺盛，茎叶生长加快，花芽相继分化，花朵陆续开放。是大豆营养生长与生殖生长的并进时期，但仍以营养生长为主。

4. 开花结荚 大豆从始花到终花为开花期，从幼荚出现到产生豆荚为结荚期，由于大豆开花和结荚是交错的，所以将这两个时期称开花结荚期。从大豆花蕾膨大到花朵开放需 3～4d。每天上午 6 时开花，早 8～10 时开花最多，下午开花很少。有限性品种花期短，无限性品种花期长。早熟品种比晚熟品种开花早。

大豆是典型的自花授粉作物，在花朵开放前，就已完成授粉受精，花冠在花粉粒发育后开放，约 2d 后凋萎。随后子房膨大，幼荚形成开始。这一时期是大豆一生中需要水分养分最多的时期。

大豆结荚习性一般分为无限、有限和亚有限三种类型（图 8-1）。

（1）无限结荚习性。具有这种结荚习性的大豆茎秆尖削，始花期早、开花期长。主茎中、下部的腋芽首先分化开花，然后向上依次陆续分化开花，始花后，茎继续伸长，叶继续产生。如环境条件适宜，茎可生长很高。主茎与分枝

图 8-1　大豆结荚习性

(a) 无限结荚　　(b) 有限结荚　　(c) 亚有限结荚

顶部叶小，着荚分散，基部荚不多，顶端只有 1～2 个小荚，多数荚在植株的中部和中下部，每节一般着生 2～5 个荚。这种类型的大豆，营养生长和生殖生长并进的时间较长。

　　(2) 有限结荚习性。具有这种结荚习性的大豆一般始花期较晚，当主茎生长高度接近成株高度前不久，才在茎的中上部开始开花，然后向上、向下逐节开花，花期集中。当主茎顶端出现一簇花后，茎的生长终结；茎秆不那么尖削。顶部叶大，不利于透光。由于茎生长停止，顶端花簇能够得到较多的营养物质，常常形成数个荚聚集的荚簇，或成串簇。这种类型的大豆，营养生长和生殖生长并进的时间较短。

（3）亚有限结荚习性。这种结荚习性介于以上两种类型之间而偏于无限习性。主茎较发达。开花顺序由上而下，主茎结荚较多，顶端有几个荚。

大豆结荚习性不同的主原因在于大豆茎顶端花芽分化时个体发育的株龄不同。顶芽分化时若正值植株旺盛生长期，即形成有限结荚习性，顶端叶大花多、荚多。否则，当顶芽分化时植株已处于老龄阶段，则形成无限结荚习性，顶端叶小、花稀、荚也少。

大豆的结荚习性是重要的生态性状，在地理分布上有着明显的规律性和区域性。从全国范围看，南方雨水多，生长季节长，有限性品种多。北方雨水少，生长季节短，无限性品种多。从一个地区看，雨量充沛、土壤肥沃，宜种有限性品种；干旱少雨，土质瘠薄，宜种无限性品种。雨量较多、肥力中等，可选用亚有限品种。具体选用要因地、因条件而异。

5. 鼓粒成熟　大豆从开花结荚到鼓粒阶段，没有明显的界限。在田间调查记载时，籽粒显著鼓起的植株达 50％以上的日期称为鼓粒期。这一阶段植株中的营养物质源源不断地向种子内输送，种子内干物质积累，大约在开花一周内增加缓慢，以后的一周增加很快，大部分干物质是在以后的大约 3 周内积累的，每粒种子平均每天可增重 6～7mg。荚的重量大约在第 7 周达到最大值。随着种子干物质的增加，种子的含水量逐渐下降，当种子干重达最大值时，含水量降至 15％以下。

当种子变圆，完全变硬，最后呈现出本品种固有的形状和色泽时即为成熟。

任务一　出苗期管理

■ 知 识 准 备

出苗期的生育特点、主攻目标

生育特点：种子吸水膨胀，子叶出土变绿，具有光合能力。

壮苗长相：地上部幼茎粗壮，节间长度适中，叶小而厚，叶色浓绿。地下部主根发达，侧根多，根系强大。

主攻目标：采取各种措施提高地温，松土保墒，促进大豆出苗快、出苗齐，除草害。

■ 任 务 实 施

1. 松土　大豆是双子叶植物，播种后至出苗前如遇雨，土壤易板结，影响出苗。因此，在雨后应立即松土，可用钉齿耙耙地，齿深应浅于播深。

2. 中耕 在苗高 5～6cm 时中耕，并要细致进行，防止压苗、伤苗。中耕深度应浅，一般为 7～8cm。

3. 化学除草 目前应用的除草剂类型多，更新快。现介绍几种大豆除草剂：

（1）氟乐灵（48%）乳剂。播前土壤处理剂。于播种前 5～7d 施药，施药后 2h 内应及时混土。

（2）赛克津（70%）可湿性粉剂。于播种后出苗前施药。每 667m² 用药量 25～53g。如使用 50% 可湿性粉剂，则用量为 35～70kg。

（3）稳杀得（35%）乳油。出苗后为防除一年生禾本科杂草而施用。当杂草长有 2～3 叶时喷施。每 667m² 用药量 30～50g。当杂草长至 4～6 叶时，每 667m² 用药量 50～70g。

任务二 幼苗分枝期管理

▓▓ 知 识 准 备

幼苗分枝期的生育特点、主攻目标

生育特点：大豆幼苗期，主根下扎，侧根数量增加很快，根瘤开始形成，复叶接连出现，根部需水需肥能力逐渐增强，地下部生长速度超过地上部分，对土壤湿度和温度很敏感，较低温度和湿润的土壤均有利于根系的生长。

壮苗长相：根系发达，根瘤多，茎秆粗壮，节间短，分枝多，叶片厚，色浓绿。

主攻目标：发根壮苗，促进分枝和花芽分化。

▓▓ 任 务 实 施

1. 查苗补种 大豆出苗后及时查苗，发现缺苗断垄的应及时补种，以确保种植密度。缺苗未及时补种的地块，应在大豆单叶到第一复叶期间趁阴天或晴天的下午 4 时以后，将备用苗带土移栽到秧苗处，覆土后浇水，待水渗下后及时用土封掩。

2. 及时间苗 当两片对生单叶平展时，应及时早间苗，出现复叶后定苗。夏大豆生长迅速，间、定苗要一次进行。间苗要间小留大、间弱留壮，做到合理留苗，等距匀苗，定苗按种植密度要求进行。农谚"苗荒甚于草荒""苗拔一寸，强似上粪"的说的就是间苗。

3. 中耕除草 大豆中耕一般 3～4 次。第一次中耕应在豆苗出齐后，晾晒

1～2d 进行，深度要求 10～12cm；第二遍中耕最好在第一次后 7～10d 进行，要求深度 8～10cm。封垄之前锄、趟第三遍，趟地深度 7～8cm。

4. 化学除草 除草剂喷药适期一般应在杂草 3～5 叶期，大豆 1～2 复叶期进行。目前应用的除草剂类型多，更新也快。常用的大豆除草剂的使用方法如下：氟乐灵（48%）乳剂播前土壤处理剂。于播种前 5～7d 施药，施药后 2h 内应及时混土。土壤有机质含量在 3% 以下时，每 667m² 用药 60～110g；有机质含量在 3%～5%，每 667m² 用药 110～150g；有机质含量在 5% 以上，每 667m² 用药 150～170g。应注意施用过氟乐灵的地块，次年不易种高粱、谷子，以免发生药害。

5. 苗期追肥、灌水 当幼苗生长瘦弱、叶色过浅，表现出缺肥症状时，应追施适量氮、磷肥，施肥量根据地力及幼苗长相而定，一般每 667m² 追施硝酸铵 5.0～7.7kg、过磷酸钙 7.3～14.7kg。分枝期如遇土壤水分不足，应进行合理灌溉，以促进花芽分化。

任务三 开花结荚期管理

▓ 知 识 准 备

开花结荚期生育特点、主攻目标

生育特点：从花芽分化到开花结荚，是营养器官和生殖器官并进生长的时期，但以形成较多的花荚为主，对光照、水分、养分有强烈的要求。

主攻目标：开花结荚期是大豆一生中需要水分最多的时期，应当尽量满足大豆对这些条件的要求，促使开花多、成荚多，减少花荚脱落。

▓ 任 务 实 施

1. 追施花肥 大豆开花期之初施氮肥，是国内外公认的增产措施。做法是：于大豆开花初期或在趟最后一遍地的同时，将化肥撒在大豆植株的一侧，随即中耕培土。氮肥的施用量是，每 667m² 用尿素 2～5kg 或硫酸铵 4～10kg，因土壤肥力和植株长势而异。

没有脱肥现象的地块可不追花荚肥，以防徒长倒伏。土壤肥力低、长势弱的地块可结合铲趟进行根际或根外追肥。根际追肥可将化肥施于植株旁 3cm 处，随即中耕培土，盖严肥料，一般每 667m² 施硝酸铵 5.0～7.7kg。根外叶面喷洒可用 5%～10% 的氮、磷、钾混合液，或结荚初期每 667m² 用尿素 1.0kg 加磷酸二氢钾 0.1kg，兑水 50kg 叶面喷雾。

2. 及时灌溉　大豆开花结荚期气温高，日照长，叶面积大，蒸腾耗水多，此时是灌水的关键时期。灌水多采用沟灌、小畦灌，有条件可进行喷灌，生产上垄作沟灌效果好，沟灌分为逐沟灌和隔沟灌两种形式，一般采用隔沟灌效果较好，但特别干旱和地下水位低、土壤漏水的地块，采用逐沟灌为宜。平播大豆可畦灌，但需要精细平整土地打埂做畦。在搞好灌溉的同时要注意排涝。

3. 清除田间大草　大豆结荚前期，拔出中耕遗留下的大草，以利通风透光，减少土壤养分消耗，促进早熟增产。

4. 摘心　大豆在水肥条件充足，或生育后期多雨年份，容易发生徒长倒伏，尤其是无限结荚习性品种。摘心可以控制营养生长，促进养分重新分配，集中供给花荚，有利于花保荚，控制徒长，防治倒伏，促进早熟，提高产量。

摘心在盛花期或接近终花时进行，一般摘去大豆主茎顶端 2cm 左右。有限结荚习性品种和瘠薄地不宜摘心。

5. 生长调节剂的使用　生长调节剂有的能促进生长，有的能抑制生长。应根据大豆的长势选择适当的剂型。

2,3,5-三碘甲酸（TIBA），有抑制大豆生长，促进早熟的作用，应根据大豆营养生长、增花增粒、短化壮秆适当选择，增产幅度 5%～15%。对于生长繁茂的晚熟品种效果更佳。初花期每 667m² 喷药 3g，盛花期喷药 5g。此药溶于水，药液配成 135～260μmL/L，在晴天下午 4 时以后喷施，喷后遇下雨会影响药效。

增产灵（4-碘苯乙酸），能促进大豆生长发育，为内吸剂，喷后 6h 即为大豆所吸收，盛花期和结荚期喷施，浓度为 200μmL/L。该药溶于酒精中，药液如发生沉淀，可加少量纯碱，促进溶解。

短壮素（2-氯乙三甲基氯化铵），能使大豆缩短节间，茎秆粗壮，叶片加厚，叶色深绿，还可防止倒伏。于花期喷施，能抑制大豆徒长。喷药浓度 0.125%～0.25%。

【注意问题】

大豆花荚脱落的根本原因是生长发育失调，除品种类型之间有差异外，主要决定于生产栽培期和开花结荚期气候状况，如干旱，叶片失水，造成水分倒流，引起花荚脱落；若阴湿多雨，土壤水分过多，植株徒长，荫蔽程度增加，光合作用减弱，影响有机养分的合成与运输，花荚脱落也增加，其次是机械损伤，病虫害与暴风雨等自然灾害的影响。

任务四　鼓粒成熟期管理

▓ 知识准备

鼓粒成熟期生育特点、主攻目标

生育特点：从大豆鼓粒至成熟，其营养生长已停止，植株外观已定型，而生殖生长正在旺盛进行，植株内有机养分大量向籽粒转移。

主攻目标：促进籽粒饱满，增粒增重，促进成熟。

▓ 任务实施

1. 补施氮肥　大豆进入鼓粒期后，根瘤菌固氮能力逐渐衰退，加之鼓粒期需氮量大，若补施氮肥可显著增加产量。

2. 灌增重水　这阶段耗水量较少，约占总耗水量的20%，这个阶段如干旱缺水。则秕粒、秕荚较多，百粒重下降，这时灌鼓粒水，以水攻粒，能提高大豆粒重和产量。据试验，大豆在开花结荚期50d内缺水1周，减产30%～36%。因此，在这个阶段不能缺水。鼓粒后期减少土壤水分可促进成熟。

3. 拔出田间杂草　在大豆鼓粒期杂草种子未成熟前，人工拔除田间杂草，有利于大豆生育，增加荚数和粒重，而且对于收获、晾晒、脱粒均有益处。

任务五　收获与贮藏

▓ 知识准备

1. 大豆收获期　适期收获对大豆丰产优质十分重要。若采用人工收获，大豆适宜收获期应在黄熟末期进行，此时植株已全部成黄褐色，茎和荚全部变黄，豆叶全部脱落，荚中籽粒复圆与荚壁脱离，籽粒含水量降到15%～20%，即进入黄熟期。若采用联合收割机收获，最佳收获期是完熟期，此时植株叶柄全部脱落，籽粒变硬，茎荚和粒呈现出本品种固有色泽，摇动植株发出清脆的摇铃声，即进入完熟期。收获过早过晚都不好，收获过早，青粒、秕粒多，造成浪费，同时籽粒含水量大，不宜贮藏。收获过晚，易引起爆荚损失，品质变坏，故要适期收获。

2. 大豆贮藏　大豆籽粒中含有大量的蛋白质和油分，因而不耐贮藏。种子含水量超过13%，温度高时，新陈代谢加强，种子内部营养物质消耗，含油量和粒重降低，发芽率降低。贮藏中如湿度大时，籽粒种皮变色，加速脂肪分离，游离脂肪酸增多，导致籽粒酸败变质，发芽力丧失。因此，大豆在贮藏前必须充分晾晒，当种子含水量降至12%左右时，才能入库。贮藏温度不宜过高，保持在2～10℃环境中最好。

■ 任务实施

1. 收获 人工收割时，要求割茬低，不留荚，放铺规整，及时脱打，损失率不超过2%。机械联合收割时，割茬高度以不留荚为度，一般为5cm。要求综合损失率不超过4%。

2. 脱粒、干燥、贮藏 脱粒后进行机械或人工清粮，贮藏前必须充分晾晒，含水量达到12%以下时方可入仓贮藏。

■ 能力转化

1. 大豆壮苗的标准是什么？

2. 大豆花荚脱落的原因有哪些？

3. 大豆开花期怎样追施氮肥？

4. 大豆收获后怎样贮藏？

项目四　病虫害防治

■ 学习目标

【知识目标】

1. 了解大豆主要病害的症状表现、发病条件以及传播途径。

2. 了解大豆主要病虫害的发病特点及为害症状。

【技能目标】

掌握防治上述病虫害的技术。

【情感目标】

做好大豆病虫害的预测和防治工作，力争大豆丰收。

大豆病虫种类非常多，病害中以大豆根腐病、大豆霜霉病、大豆灰斑病、大豆锈病、大豆病毒病以及细菌性病害为主。常发虫害主要有大豆孢囊线虫病、大豆蚜虫、红蜘蛛、食心虫、豆荚螟以及地下害虫等。

大豆苗期病虫害防治应遵循"预防为主，综合防治"的植保方针，这样才能做到成本低、防效好。

任务一　病害防治

一、大豆根腐病

根腐病是大豆的三大病害之一，在大豆整个生育期均可发生，减产在25％～75％，甚至绝产。

发病条件：病菌孢子在土壤中或病残体上存活多年，湿度高或多雨天气、土壤黏重，易发病。重、迎茬地发病重。

传播途径：土壤传播。

发病部位：种子、幼苗根部。

症状表现：①出苗前引起种子腐烂或死苗；②出苗后引致根腐或茎腐，造成幼苗萎蔫或死亡；③成株期茎基部变褐腐烂，病部环绕茎蔓；下部叶片叶脉间黄化；上部叶片褪绿，造成植株萎蔫，叶片凋萎；④根部变成褐色，侧根、支根腐烂（图8-2、图8-3）。

图8-2　大豆根腐病地块　　　　图8-3　大豆根腐病病株

防治方法：

（1）选用抗病品种。

（2）合理轮作。因大豆根腐病主要是土壤带菌，与玉米、麻类作物轮作能有效预防大豆根腐病。

（3）加强田间管理，及时翻耕，平整细耙，雨后及时排除积水防止湿气滞留，可减轻根腐病的发生。

（4）播种时沟施甲霜灵颗粒剂，使大豆根吸收可防止根部侵染。

（5）播种前用种子重量0.3％的35％甲霜灵粉剂拌种。

（6）喷洒或浇灌25％甲霜灵可湿性粉剂800倍液，或58％甲霜灵·锰锌可湿性粉剂600倍液，或64％杀毒矾M8可湿性粉剂500倍液，或72％杜邦克露或 72％霜脲·锰锌可湿性粉剂 700 倍液，或 69％安克锰锌可湿性粉剂 900 倍液。

（7）喷洒植物动力 2003 或多得稀土营养剂。

二、大豆霜霉病

发病条件：播种后低温多湿有利于卵孢子萌发和侵入种子，每年 6 月中下旬开始发病，7～8 月是发病盛期，多雨年份常发病严重。山西省发病较为严重。

传播途径：种子传播或靠气流传播。

发病部位：幼苗、叶片、豆荚。

症状表现：带病种子长出幼苗，从第 1 对真叶基部出现褪绿斑块，沿主脉、侧脉扩展，造成全叶褪绿。花期前后雨多或湿度大，病斑背面生有灰色霉层，病叶转黄变褐而干枯。豆荚染病荚外正常而荚内常现黄色霉层（图8-4）。

图 8-4　大豆霜霉病症状

防治方法：

（1）选用抗病力较强的品种。

（2）轮作。针对该菌卵孢子可在病茎、叶上残留在土壤中越冬，实行轮作，减少初侵染源。

（3）选用无病种子。

（4）种子药剂处理。播种前用种子重量 0.3％的 90％乙膦铝或 35％甲霜灵（瑞毒霉）粉剂拌种。

（5）加强田间管理。中耕时注意铲除系统侵染的病苗，减少田间侵染源。

（6）药剂防治。发病初期开始喷洒 40％百菌清悬浮剂 600 倍液，或 25％甲霜灵可湿性粉剂 800 倍液，或 70％代森锰锌或代森锌 700 倍液，或 58％甲霜灵·锰锌可湿性粉剂 600 倍液，或 80％大生-M45 800 倍液，或 75％百菌清 600 倍液进行喷雾。对上述杀菌剂产生抗药性的地区，可改用 69％安克锰锌可湿性粉剂 900～1 000 倍液。

上述药剂应注意交替使用，以减缓病菌抗药性的产生。

三、大豆灰斑病

发病条件：病菌以菌丝体或分生孢子在病残体或种子上越冬。

传播途径：主要是病残体或种子带菌传播，其次是风雨近距离传播。

为害部位：叶、幼苗、茎、荚和种子。

症状表现：受害叶片病斑呈圆形，中央灰色，边缘红褐色，叶背面病斑上有灰色霉层，严重时病斑密布，叶片干枯脱落。茎上病斑纺锤形，黑褐色，密布微细黑点。荚和豆粒上病斑圆形或椭圆形，中央灰褐色，边缘红褐色（图8-5、图8-6）。

图 8-5　灰斑病病叶　　　　　　　图 8-6　灰斑病豆荚

防治方法：

（1）农业措施。选用抗病品种、合理轮作避免重茬，收获后及时深翻；合理密植，及时清沟排水。

（2）种子处理。用 96％的天达恶霉灵＋天达 2116 浸拌种专用型拌种。

（3）药剂防治。叶片发病后及时打药防治，最佳防治时期是大豆开花结荚期。发病初期用 70％甲基托布津可湿性粉剂 500～1 000 倍液，或 50％多菌灵可湿性粉剂 500～1 000 倍液，或 3％多抗霉素 600 倍液喷雾防治，每隔 7～10 天喷一次，连续喷 2～3 次。也可用 50％甲基硫菌灵可湿性粉剂 600～700 倍液，或 65％甲霉灵可湿性粉剂 1 000 倍液，或 50％多霉灵可湿性粉剂 800 倍液，隔10d左右一次，防治1次或2次。喷药时间要选在晴天上午6～10时，下午3～7时，喷后遇雨要重喷。

四、大豆锈病

发病条件：温暖多湿的天气有利发病，尤以降水量大、降雨日数多，持续时间长发病重。品种间抗病性有差异，一般鼓粒期受害重。

传播途径：靠夏孢子进行传播蔓延。

为害部位：叶片、叶柄和茎。

症状表现：受害初期为黄褐色斑，病斑扩展后叶背面稍隆起，而后表皮破裂后散出棕褐色粉末，致叶片早枯（图8-7）。

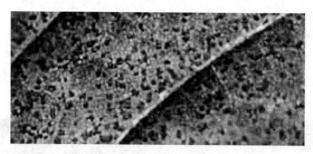

图8-7　大豆锈病病叶

防治方法：

（1）茬口轮作。与其他非豆科作物实行2年以上轮作。

（2）清洁田园。收获后及时清除田间病残体，带出地外集中烧毁或深埋，深翻土壤，减少土表越冬病菌。

（3）加强田间管理。深沟高畦栽培，合理密植，科学施肥，及时整枝；开好排水沟系，使雨后能及时排水。

（4）药剂防治。在发病初期开始喷药，每隔7～10d喷一次，连续喷1～2次。药剂可选用43%好力克悬浮剂4 000～6 000倍液，40%福星乳油6 000～7 000倍液，80%大生M-45可湿性粉剂800倍液，15%粉锈宁可湿性粉剂1 000倍液，15%三唑酮可湿性粉剂1 000倍液等。

五、大豆细菌性斑点病

发病条件：病菌在种子和病株残体上越冬，夏、秋季气温低，多雨、多露、多雾天气发病重，暴风雨后可加速病情增长，由于伤口增多，有利于侵入，发病更重。连作易染病。

传播途径：种子带菌传播，病菌借风雨传播蔓延。

为害部位：幼苗、叶片、叶柄、茎及豆荚（图8-8）。

图8-8 大豆细菌性斑点病症状

症状表现：

（1）幼苗染病，子叶上生半圆或近圆形病斑，褐色至黑色，病斑周围呈水渍状。

（2）叶片染病，初生半透明水渍状褪绿小点，后转变为黄色至深褐色多角形病斑，病斑周围有黄绿色晕圈，大小为3～4mm，湿度大时病叶背后常溢出白色菌脓，干燥后形成有光泽的膜。严重时多个病斑会合成不规则枯死大斑，病组织易脱落，病叶呈破碎状，造成下部叶片早期脱落。

（3）茎部染病，初呈暗褐色水渍状长条形，扩展后为不规则状，稍凹陷。

（4）豆荚染病，初现红褐色小斑点，后逐渐变成黑褐色不规则形病斑，病斑多集中在豆荚的合缝处。

（5）籽粒染病，病斑不规则，褐色，常覆一层菌脓。

防治方法：

（1）农业措施。①与禾本科作物进行3年以上轮作。②施用充分沤制的堆肥或腐熟的有机肥。③调整播期，合理密植，收获后清除田间病残体，及时深翻，减少越冬病源数量。④及时拔出病株深埋处理，用2%菌克毒克水剂250～300倍液喷洒，视病情每隔7天喷施一次，共2～3次。

（2）药剂防治。①药剂拌种。播种前用种子重量0.3%的50%福美双可湿性粉剂拌种。②发病初期喷洒，可用下列药剂：72%农用硫酸链霉素可溶性液剂3 000～4 000倍液，或90%新植霉素可溶性粉剂3 000～4 000倍液，或30%碱式硫酸铜悬浮剂400倍液，或30%琥胶肥酸铜可湿性粉剂500～800倍液，或47%春雷霉素·氧氯化铜可湿性粉剂600～1 000倍液，或12%松脂酸铜乳油600倍液，或1∶1∶200波尔多液或30%绿得保悬浮液400倍液，均匀喷雾，每隔10～15d喷一次，视病情可喷1～3次。

六、大豆孢囊线虫病

大豆孢囊线虫病又称大豆根线虫病、萎黄线虫病。俗称"火龙秧子"。

发病条件：大豆胞囊线虫属专性寄生线虫，以卵在孢囊里于土壤中越冬，有的黏附于种子或农具上越冬，连作重茬以及土壤沙性，瘠薄、碱性是发病的重要原因。

传播途径：土传病害。主要通过农事耕作、田间水流或借风携带传播，也可通过施入未腐熟堆肥或种子携带线虫远距离传播。

为害部位：在大豆整个生育期均可发生，主要是根部。发病初期拔起病株观察，可见根上附有许多白色或黄褐色小颗粒，即孢囊线虫雌成虫，这是鉴别孢囊线虫病的重要特征（图8-9）。

图8-9　大豆孢囊线虫病症状

症状表现：根部染病根系不发达，侧根显著减少，细根增多，不结根瘤或稀少。地上部植株矮小、子叶和真叶变黄、花芽簇生、节间短缩，开花期延迟，不能结荚或结荚少。重病株花及嫩荚枯萎、整株叶由下向上枯黄似火烧状，严重者全株枯死。

防治方法：

（1）选用抗病品种。不同的大豆品种对大豆孢囊线虫有不同程度的抵抗力，应用抗病品种是防治大豆孢囊线虫病的经济有效措施，目前生产上已推广有抗线虫和较耐虫品种。

（2）合理轮作。与玉米轮作，胞囊量下降30%以上，是行之有效的农业防治措施，此外要避免连作、重茬，做到合理轮作。

（3）搞好种子检疫，杜绝带线虫的种子进入无病区。

（4）药剂防治。可用含有杀虫剂的35%多克福大豆种衣剂拌种，然后播种。还可用涕灭威颗粒剂每667m² 4kg，或用3%呋喃丹颗粒剂每667m² 2～6kg，在播种前施于行内，或施用甲基异硫磷水溶性颗粒剂，于播种时撒在沟内，湿土效果好于干土，中性土比碱性土效果好，要求用器械施不可用手施，更不可溶于水后手沾药施。

任务二　虫害防治

一、大豆潜根蝇

大豆潜根蝇又称根潜蝇、豆根蛇潜蝇，俗称大豆根蛆、豆根蛇蝇、潜根蝇等（图8-10、图8-11）。

图8-10　大豆潜根蝇成虫　　　　　图8-11　大豆潜根蝇幼虫

发生特点：大豆根潜蝇1年发生1代，以蛹在大豆根部（大豆根瘤内）或被害根部附近的土内越冬，蛹期长达10～11个月之久。主要在大豆苗期危害，食性单一，只危害大豆和野生大豆。5月下旬至6月下旬气温高，适宜虫害发生，连作，杂草多以及早播的地块危害重。

为害部位：根部。

为害症状：幼虫潜入大豆幼苗根部皮下蛀食，被害根变褐或纵裂，形成肿瘤，根瘤及侧根减少，根皮腐烂，形成条状伤痕。

防治方法：

防治原则是在做好预测预报的基础上，尽可能采用生物或物理等方法防除，以减少对环境的污染。

（1）农业防治。①深翻轮作。豆田秋季深耕耙茬，深翻20cm以上，能把蛹深埋土中，降低成虫的羽化率；秋耙茬能把越冬蛹露出地表，经冬季低温干旱，使蛹不利羽化而死亡。轮作也可减轻危害。②选用抗虫品种。③适时播种。当土壤温度稳定超过8℃时播种，播种深为3～4cm，播后应及时镇压，另外适当增施磷、钾肥，增施腐熟的有机肥，促进幼苗生长和根皮木质化，可增强大豆植株抗害能力。④田间管理。科学灌溉，雨后及时排水，防止地表湿度过大。适时中耕除草，施肥，并喷施促花王3号抑制主梢旺长，促进花芽分化，同时在花蕾期、幼荚期和膨果期喷施菜果壮蒂灵，可强花强蒂，提高抗病能力，增强授粉质量，促进果实发育。

（2）药剂拌种。用 50％辛硫磷乳油兑水喷洒到大豆种子上，边喷边拌，拌匀后闷 4～6h，阴干后即可播种。或种子用种衣剂加新高脂膜拌种。

（3）土壤处理。用 3％呋喃丹颗粒剂处理土壤，每 667m² 用量 1～66kg，拌细潮土撒施入播种穴或沟内，然后再播大豆种子；播种后及时喷施新高脂膜 800 倍液保温防冻，防止土壤结板，提高出苗率。

（4）田间喷药防治成虫。大豆出苗后，每天下午 4～5 时到田间观察成虫数，如每平方米有 0.5～1 头成虫，即应喷药防治。一般用 40％乐果乳油按种子量 0.7％拌种，成虫发生盛期也可用 80％敌敌畏乳油 1 000 倍液加新高脂膜 800 倍液喷雾。或用 80％敌敌畏缓释卡熏蒸，随后喷施新高脂膜 800 倍液巩固防治效果。

在成虫多发期为 5 月末至 6 月初，大豆长出第一片复叶之前进行第一次喷药，7～10d 后喷第二次。

二、大豆蚜

大豆蚜（图 8-12）是大豆的重要害虫，以成虫或若虫危害。

图 8-12　大豆蚜

发生特点：成虫和若虫为害。6 月下旬～7 月中旬进入为害盛期。集中于植株顶叶、嫩叶和嫩茎。

为害部位：叶片、嫩荚。

为害症状：吸食大豆嫩枝叶的汁液，造成大豆茎叶卷曲皱缩，根系发育不良，分枝结荚减少。此外还可传播病毒病。

防治方法：

（1）苗期预防。喷施 35％伏杀磷乳油喷雾，用药量为每 667m² 127g，对大豆蚜虫控制效果显著而不伤天敌。

（2）生育期防治。根据虫情调查，在卷叶前施药。20％速灭杀丁乳油 2 000 倍液，在蚜虫高峰前始花期均匀喷雾，喷药量为每 667m² 20kg；15％唑

蚜威乳油 2 000 倍液喷雾，喷药量每 667m² 10kg；15％吡虫啉可湿性粉剂
2 000倍液喷雾，喷药量每 667m² 20kg。也可用 40％乐果或氧化乐果乳油 50g，
均匀兑入 10kg 湿沙后撒于大豆田间进行防治。

三、大豆红蜘蛛

大豆上发生为害的红蜘蛛是棉红蜘蛛，也叫作朱砂叶螨，俗名火龙、火蜘
蛛（图 8 - 13）。

图 8 - 13　大豆红蜘蛛及危害症状

发生特点：大豆红蜘蛛的成虫、若虫均可危害大豆，在大豆叶片北面吐丝
结网并以刺吸式口器吸食液汁。

为害部位：叶。

为害症状：受害豆叶最初出现黄白色斑点，种苗生长迟缓，矮小，叶片早
落，结荚数减少，结实率降低，豆粒变小，受害重时，使大豆植株全株变黄，
卷缩，枯焦，如同火烧状，叶片脱落甚至成为光秆。

防治方法：

（1）农业防治法：保证保苗率，施足底肥，并要增加磷、钾肥的施入量，
以保证苗齐苗壮，增强大豆自身的抗红蜘蛛为害能力；及时铲蹚除草，防治草
荒，大豆收获后要及时清除豆田内杂草，并及时翻耕，整地，消灭大豆红蜘蛛
越冬场所；合理轮作；合理灌水，或采用喷灌，可有效抑制大豆红蜘蛛繁殖。

（2）药物防治法：防治方法按防治指标以挑治为主，重点地块重点防治。
可选用20％扫螨净可湿性粉剂 2 000 倍液，或 24.5％多面手 1 500 倍液进行叶
面喷雾防治。也可用 40％乐果或氧化乐果乳油 50g，均匀兑入 10kg 湿沙后撒
于大豆田间进行防治。

田间喷药最好选择晴天下午 4 点到傍晚 7 点进行，重点喷施大豆叶片的背
面。喷药时要做到均匀周到，叶片正、背面均应喷到，才能收到良好的防治
效果。

四、大豆食心虫

大豆食心虫俗称"小红虫"。不仅造成大豆减产，而且品质下降，严重年份达 30%～40%。

发生特点：以幼虫（图 8-14）蛀入豆荚咬食豆粒，每年发生 1 代，以老熟幼虫在地下结茧越冬。翌年 7 月中下旬向土表移动化蛹，成虫在 8 月羽化，幼虫孵化后蛀入豆荚危害。7～8 月降水量较大、湿度大，虫害易于发生。连作大豆田虫害较重。大豆结荚盛期如与成虫产卵盛期相吻合，受害严重。

为害部位：豆荚。

为害症状：一般从豆荚合缝处蛀入，咬食豆粒咬成沟道或残破状，豆荚内充满粪便（图 8-15），影响产量和品质。

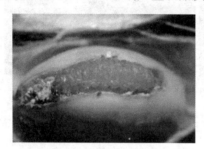 

图 8-14　大豆食心虫幼虫　　　　图 8-15　大豆食心虫为害症状

防治方法：

（1）选用抗虫品种。

（2）合理轮作，秋天深翻地。

（3）药剂防治。施药关键期在成虫产卵盛期的 3～5d 后。可喷施 2% 阿维菌素 3 000 倍液，或 25% 灭幼脲 1 500 倍液。其他药剂如敌百虫、来福灵、功夫、敌杀死、溴氰菊酯等，在常用浓度范围内均有较好防治效果。在食心虫发蛾盛期，用 80% 敌敌畏乳油制成杆熏蒸，每 667m² 用药 100g，或用 25% 敌杀死乳油，每 667m² 用量 20～30mL，加水 30～40kg 喷施进行防治，效果好。

■■ 能力转化

1. 大豆常见病害有哪些？

2. 大豆常见虫害有哪些？

3. 简述大豆霜霉病的防治。

4. 简述大豆包囊线虫病的防治技术。

5. 怎样防治大豆食心虫？

单元九

向日葵生产技术

一、向日葵生产的意义

向日葵是五大油料作物（其他四种是大豆、花生、芝麻、棉籽）之一。具有耐瘠、耐盐碱、耐干旱的特点，是开发盐渍地上的先锋作物。向日葵的籽实出油率高，油用种含油量 40%～50%，食用种含油量 20%～30%。向日葵全身是宝，用处极广，是大牲畜的优质饲料。

二、向日葵的类型

向日葵有三种类型，食用型、油用型、中间型。

1. 食用型 植株高大，2.5～3m，不分枝，多单头，籽实大，长 15～30mm，壳厚，有棱，种仁含油量 20%～30%，生育期 120～140d，多为中、晚熟种，抗锈病能力差，较耐叶斑病。籽粒适用于嗑食。

2. 油用型 植株较小，1.5～2m，有的只有 70～80mm，果壳薄，抗锈病能力强，不耐叶斑病。籽粒适用于榨油。

3. 中间型 植株介于上述类型之间，籽粒接近于油用型，植株像食用型。产量高，可油用，也可食用。

三、向日葵的生长发育

（一）生育时期

向日葵自播种后种子萌发开始到新的种子成熟，完成了它的生命过程，称为向日葵的一生。经历了五个生育时期，即出苗期、幼苗期、现蕾期、开花期、成熟期。

1. 出苗期 向日葵播种后，在适宜条件下，种子萌动发芽。当地温达 8～10℃开始发芽，一般皮壳留在地下，子叶破土而出，当子叶由黄变绿展开后，达到75％（穴播指穴数），即为出苗期。一般春播出苗需 12～16d，夏播需 3～5d。

2. 幼苗期 从出苗到现蕾前，称为幼苗期。一般春播 35～50d，夏播28～35d。此时期以营养生长为主，是叶片、花原基形成和小花分化阶段。该阶段地上部生长迟缓，地下部根系生长较快，很快形成强大根系，是向日葵抗旱能力最强的阶段。

3. 现蕾期 向日葵顶部出现直径 1cm 的星状体，到田间 75％左右的舌状花开花这一时期，称为现蕾期。从现蕾到开花，春播品种经 25～40d，夏播经 18～24d。现蕾后，植株快速生长，是营养生长和生殖生长并进时期，是一生中最旺盛的阶段。也是需肥、水最多的时期，此期消耗的养分约占总需肥量的 50％，耗水量占总耗水量的 43％左右。这一时期是决定花盘上小花发育成可育花的关键。

4. 开花期 向日葵的花有舌状花和管状花两种，舌状花着生在花盘的边缘，花大而艳，主要是引诱蜜蜂采蜜授粉。管状花位于舌状花的内侧，是传粉受精的两性花。当田间有 75％植株的舌状花开放，即为开花期。一个花盘从舌状花开放至管状花开放完毕，一般需要 6～9d。从第 2～5d 是该花序的盛花期。花多在早晨 4～6 点开放，次日上午授粉、受精。未受精的枝头可保持 7～10d 不凋萎。这一时期是决定结实率和籽实产量的关键期。

5. 成熟期 从开花到成熟，春播品种历时 35～55d，夏播品种 25～40d。不同品种有差异。开花授粉后 15d 左右是籽粒形成阶段。此时需天气晴朗，昼夜温差较大和适宜的土壤水分。

（二）生育期

生育期是指向日葵从出苗到成熟经历的天数。生育期因品种特性、种植区域、生产条件、气候条件的不同而有很大差异。一般为 85～120d。

根据生育期的不同，向日葵品种可分为：

早熟品种：生育期 86～105d。

中熟品种：生育期 106～115d。

中晚熟品种：生育期 116～125d。

晚熟品种：生育期 126d 以上。

（三）生育阶段

向日葵的一生，大体可分为三个发育阶段：从播种到花序形成的营养生长阶段；从形成花序到开花，是营养生长和生殖生长并进的阶段；从开花到瘦果成熟，是生殖生长阶段。不同的品种发育的快慢不一样，有些品种前期发育快，后期发育慢；有些品种正好相反。

项目一　播前准备

学习目标

【知识目标】

1. 熟悉向日葵播种前的种子、肥料等生产资料，做好准备工作。

2. 了解山西省向日葵的主要推广优良品种。

【技能目标】

1. 掌握向日葵播前种子处理技术。

2. 掌握向日葵的整地与施基肥技术。

【情感目标】

通过学习，培养按照行业标准规范操作的意识。

在向日葵进行生产之前，按计划准备好生产中所需的生产资料如品种、肥料、农药等。其中肥料使用有机肥，所用人畜粪肥必须腐熟，秸秆杂草必须沤烂，化肥有尿素、复合肥。还需要除草剂、农药；耕、整地农机具、播种机、中耕除草农机具、收获农具等。

任务一　种子准备

知识准备

一、选用良种

1. 所选品种必须是通过国家、省级审定的推广品种。种子质量符合我国现行的良种要求，良种的纯度不低于 96.0%；净度不低于 97.0%；发芽率不低于 85%；水分不高于 12.0%。

2. 选用适应当地气候条件和生产条件的高产优质新品种。其中品种的活动积温要以比本地活动积温少 100~150℃ 为宜。

二、山西省向日葵的主要推广品种

1. 晋葵 8 号　山西省农业科学院经济作物研究所选育。

该品种植株生长整齐，株高 150~170cm，叶片数 33 枚，花盘较小，盘径

$20\sim24\text{cm}$，呈 3 级弯曲；结实较好，种皮黑色，早熟性好。平均每 667m^2 产量 152.9kg。

栽培要点：适期播种，每 667m^2 留苗密度 4 000 株左右，现蕾期追肥浇水，每 667m^2 施硝酸铵 10kg；当花盘背面发黄，籽粒变硬后适时收获。

适宜区域：适宜山西南部麦茬复播、北部春播种植。

2. 晋葵 10 号　山西省农业科学院经济作物研究所选育。

该品种株高 258cm，茎粗 2.4cm，盘径 23.5cm，叶片数 25 片，籽粒长度 2.5cm，种皮颜色为黑白相间条纹，百粒重 14g，耐旱、耐盐碱、耐菌核病。籽粒含粗脂肪（籽实）25.3%，粗蛋白（籽仁）28.61%，纯仁率 51%。

栽培要点：避免重茬种植；每 667m^2 留苗密度 1 500 株，播种深度 $3\sim5\text{cm}$；2 对真叶时间苗，现蕾期中耕培土，开花期浇水；花盘背面呈黄色时及时收获。

适宜区域：山西食用向日葵产区。

3. 同葵杂 1 号　该品种生育期 $105\sim110\text{d}$，株高 $180\sim205\text{cm}$，叶片数 33 片；粒长 1.7cm，籽粒为长黑花籽，盘径 18cm，茎粗 2.8cm，百粒重 8.5g，抗锈病，耐菌核病及黑斑病。

栽培要点：切忌重茬，一般轮作周期 5 年。适时播种，每 667m^2 播量 1.5kg，播种前增施有机肥和磷肥，现蕾、开花期浇水和追施尿素。适时收获。每 667m^2 留苗密度肥沃旱地 2 100 株，瘠薄地 1 800 株。

适宜区域：在山西省大同、忻州北部地区春播，晋东南、运城地区复播。

4. 晋葵 3 号　山西省农业科学院经济作物研究所选育。

该品种属春播食用类型。生育期 120d。一般株高 250cm，无分枝。叶片数 43 枚。花盘平展微凸，直径 $21.7\sim26.1\text{cm}$。种皮上有宽窄不等的黑褐色条纹。百粒重 $12.5\sim14.8\text{g}$，粒长 $1.9\sim2.0\text{cm}$，在全国同类品种中最大。出仁率 60%，籽实含油率 29.4%，子仁含蛋白质 24.6%。抗旱耐盐碱性较强。在旱坡地和盐碱地上种植有较大的优越性。属于稳定性中等的品种。

栽培要点：宜早播，在 4 月中上旬，若为山区旱地，为利用后期雨水，可在 5 月上中旬播种。植株高大，需肥较多，应多施基肥，增加磷肥，每 667m^2 留苗密度 1 800$\sim$2 000 株。注意防治苗期病虫害。2 叶期疏苗，4 叶期定苗。现蕾期追肥浇水。后期中耕培土防倒伏。生理成熟期收获。

适宜区域：在山西、河北、河南、甘肃等省种植。

5. 三道眉　该品种是广灵县农家良种，株高 $220\sim270\text{cm}$，茎叶深绿色，全株叶片数 38$\sim$42 片（活叶 28 片），叶形为长心脏形，叶绿缺刻较深，叶面有短毛，覆有一层蜡质层，花钱黄色，花瓣大，花盘下凹，花盘大，平均直径

26.5cm，最大 33cm，花盘成籽粒数 1 500～1 900 粒，单盘籽粒数平均249.5g，籽粒大，长度 1.82～2.2cm，宽 0.8～1.0cm，种子颜色为灰黑色相间白条纹，边沿有较宽的白边，看去像"三道眉"，千粒重 124g。

三、选择种用向日葵籽粒

向日葵花盘中心和边缘的籽粒成熟不一致，花盘边缘的籽实虽大，但皮壳率高、含油率低，花盘中心的籽实小而且不饱满。所以，选择介于二者之间的籽实作种用比较好。

■ 任务实施

1. 晒种 播前 2～3d，选择晴天将向日葵种子均匀摊在地上晒种，增强种子内酶的活性，提高发芽率和发芽势，出苗整齐。

2. 浸种催芽 用 25～30℃的温水浸泡 3～4h，捞出摊开，堆放 24h，当部分种子的种皮开口露芽，大部分种子都萌动时，便可播种。浸种催芽可使葵花出苗快而整齐，并清除黏附在种子上的寄生植物的种子。

3. 药剂拌种

（1）未包衣种子用 40%辛硫磷 150mL，兑水 5～7.5kg，拌种 25～30kg进行种子处理，以防地下害虫。

（2）用 50%多菌灵 500 倍液浸种 4h，或用菌核净、甲基托布津以种子重量的 0.5%～0.6%拌种，预防菌核病。

（3）使用包衣种子。促进出苗，提高成苗率，防治苗期病虫害。

任务二 土壤准备

■ 知识准备

一、向日葵生长发育需要的土壤条件

向日葵耐瘠，耐旱，适应性强，对土壤要求不严，但是想获得高产，需要耕层深厚，地势平坦，结构良好的壤土或沙壤土。向日葵较耐盐碱，含盐量在0.4%～0.6%的盐碱地也可种植，是改良盐碱地的最好作物之一。不宜种植在低洼积水地上。

向日葵杂交种如种植在较好耕地上，产量、品质尤其明显，产出比大，收入高，有条件的农户尽可能地利用好地种植。

二、茬口选择

向日葵不能重、迎茬。没有列当寄生的地区，实行 3～4 年的轮作，有列当寄生的地区应实行 8～10 年的轮作。重茬会使土壤养分特别是钾素过度消耗，地力难以恢复。同时重茬会造成向日葵菌核病、锈病、褐斑病、霜霉病、叶枯病、灰象甲、葵螟、蛴螬、小地老虎、列当寄生草危害加重。

三、土壤耕作

合理的土壤耕作虽不能增加土壤的水分和养分，但能改善土壤理化性质，为向日葵提供更好的水、肥、气、热等环境条件。整地分秋耕和春耕。秋深耕是保蓄雨雪水的重要措施。

■ 任 务 实 施

一、轮作（倒茬）

种植向日葵的茬口最好是豆类、薯类，其次是玉米、谷子等。轮作方式：

向日葵—马铃薯—玉米

向日葵—玉米—谷子

向日葵—大豆—玉米（高粱）

但在菌核病发生严重的地区，不能用豆科作物作为向日葵的前茬。

二、整地

1. 秋深耕 葵花为根系发达的作物，因此种植葵花的地应在秋季收获前作后，用大中型拖拉机深耕，深度要达到 30cm 左右，结合秋翻，翻压优质农家肥每 $667m^2$ 1.5～2m^3，浇好秋水。

2. 春季整地 播前要精细整地，达到地平、土碎、墒好、墒匀，地表无根茬、无残膜。

任务三　肥料准备

■ 知 识 准 备

一、向日葵生长发育对养分的要求

向日葵是一种需肥较多的作物。在肥料三要素中，向日葵吸收量的顺序是

K 最多、N 次之、P 最少。据试验，向日葵每生产 100kg 食用型籽粒，需要纯氮 4.4～6.5kg，纯磷 1.5～2.5kg，纯钾 6～18kg，比禾谷类作物多 1～2 倍。从现蕾到开花特别是从花盘形成到开花，向日葵吸收养分的数量多，速度快，是向日葵需养分的关键期，约占到全生育期需养分的 3/4，开花后到成熟期占 1/4。一般出苗到花盘形成期需磷素较多，花盘形成到开花末期需氮较多，花盘形成到蜡熟期吸收钾素较多。

向日葵对肥料的要求，前期以磷为主，中后期以氮、钾为主。

二、施肥

1. 基肥 以有机肥为主，配合施用化肥，方法有撒施、条施和穴施。

2. 种肥 在播种时，把肥料施在种子附近或随种子同时施入。种肥可供种子发芽和苗期生长所需养分，对苗期的生长发育有良好作用。种肥以磷肥为主，配合少量氮肥。

3. 追肥 向日葵需肥较多，底肥和种肥不能满足现蕾开花和生育后期的需要。追肥时间在现蕾和开花期，尤其是开花期追氮肥，在形成花盘前追磷钾肥。或在现蕾、开花期，叶面喷施磷酸二氢钾。

■ 任务实施

施足基肥 向日葵是喜肥作物，栽培上必须施足基肥。基肥以农家肥为主，配合使用化肥。结合秋翻地每 667m² 施入有机肥 3 000～4 000kg，过磷酸钙 30～40kg 或磷酸铵 25～30kg、硫酸钾 5～10kg、氮素（尿素）20～25kg。

■ 能力转化

1. 优质向日葵种子的质量标准是什么？
2. 向日葵播种前种子处理的方法有哪些？
3. 向日葵对土壤和肥料有什么要求？

项目二 播种技术

■ 学习目标

【知识目标】

1. 了解向日葵生长发育所需的环境条件，确定适宜的播期。

2. 了解向日葵产量构成。

【技能目标】

1. 掌握向日葵播种技术和方法。

2. 能根据生产情况正确指导播种。

【情感目标】

播种质量的高低是向日葵丰产的保证。

向日葵生长发育所需的环境条件

1. 温度 向日葵是喜温又耐低温作物，向日葵种子在地温 4～5℃开始萌动，适宜的发芽温度为 8～10℃，比玉米、高粱等作物所需的发芽温度低。开花期最适温度 20～25℃，温度过低花盘缩小，秕粒增多，开花到成熟的最适温度 25～30℃。向日葵在整个生长发育的过程中，只要温度高于 40℃或低于10℃，就会影响生长，最终影响产量和品质。

向日葵品种不同，完成生长发育要求的积温不同。早熟品种要求≥5℃的积温 2 000～2 200℃，中熟品种 2 200～2 400℃，中晚熟品种 2 400～2 600℃。食用型向日葵所需积温比油用型向日葵高。

2. 水分 向日葵抗旱能力强，种子发芽需吸收种子重量的 56％的水分，适当干旱有利于根系生长，增强抗旱性；出苗到现蕾需水约占 20％，现蕾到开花占 43％，是需水最多的时期，开花到成熟需水较少，占 38％。缺水干旱不仅影响产量，而且还降低油脂含量。

3. 光照 向日葵是短日、喜光作物，幼苗、叶片、花盘都有强烈的向光性，光照充足，生育前期能促进幼苗健壮生长，防止徒长；生育期能促进茎叶旺盛生长，正常开花授粉，提高结实率；生育后期促使籽粒充实饱满。

任务一 确定播种期

▦ 知 识 准 备

向日葵播种期的确定

向日葵播种期在整个生产中占有特别重要的地位。"春播早种籽粒饱，夏播适期产量高，不春不夏一地草"。说明向日葵播期掌握春播宜早，夏播宜迟。向日葵既耐高温又耐低温，适期早播可充分利用光、热、水等条件，盛花期可躲过多雨期，开花授粉期可躲过高温天气、病害轻；早播早出苗，扎根深、抗旱能力强。因此，一般以 10cm 土层温度连续 5d 稳定在 8～10℃为最适播期。

山西省向日葵春播播种期在 4 月中下旬。

任务二　播　　种

■ 知识准备

一、种植形式

向日葵喜光，幼苗和花盘都有强烈的向光性。因此不能与高秆作物间作或套种。一般种植形式有平作和垄作两种。

二、合理密植

向日葵秆高、茎粗，种植过稀，不能充分利用地力，过密单株产量过低。因此合理的种植密度，有利于通风透光，提高光合作用，减少空壳率，降低皮壳率。合理密植的原则是：高秆大粒品种宜稀；矮秆及小粒品种宜密；平肥地宜稀，山坡地宜密。

■ 任务实施

一、种植形式

1. 平作　采用宽窄行种植，宽行 80cm，窄行 40cm，株距 40cm，每 667m² 保苗密度 2 780 株。

2. 垄作　垄宽 80cm，沟宽 50cm，株距 35～40cm，每 667m² 保苗密度 2 560～2 930 株。

二、种植密度

油用型品种耐密植，一般每 667m² 保苗 2 500～3 000 株，食用型品种不耐密植，每 667m² 保苗 2 000～2 500 株。

三、播种量

人工穴播，每穴 2～3 粒。播种量每 667m² 500～800g。

四、播种深度

播种深度视墒情而定，土壤墒情好的可适当浅些，墒情差的可适当深些。早播可深些，迟播的可浅些。一般适宜播种深度 3～5cm。

■■ 能力转化

1. 怎样提高向日葵的播种质量？
2. 向日葵的种植形式有哪几种？

项目三 田间管理

■ 学习目标

【知识目标】

1. 了解向日葵各生育时期的生育特点。
2. 熟悉向日葵的生育期。

【技能目标】

1. 正确掌握田间管理技术。
2. 能够根据生产实际情况指导生产。

【情感目标】

培养学生能够根据向日葵生长进程，采取相应的方法进行田间管理的能力。

任务一 苗期管理

■ 知识准备

苗期的生育特点、主攻目标

时间：出苗到现蕾，春播品种 35～50d，夏播品种 28～35d。

生育特点：是叶片、花原基形成和小花分化阶段。该阶段地上部生长迟缓，地下部根系生长较快，很快形成强大根系，是向日葵抗旱能力最强的阶段。是决定花原基是否能发育正常的花，并决定能否结实的关键时期。

主攻目标：促进根系下扎，形成壮苗。

■■ **任务实施**

1. 查苗补苗 向日葵是双子叶植物，出苗时常带壳拱土，阻力大，出土费劲，若遇降雨，土壤板结，出苗更加困难。因此出苗后要及时检查苗情，对缺苗较长的地块，及时补栽，向日葵移栽的成活率比较高。在食用向日葵一对真叶时进行带土移栽。移栽方法是先在缺苗的地方挖坑灌水，在水没有渗完前将幼苗带土移进坑内，覆土后再浇水。

2. 间苗和定苗 向日葵苗期生长快、发育早，所以在管理上必须做到及时间苗、定苗、培育壮苗。一般幼苗出现1～2对真叶时间苗，3对真叶时定苗。定苗前后注意除治地老虎等地下害虫。定苗最晚不要超过3对真叶。

3. 中耕锄草 向日葵一生中耕3～4次，第1次在1对真叶出现，在行间进行，深3～4cm，以提高地温；第2次在定苗1周后，深8～10cm，保墒；第3次苗封垄前，深8～10cm；第4次现蕾时，深度3～4cm。第3、4次中耕结合培土防倒伏。

任务二　中期管理

■■ **知识准备**

中期的生育特点、主攻目标

时间：现蕾到开花，春播品种25～40d，夏播品种18～24d。

生育特点：现蕾后，植株快速生长，株高生长很快，花盘盘径也迅速扩大，进入营养生长和生殖生长的并进期，故需肥水量大，所耗养分约占总需肥量的50%，耗水量占总需水量的40%以上。是决定花盘上小花能否发育成可育花的关键。

主攻目标：以促为主，协调地上和地下的生长发育。

■■ **任务实施**

1. 打杈、打叶 有些向日葵品种在花盘形成期，在茎秆中、上部常发生分枝现象，分枝一经出现，要及时打掉，使营养集中在主茎花盘上，保证籽粒饱满充实。打杈要及时，做到"枝杈一冒，立即打掉"；此外密度过大，通风透光不良或有徒长现象的地块，应在花授粉后适当打掉部分不太起作用的老叶。

2. 追肥 向日葵需肥较多，进入现蕾期，植株生长旺盛，现蕾到开花期所需要的氮、磷、钾分别占全生育期所需总量的 32%、33%、26%。另外向日葵又多种在旱薄地上。因此，追肥的最佳期应在这一时期之前，如推迟便失去了追肥的效果。追肥时遇雨效果好，每 667m² 追施尿素 10～15kg，在距植株茎基 10～15cm 处开沟，施入化肥后随即覆土。

3. 适量灌水 向日葵需水较多，每生产 1kg 干物质，需水 469～569kg。现蕾到开花期需水量占整个生育期需水量的 43%～60%。在花盘形成阶段根据植株生长情况适量灌水。

任务三 后期管理

知识准备

后期的生育特点、主攻目标

时间：开花到成熟，春播品种 35～55d，夏播品种 25～40d。

生育特点：开花期是生长最旺盛的阶段，植株高度的一半是在这时增长的，这一时期是决定结实率和籽实产量的关键期。

主攻目标：促控结合，提高结实率，减少空秕粒率。

任务实施

辅助授粉：向日葵是典型的雌雄同株异花授粉作物，又是虫媒授粉作物，主要依靠蜜蜂和昆虫帮助完成花粉传递，其自花授粉结实率极低，有时空壳率高达 30%～40%，一般每 5×667m² 放一箱蜜蜂。在蜜蜂不足的情况下需要人工辅助授粉，以提高结实率。

人工辅助授粉的方法有两种：

1. 粉扑授粉法 用直径 10cm 左右的硬纸板，铺上一层棉花，蒙上一层纱布，做好一个粉扑。授粉时一手握住花盘背面脖颈处，另一只手用粉扑正面轻按花盘上的开花部分，使花粉粘在粉扑上，然后摩擦其他花盘，完成人工辅助授粉程序。

2. 花盘接触法 在开花期间将两个相近的花盘互相摩擦授粉。授粉每隔 1～2d 进行一次，共进行 2～3 次，每天人工授粉时间应掌握在上午 9～11 点，下午 4～6 点。这时花粉粒多，生活力旺盛，授粉效果好。

任务四 收获与贮藏

任务实施

1. 收获 当向日葵花盘背面变黄，边缘 2cm 成褐色，茎秆变黄，中、上部叶片变成黄绿色，下部叶片枯黄下垂，舌状花朵干枯脱落，种子皮壳变硬呈现固有的形状和色泽时，是最适收获期。

2. 脱粒晾晒 将成熟的向日葵花盘用镰刀割去，平摊于晒场上，晴天晾晒 2～3d，籽粒变小松动，用木棒敲打或机械收获。

3. 包装 葵花籽经过晾晒，当杂质在 2% 以下，水分 10% 以下，即种皮坚硬，手指按压较易裂开，籽仁用手碾磨较易破碎时，进行包装贮藏。贮藏时须分级包装，严禁与其他品种葵花混装，分级销售出售，可明显增加效益。

4. 贮藏 葵花应贮藏在低温、干燥、通风环境下，做到防潮隔湿、通风防漏等。此外，品种若为杂交种，种植一年后不能留种，否则造成品质下降。

【注意问题】

向日葵空秕粒增多的原因和预防方法。

向日葵耐旱耐盐碱，是一种适应性较强的经济作物。但在生产中空秕籽较多，少者 20%，多者达 50% 左右，严重影响产量和经济效益。一般花盘的中心部位空秕粒较多，其次是花盘边缘。而花盘中心部的空壳主要是肥水不足，营养缺乏造成的，边缘空壳则是授粉不良引起。

一、向日葵空秕粒增多的原因

向日葵空秕粒形成与诸多因素有关：一是环境因素如干旱、温度等影响；二是种植管理；三是传粉媒介；四是品种因素。

1. 环境因素

(1) 干旱。向日葵是一种抗旱适应性较强的作物。据测定，每生产 1kg 的向日葵干物质，需要水 460～560kg，蒸腾系数是禾谷类作物的 2～3 倍。尤其在花盘形成至终花期需水量最大，约占全生育期需水量的 60%。此期缺水就会授粉不良或授粉后败育，空秕粒增多，产量下降。生产上受干旱胁迫，又缺乏水源的补充灌溉是导致空秕增多的重要因素。

(2) 温度。向日葵对温度适应性较强，既喜温又耐旱，在种子发芽至幼苗阶段耐低温能力较强。种子在 4℃ 时即能发芽，5℃ 时即可出苗，8～10℃ 即能满足正常出苗的需要。因此在生产上习惯提早播种，播种后温度不适而使向日葵幼苗生长受阻，影响了营养生长与生殖生长协调发展。

（3）气候因素。向日葵开花授粉过程与气温、湿度、水分有很大关系。如遇上低温阴雨天，花期延迟、小花开花量减少、雌雄蕊成熟时间推后；遇到高温、干旱、干燥天气则花期提前，花粉量减少，生活力减弱，部分小花不能授粉；另外阴雨天花粉湿润或结成块，蜜蜂停止活动，授粉不能正常进行。最终造成产量和品质降低。

2. 栽培管理

（1）连作。在同一地块上，重复种植向日葵，由于病虫及杂草危害和土壤养分构成比例失调，而导致减产。

（2）密度。向日葵因品种类型不同，密度要求有很大的差别。盲目增加密度，造成群体结构不合理，争水争肥争光的矛盾突出，使向日葵空秕粒增加。

（3）施肥不足。向日葵是喜肥作物，但生产上常常是基肥不足，又不能在现蕾开花的需肥关键期及时追肥，导致营养不良，影响花器的形成和发育，导致雌雄蕊成熟不一致，授粉不好。

3. 传粉媒介减少　向日葵主要靠昆虫传粉。如果缺乏传媒，就会影响授粉结实，造成空秕粒增加。近几年来，由于化学农药的大量使用，致使传媒昆虫数量减少，也是造成向日葵授粉率低，空秕粒增加的一个原因。

4. 品种因素　据国外研究，向日葵结实率和茎秆粗细、花盘直径成负相关，即茎秆越粗，花盘越大，空秕粒也就越多。有些地区向日葵种植密度过低，茎秆粗大，也是造成空秕粒增多的原因。

二、防止向日葵空秕粒的方法

1. 适当调整播期　使花期避开高温多雨季节，有利于媒介昆虫授粉，可大大减少空壳率。

2. 适时浇水　在向日葵花盘形成阶段、开花期和灌浆期，适时、适量地灌水。

3. 合理施肥　是降低空壳的有效措施。播前施足基肥，下大雨前或浇水后在现蕾到开花期每 $667m^2$ 追尿素 15kg。

4. 人工打杈　在蕾期到开花期，将刚一露头的分枝和侧枝及时打去，连续打杈 2～3 次，直到全部除净。保证主茎花盘对营养的需要。

5. 辅助授粉　提高结实率的有效办法。

（1）放养蜜蜂。每 3 300m² 葵花地放一箱蜜蜂，结实率提高达 95% 以上，增产 10%～20%。

（2）人工辅助授粉。在向日葵进入开花期（全田 70％植株开花）2～3d 后，进行第一次人工辅助授粉。以后每隔 3～4d 授一次，共授粉 2～3 次。授粉时间最好在每天上午 9～11 时，即在露水干后进行，或在下午 4 点以后。

■■■ 能力转化

1. 向日葵为什么要用人工授粉？怎样完成授粉工作？
2. 试述向日葵空秕粒的原因及防止的方法。

项目四 病虫草害防治

■■■ 学习目标

【知识目标】

了解向日葵主要病虫草害发生的条件和规律。

【技能目标】

掌握防治病虫草害的方法。

【情感目标】

根据生产过程中病虫害发生情况，提出相应的有效防治方法。

任务一 病害防治

■■■ 任务实施

向日葵主要病害有锈病、菌核病、霜霉病。

一、锈病

锈病是一种真菌性病害。

发病条件：降水量是锈病流行的主导因素，从幼苗到成熟均能危害。高温多雨的季节发生严重。一般 7 月中旬至 8 月中旬雨量大时发病严重。

传播途径：病菌以冬孢子在病叶和花盘病残体上越冬，第二年春天冬孢子萌发产生担孢子，担孢子随气流传播，初次侵染向日葵幼苗，产生性孢子器和锈孢子器。锈孢子传播到叶片或其他部分进行侵染，产生夏孢子堆和夏孢子。夏孢子借气流传播进行多次再侵染。

发生部位：叶片、叶柄、茎秆、葵盘。

症状：在染病部位出现圆形或椭圆形的褐色病斑，叶片染病严重时会早期枯死。

防治方法：

（1）选用抗病品种，加强管理，增施磷钾肥。

（2）合理采用栽培技术，如轮作倒茬，以消灭土壤侵染源。

（3）药剂防治。①发病初期用70％代森锰锌可湿性粉剂600倍液喷雾或用25％的萎锈灵2 000倍液进行茎叶处理。②一般在7月中旬，用15％三唑酮可湿性粉剂800～1 200倍液进行喷施，时间要选择在上午10时前或下午6时以后的无风天气进行。

二、菌核病

菌核病又名白腐病，俗称"烂头病"，是向日葵的主要病害之一。

发病条件：在整个生育期间均能发生。在高温、多雨的年份发生严重。一般当气温在20℃、相对湿度达80％时，最适于菌核的萌发。

传播途径：病菌以菌核状态在土壤、病残组织及种子中越冬，在土壤中一般可生活2～5年。菌核通过病残株、风雨、鸟粪和昆虫传播。

发生部位：茎和花盘。

症状：茎部发病多在基部，形成水浸状病斑，湿度大时病斑上长出白色菌丝，而后扩展到整个茎秆，茎内输导组织遭受破坏，茎秆干枯后死亡；花盘受害后背面出现水浸状病斑，后期变褐腐烂，花盘腐烂后脱落，籽粒不能成熟。

防治方法：

（1）轮作，一般与禾本科作物轮作，不能与豆科、茄科等作物轮作。

（2）秋深翻达20cm以上，防止菌核萌发，加速菌核的腐烂。

（3）去除病、残枝落叶，减少病、健植株之间接触传染的机会，破坏菌核的越冬场所。

（4）药剂防治。①用"雷多霉"拌种或茎叶处理。②在向日葵现蕾前或在盛花期，用40％纹枯利800～1 000倍液，或用50％托布津可湿性粉剂1 000倍液，喷洒植物的下部和花盘背面1～2次。③用50％速克灵可湿性粉剂1 000倍液或菌核净800倍液在初花期将药喷在花盘的正反两面，每隔10d喷药一次。

三、霜霉病

霜霉病是一种真菌性病害，是向日葵上的毁灭性病害。

发病条件：播种后高湿低温，幼苗容易发病。生产上春季降雨多，土壤湿度大或地下水位高或重茬地易发病，播种过深发病重。发病适宜温度16～26℃。

传播途径：种子带菌传播。病菌主要以菌丝体和卵孢子潜藏在内果皮和种皮中。

发病部位：苗期、成株期均可发病。发病植株矮化，不能结盘或死亡。

症状：发病初期，幼苗的子叶和真叶出现淡黄色病斑，病斑扩大使幼苗矮小瘦弱最后枯死。湿度大时叶片背面长满白霉（图9-1）。

图9-1　向日葵霜霉病症状

防治方法：

（1）严格执行检疫，严禁随意调运种子，防止该病传播蔓延。

（2）选用抗病品种，如辽葵2号、汾葵杂1号。

（3）与禾本科作物轮作3～5年。

（4）田间发现病株及时拔除，加强田间管理，提高植株的抗病力。

（5）药剂防治。①选用25％瑞毒霉拌种，药剂为种子量的0.4％。或在发病初期用25％瑞毒霉加水1 000倍喷雾，7d后再喷一次。②用75％百菌清可湿性粉剂500倍液喷雾防治。

四、灰霉病

发病条件：发病温度2～30℃，适宜温度17～22℃，相对湿度大，93％～95％病菌才能生长和形成孢子。病菌在35～37℃下经24h即可死亡。

传播途径：病菌以菌丝或分生孢子及菌核附着在病残体上或遗留在土壤中越冬。分生孢子随气流、雨水及农事操作传播蔓延。

发生部位：主要是花盘。

症状：为害初期呈水渍状湿腐，湿度大时长出稀疏的灰色霉层，严重时花盘腐烂，不能结实。

防治方法：

（1）适期播种，花盘期尽量避开雨季。

（2）适当稀植，采用间套作方式。

（3）雨后及时排水，防止湿气滞留。

任务二　虫害防治

■■ 任务实施

向日葵主要虫害有向日葵螟、地老虎、潜叶蝇等。

一、向日葵螟

发生特点：幼虫和成虫均可危害。向日葵螟一年发生 1～2 代，为害向日葵的主要是第一代。以老熟幼虫在土壤 5～15cm 深处做茧越冬。

为害部位：蛀食花盘。

为害症状：幼虫蛀入花盘吃掉种仁，并蛀成许多隧道，还将咬下的碎屑和粪便填充隧道里造成污染，遇雨后造成花盘及籽粒发霉腐烂。

防治方法：

（1）选用硬壳的、抗虫品种。

（2）向日葵螟的成虫有趋光性，可用频振式杀虫灯诱杀成虫。

（3）收获后进行秋深翻并冬灌，将大量越冬虫茧翻压入 25cm 以下土层。

（4）药剂防治。

①选用生物制剂防治，如 Bt 乳剂或在田间放赤眼蜂卡进行防治。

②应在开花前、开花后喷药防治，可喷洒的农药有：敌杀死乳油、速灭杀丁乳油、氰戊菊酯等，喷施的部位以花盘为主。

【注意问题】
　　使用药剂防治向日葵螟会伤害蜜蜂，请慎重使用！

二、地老虎

地老虎俗称地蚕、切根虫。为害向日葵的多为小地老虎。

发生特点：主要是幼虫咬食，蛀食。

为害部位：幼苗近地面处的根茎。

为害症状：从近地面处把幼茎咬断致死，严重的是在定苗之后把已长出 2～3 对真叶的幼苗茎咬断，造成成片缺苗。

防治方法：

（1）用50％辛硫磷乳油每667m² 1kg加水2～3kg，掺入10kg细沙土中，在犁地后耙糖前撒入地块即可。

（2）糖醋液诱杀成虫。小地老虎成虫（蛾）对糖、酒、醋和黑光灯有较强的趋性，可用糖醋液诱杀及黑光灯诱杀。捕杀一头成虫就等于消灭800～1 000头幼虫，效果明显。毒饵诱杀、3龄幼虫转入地下时，每667m²用90％敌百虫100g加水0.5kg，和切碎的鲜草30～40kg拌匀，或拌麦麸3kg，制成毒饵，傍晚撒在苗株附近。

三、潜叶蝇

发生特点：主要以成虫和幼虫为害。

为害部位：首先是向日葵的子叶，其次是第一对真叶。

为害症状：成虫在叶正面取食，使被害叶片变成褐色的圆斑；幼虫潜入叶片组织中，取食叶肉，使叶片上形成一种弯曲的灰白色潜道，造成子叶枯萎。

防治方法：

（1）用2.5％敌百虫粉或2％杀螟松粉喷撒；用2.5％敌杀死乳油1 500倍液，进行叶面喷雾。

（2）用90％敌百虫乳剂1 000倍液喷雾。

（3）用黑光灯、糖醋液等来诱杀成虫。

任务三　草害防治

■ 任务实施

向日葵列当是为害向日葵的主要寄生性植物，专寄生于向日葵。列当大发生时可使向日葵绝产。

特征特性：向日葵列当又称独根草、葵花毒根草、兔子拐棍（图9-2）。是一年生显花根寄生杂草。茎直立，单生，肉质，黄褐色至褐色，无叶绿素，株高一般30～40cm；没有真正的根，靠短须状的假根侵入向日葵须根组织内寄生。叶退化为鳞片状，螺旋状排列在茎上。两性花，呈紧

图9-2　向日葵列当

密的穗状花序排列。

发生特点：列当种子在土壤或混在向日葵种子中越冬，可在土中存活 10 年以上。天旱炎热危害最重。

传播途径：以种子进行繁殖和传播。列当种子多，非常微小，易黏附在作物种子上，随作物种子调运进行远距离传播，也能借风力、水流或随人、畜及农机具传播。

发生部位：寄生在向日葵根部。

症状：向日葵被列当寄生后，植株矮小，叶片变黄，花盘直径变小，籽实瘪粒数增加。

防治方法：

（1）严格检疫，严禁随意调运向日葵种子，防止列当蔓延。

（2）选用抗列当的品种。

（3）秋深翻，把列当种子翻入土层 15cm 以下，使其闷死不能发芽。

（4）合理轮作换茬。与禾本科等作物轮作 6～7 年以上，没有寄主列当就不能独立生存，这是防治列当的根本措施。

（5）向日葵开花时是列当出土盛期，在列当出土盛期和结实前结合中耕及时切断幼茎，铲除带花的列当并深埋。

（6）药剂防治。①向日葵播后苗前，列当萌动前进行土壤封闭，喷施氟乐灵 10 000 倍液于表土。②当向日葵花盘达 10cm 时向土壤表面、列当植株喷施 0.1%～0.2% 的 2,4-D 水剂或 2,4-D 丁酯 10 000 倍液。

■ 能力转化

1. 向日葵有哪些常见病虫害？

2. 向日葵列当有什么特点？如何防治？

3. 试述向日葵螟的发生规律，为害特点，防治其发生的方法。

主 要 参 考 文 献

陈传印，等．2011．作物生产技术（北方本）［M］．北京：化学工业出版社．

程汝宏．2008．谷子良种高效栽培关键技术［M］．北京：中国农业科技出版社．

董钻．2000．大豆产量生理［M］．北京：中国农业出版社．

郭兆萍，等．2011．山西省绿豆高产栽培技术［J］．甘肃农业科技（12）：53-55．

李少昆，赖军臣，等．2009．玉米病虫草害诊断［M］．北京：中国农业科学技术出版社．

刘龙龙，等．2010．山西省燕麦产业现状及技术发展需求［J］．太原：山西农业科学，38（8）：
　　3-5．

马新明，等．2010．农作物生产技术（北方本）［M］．北京：高等教育出版社．

马新明，郭国侠．2002．农作物生产技术（北方本）［M］．北京：高等教育出版社．

梅家训，王耀文．1997．农作物高产高效栽培［M］．北京：中国农业出版社．

钱庆华，杨玉文．2003．高粱种子纯度鉴定技术研究［J］．辽宁农业职业技术学院学报
　　（1）：17-18．

单玉珊，等．2001．小麦高产栽培技术原理［M］．北京：科学出版社．

郜连春．2007．作物病虫害防治［M］．北京：中国农业大学出版社．

王连铮．2002．21世纪作物科技与生产发展技术讨论会论文集［M］．北京：中国农业出
　　版社．

徐澜，等．2010．渗水地膜覆盖对旱作玉米生理特性、产量构成因素及产量的影响［J］．干
　　旱区资源与环境，24（8）：180-185．

薛全义．2011．作物生产技术（北方本）［M］．北京：化学工业出版社．

于振文．2003．作物栽培学各论（北方本）［M］．北京：中国农业出版社．

于振文，王月福，王东，等．2001．优质专用小麦品种及栽培［M］．北京：中国农业出
　　版社．

杨素．2010．渗水地膜技术在玉米生产中的应用［J］．魅力中国（7）：142．

殷海善，等．2004．渗水地膜覆盖玉米试验研究综述［J］．水土保持研究，7（4）：47-49．

张耀文，等．2005．山西省绿豆生产现状及发展方向［J］．山西农业科学，33（2）：14-16．

张耀文，等．2006．山西小杂粮［M］．太原：山西科学技术出版社．

图书在版编目（CIP）数据

粮油作物生产新技术 / 冀彩萍主编. —北京：中
国农业出版社，2017.8
新型职业农民示范培训教材
ISBN 978-7-109-23000-2

Ⅰ.①粮⋯　Ⅱ.①冀⋯　Ⅲ.①粮食作物－栽培技术－
技术培训－教材②油料作物－栽培技术－技术培训－教材
Ⅳ.①S504

中国版本图书馆 CIP 数据核字（2017）第 133861 号

中国农业出版社出版
（北京市朝阳区麦子店街 18 号楼）
（邮政编码 100125）
责任编辑　郭晨茜　舒　薇

———————————

三河市君旺印务有限公司印刷　　新华书店北京发行所发行
2017 年 8 月第 1 版　　2017 年 8 月河北第 1 次印刷

———————————

开本：720mm×960mm　1/16　印张：19.75
字数：353 千字
定价：51.00 元
（凡本版图书出现印刷、装订错误，请向出版社发行部调换）